U0286470

浙江理工大学学术著作出版资金资助（2024年度）

钱塘江流域传统村落人居环境变迁及活态传承策略

杨小军　著

中国建筑工业出版社

图书在版编目（CIP）数据

钱塘江流域传统村落人居环境变迁及活态传承策略 / 杨小军著 .-- 北京：中国建筑工业出版社，2024. 8.

ISBN 978-7-112-30301-4

Ⅰ. TU-862; \tX21

中国国家版本馆 CIP 数据核字第 2024TD7806 号

本书以钱塘江流域为地理范围，以流域内列入中国传统村落和浙江省历史文化（传统）村落保护利用重点村名录的“双录”村落为研究对象，选取其中具有代表性的 30 个传统村落为重点研究对象，在分析区域自然地理特征、历史人文环境和经济社会环境的基础上，对典型村落的历史沿革等方面进行详细考察，以人居环境科学等学科理论与方法为指导，结合设计学研究特征，建构以传统村落人居环境演变与发展、人居环境系统及价值、人居环境活态传承为主体的研究框架，揭示流域内传统村落人居环境的基本特征和变迁规律，阐释流域内传统村落人居环境原型、构成要素、谱系及价值特征，在此基础上构建了研究模型，形成面向当代村落“生活态”营造及人居环境活态传承的策略、路径及其方法。

本书适用于设计学、建筑学、城乡规划等相关专业研究者、高等院校师生，以及对传统村落有兴趣的社会大众等。

责任编辑：吴　绫　吴人杰

责任校对：李美娜

钱塘江流域传统村落人居环境变迁及活态传承策略

杨小军　著

*

中国建筑工业出版社出版、发行（北京海淀三里河路9号）

各地新华书店、建筑书店经销

北京雅盈中佳图文设计公司制版

建工社（河北）印刷有限公司印刷

*

开本：787毫米×1092毫米　1/16　印张：16　字数：299千字

2024年10月第一版　2024年10月第一次印刷

定价：**88.00**元

ISBN 978-7-112-30301-4

（43548）

序

设计学科的宗旨是引导人们基于宜人的立场，学会认识世界、改造世界，乃至创造世界。问题在于这个世界是不以人们意志为转移的庞杂的存在，而且已经存在长久。那么，人们应该怎么才能开始认识？正确地选择话题，然后分析它的变化与人类亲和的规律，从而指导人们朝着环境亲和的方向加以建设。这是设计学科与学人的使命和发展的方向。人们只有不断地面对陌生的外界、认识外界，深刻全面地了解那些我们赖以生存环境之成因、变异、分化以及盛衰规律，我们才有可能对环境做到既呵护又改良，再创造。只有通过相当数量级样本的研究与实践，我们周遭的事物才能够得以丰富和优化。道理是浅显的，说也容易，但做到却不是一件易事。本书作者杨小军便是在我视野中见到的难能可贵的身体力行者，长期致力于他的选题并为之不懈地努力且有成果者。

他把“钱塘江流域传统村落人居环境变迁及活态传承”作为研究对象，长期带队深入现场展开观察和分析，频繁地与当地政府与居民沟通交流，适时地抓住机会展开设计营造实验，在对钱塘江流域那片地域与传统村落环境关系做深入探究的过程中，逐渐地看清了那些个地方、那里的人们、那些物产和他们特有的生活态，以及与此紧密关联的历史与传统文化形成的底层逻辑，进而形成了这份乡村振兴工程中急需回应的地方文化与生活方式活化传承的关键问题——策略的思考与研究。所谓“生活态”是基于设计学的立场形成的观察维度，它由显性和隐性两个层面构成，前者是一个地方显现出来的生活状态，包括人与自然地理的关系、生活环境、器物和生活方式；而后者则是这个地方人的生活态度和价值主张。所谓一个地方的传统文化、文脉、风貌特色都是由这个地方独特的“生活状态”和“生活态度”使然的。他深谙这个原理和逻辑。

在当今我国城市化持续快速的推进中，无须讳言，其代价就是成规模的传统村落发展停滞、变异化、老龄化和空心化，尤其是近十年来城市中产业升级，经济模式转变，更加剧了作为基层的乡村的各种危机丛生。处在长三角中心区位的钱塘江流域的传统村落受到的冲击更甚；此外，在“乡村振兴”口号引领下，各地纷纷响应，然而在“一刀切”工作惯性推助下的传统村落风貌改造，却使原本因地制宜的鲜活生动的乡村形态被某种“概念化”主观意志的改造下变得僵化，使原来韵味无穷的人居环境与地方文化失去魅力与活力，那种“千村一貌”的状况令人警惕。其实，并非是那些改造者不想把传统村落改造好，而是缺乏深入研究，缺乏方法理论的支持。而获得这个理论则需要研究者长期沉下心去，去琢磨，去实证，这在急功近利时代的价值观里，这太难了！

杨小军就是在这样的背景来到我在中国美术学院工作室的，他说要将此选题作为他攻读设计学博士学位的课题。我其实是持怀疑态度的。面对浙江省境内的钱塘江干流长约500公里，由北源与南源汇入一路向东直达杭州湾入海的河流，流域面积超过50000平方公里，两岸的地貌有平原，或丘陵，或山区，地形丰富，数以百计的各色传统村落生长于此。这些传统村落风貌与生活态不仅反映了当地人适应自然环境的生活智慧，社会结构及文化特色，问题在于它们处在被边缘化和衰败的际遇。与此同时，真正复兴的案例相当少。要搞清楚这个选题的基本现况，探寻环境变迁及活态传承的策略可不是一件易事。为了增强我的信心，他告诉我他已有了数年的研究经历。他出示了他初具规模的考察资料与数据，琳琅满目的田野调查所基于的对象，如史书、方志、族谱、文书、图像、碑刻等文献史料，以及村落的自然环境与景观、建筑聚落、传统器物等物象资料与图表，那种综合了人居环境科学、文化遗产学、文化地理学、文化生态学和设计事理学等交叉学科理念与视角的作业，让我对他的治学态度和能力有了新的认识。

于是，在他读博数年的经历里，我们之间经常就形成了有如藏传佛教“辩经”活动中攻防博弈的关系。我如那位只管向他发问与追问的“立宗者”，他成了欲修正果的“受问者”。他必须应对我就己所知的难题设问给出合理的应答。我的学术信条是，不论什么研究选题和研究对象，都要经过我称之为经典方法“四问”的质疑，即“是什么？为什么？怎么样？凭什么？”，经过与课题相关的从不同维度和深度的“四问”的“拷问”，能够做明确清晰自证的才算成立。我一路设障碍，他一路努力地出示补充的调研分析报告、实案和论证。在这个过程中，他的洞察力、分析力、创新的建构力明显提升。然而，从中国美术学院学术语境和要求看，仅仅从工学层面厘清学理和一般意义的活化工作是不够的，还要以人文关怀的视角对江南这一个地域的传统村落人居环境、山水乡土、乡情乡愁以及生活给予人文艺术的观照，换句话说就是他必须立足于审美价值的立场做人文艺术营造的叙事，而这里审美力与叙事力也必须是研究基础的组成部分。这对于工科出身的他来说是个挑战。

此后，他又多次带着设计艺术学科特有的审美问题意识和眼光重回当地村落群再考察，他从过往众多调研方案中聚焦了30个典型样本，在总结前人方法经验的基础上，建构起他的人、事、物、场、时和境的“六维”联动的研究方法模型，对传统村落选址与自然山水的关系、历史沿革、文化资源、族群构成和产业特色等维度再认识，在先后跨度长达近7年时间里，他终于看清了所谓“变迁”，不仅包括自然物理环境形态的变化，还有更加深层的地方社会结构和文化形态的变化。在这个意义上，思考从传统建筑空间活化、环境风貌更新、文化遗产传承、特色产业激活与村落社区营建等路径，综合到传统村落各种生活态更新营建、多维度价值评估和发展动力机制等维度创建他的“传承策略”。他就是经过了这样的学术“临床”上的“九九八十一难”的磨砺，日渐成熟。当他再出示文本时，我信服了，于是，他胜出！并以优异的成绩顺利通过答辩。

与众不同之处是，博士毕业后他依然孜孜不倦继续完善他的课题，使之成为有实际操作意义的方法理论，有如本书所显示的这般翔实。他所表现出的专业研究能力能够很自然地通过他所在的浙江理工大学的教授职称评审。今天，杨小军教授把研究成果付梓成书，奉献社会。

我再翻阅这部文本，至少感受到了三个亮点：其一，这是一部科艺融合立场和视角对钱塘江流域传统村落现况的田野考察报告，站位高且方法多样成体系，如此跨学科调研形成的成果还不多见，具有建设性甚至具有填补空白的意义。其二，它可以为振兴钱塘江流域传统村落，开展以传承“活态”为目标的综合保护与有机更新工程提供方法理论的支撑。其三，作者努力的目标是“活态传承”，强调是人与土地及历史文脉的一体化，倡导尊重自然资源、尊重业已形成的传统文化的精髓，同时关注它的当代生活态，在此基础上引入现代设计营造理念和技术以实现可持续发展。这种方法论对于我国其他类似地区的乡村振兴工作具有重要的参考价值。

借此机会，我向杨小军教授新书出版表示祝贺！同时，希望这本书提供的信息和思想智慧能够成为我国振兴乡村探索之路连接现实与愿景之间的桥梁，特别是那些正在为钱塘江流域地区传统村落更新努力的人们可以从中得到启发而朝着理想的方向推进。我相信在科艺融合观念下展开的村落振兴会是有文化灵魂的，是能够再焕发出时代魅力的，这便是杨小军这一代年轻学人们为此努力的意义和价值所在。

宋建明

中国美术学院资深教授、博士生导师

前　言

本书选择钱塘江流域传统村落作为研究区域和对象，是考虑“河流是人类文明起源不可或缺的条件”（葛剑雄），从文化人类学和文化传播学的角度来看，文化是在沿河流两岸人们交往过程中传播发展的。应该说，江河流域是文化传播和文明孕育的载体，也是城乡发展的重要轴线，客观上推动了城、镇、村的兴起和区域经济繁荣、文化发展，对人类生活生产影响深刻。钱塘江流贯浙江，是浙江的母亲河，世代孕育了以钱塘江文化为核心的浙江文明。钱塘江流域地区历史悠久、文化资源丰富、自然环境优越，是一个相对稳定的区域单元，具有完整的经济形态和环境特质。历史的变迁和社会的发展，钱塘江流域生成和发展了众多类型多样、特色鲜明、价值典型的传统村落，这些村落具有相对完整的环境形态和突出的人文特质，具有一定的代表性和影响力，不仅是人类社会变迁的最佳见证，也是区域城乡发展的重要载体。因此，选择钱塘江流域传统村落作为研究区域和对象，便于系统分析、了解浙江乃至江南地区传统村落人居环境变迁的全过程。

本书以钱塘江流域为地理范围，以流域内列入中国传统村落和浙江省历史文化（传统）村落保护利用重点村名录的“双录”村落为研究对象，选取其中具有代表性的30个传统村落为重点研究对象，在分析区域自然地理特征、历史人文环境和经济社会环境的基础上，对典型村落的历史沿革、选址理念、自然环境、风貌格局、建筑景观、族群构成、文化资源、特色产业等方面进行详细考察，以人居环境科学、文化地理学、文化遗产学、文化生态学和设计事理学等学科理论与方法为指导，结合设计学研究特征，建构以传统村落人居环境演变与发展、人居环境系统及价值、人居环境活态传承为主体的研究框架，揭示流域内传统村落人居环境的基本特征和变迁规律，阐释流域内传统村落人居环境原型、构成要素、谱系及价值特征，在此基础上构建了研究模型，形成面向当代村落“生活态”营造及人居环境活态传承的策略、路径及其方法，为促进乡村全面振兴和传统村落保护利用提供理论基础和政策依据。

本书总体遵循个案分析研究与整体比较研究并行、定量测度研究与定性评价研究并重的原则，采用文献研究、田野调查、数据分析、方法与技术体系构建等实证研究方法，在对国内外相关理论与实践总结与反思的基础上，梳理浙江传统村落保护与发展历程，聚焦钱塘江流域传统村落的现状与问题，系统构建传统村落人居环境研究的理论体系与框架。首先，发掘整理传统村落人居环境资源。笔者通过开展深入翔实的田野调查，结合典籍、县志、族谱、文献等史料，对传统村落人居环境的历史沿革、建筑遗存、文化资源、产业基础等信息进行采集与分析，建立传统村落人居环境研究的资源数据库。其次，辨析传统村落人居环境变迁规律。本书基于历时性和共时性两个维度，辨析钱塘江流域传统村落的生成背景、数量类型、空间分布、环境形态、文化遗产、村落规模、族群构成等典型特征，归纳了自然地理、人口迁移、交通条件、产业经济、历史事件、宗族意识等人居环境变迁的影响因素与条件，总结提出了人居环境变迁具有“中心与边缘”“内生与外溢”“有序与无序”“开放与封闭”“协同与变异”等规律与特征。再次，阐释传统村落人居环境系统与价值。基于人居环境的层级和维度进行原型辨识，本书从物质环境要素和非物质文化要素两个层面进行构成要素辨别，构建基于“三间”因子、“四性”原则和“四缘”属性的传统村落人居环境谱系，采用定量与定性相结合的评估方式，建立价值评价体系，并以典型村落为研究样本，对传统村落人居环境进行多元价值评价及运用。最后，探讨传统村落人居环境活态传承路径与策略。本书分析研判传统村落人居环境活态传承的主客动因，基于理念和准则引导，构建了融人、事、物、场、时、境“六维”联动的研究模型，从环境风貌更新、建筑空间活化、文化遗产传承、特色产业激活、村落社区营造等层面，提出面向当代“生活态”的传统村落人居环境活态传承路径，并结合个案规划设计实践，进一步论证传统村落保护利用与人居环境活态传承策略的可行性。

目　录

绪　论

一、问题提出与研究意义

1. 传统村落的当下境况

中国是农业大国，拥有悠久的农耕文明、宽广的地域疆土和丰富的人居文化遗产。中国传统村落数量大、分布广、类型多，因其地域差异明显、空间类型多样、传统资源独特、遗产价值深厚，具有稀缺性、独特性和不可再生性等特征和丰富的历史价值、艺术价值、科学价值、文化价值和社会价值[①]。随着时代的进步与发展，传统村落的价值显得更为宝贵，内涵更为丰富。随着国家乡村振兴战略的实施和中华优秀传统文化传承工程的推进，传统村落保护利用也迎来四大利好因素：一是理论研究的不断深化，为传统村落保护利用的法律法规与政策制度提供依据；二是各类资金投入不断加大，为传统村落的保护利用提供保障；三是农村宅基地流转制度改革，为传统村落活化利用奠定了发展基础；四是成功案例的差异化探索，为传统村落保护利用提供新的思路。当前，我国已形成从国家到省、市、县多级联动的传统村落保护体系，对传统村落科学保护与活化利用也已成为全社会的共识。

然而，在新型城镇化推进和美丽乡村建设中，许多传统村落人居环境得以全面改观的同时，也面临着村落空心化和人口老龄化、价值认知缺失和文化传承断裂、产业动力不足和发展利用不够、民居产权流转不畅和保护资金短缺等困境。具体可归纳为传统村落数量锐减、人居环境破坏严重、文化遗产日趋式微、营建模式同质、传统文脉断裂与民间智慧遗失等问题。

（1）传统村落数量锐减

近现代以来，尤其是20世纪80年代以来，在乡村城镇化、农业现代化、乡村旅游开发、城乡融合发展的多重挑战与冲击下，中国社会变迁对传统村落产生了巨大的影响，甚至造成了毁灭性的破坏，传统村落消失数量和速度令人震惊。据相关

① 杨小军，丁继军．传统村落保护利用的差异化路径——以浙江五个村落为例 [J]. 创意与设计，2020（3）：18-24.

数据统计，中国自然村落数量自20世纪80年代以后减少趋势极为显著，进入21世纪后村落消失情况尤为严重。据住房和城乡建设部的《中国城乡建设统计年鉴（2000—2020）》数据显示：我国自然村落从2000年的353.7万个，减少到2020年的236.3万个，二十年内消失了117.4万个，相当于每天消失161个，其中包含大量的传统村落。当前，我国现有52.6万个行政村中，国家公布的"传统村落"仅6819个，仅占全国行政村总数的1.27%，意味着一百个村落中仅有一个村落还留有传统文化与历史建筑遗存。

（2）人居环境破坏严重

目前，我国传统村落保护形势仍然相当严峻，在错误观念和利益诱惑面前，许多具有独特景观格局与特征的传统村落人居环境破坏仍然严重，存在因人口外流和管护缺乏导致的自然性损坏，或因引导错误导致原住民自主自建性破坏，或因误读误解政策急功近利形成建设性破坏，或因商业利益驱动造成过度开发性破坏，或因保护法规缺位、标准缺失、经费缺乏导致的遗弃式破坏，等等。2019年4月，《瞭望》新闻周刊调查报道了传统村落存在重申报轻保护、重营造轻文化、重权力轻责任、重项目轻环保、重上级轻民意、重眼前轻长远、重资质轻实质的"七重七轻"乱打造现象。

（3）文化遗产日趋式微

从国家有关部委组织的中国历史文化名镇名村和中国传统村落评选标准、分布和数量来看，传统村落是我国历史文化遗产的重要组成部分，这些传统村落反映了不同地域、不同民族、不同经济社会发展阶段的人居聚落形态和历史演变过程，成为展示我国优秀传统建筑风貌、建筑艺术、建造技艺和民俗风情、乡愁的真实载体。同时，传统村落中保留了类型丰富、数量众多、各具特色的物质文化遗产和非物质文化遗产。目前，我国约有不可移动文物77万处，其中近7万多处各级文物保护单位中，有半数以上分布在乡村；还有1557项国家级"非遗"和数以万计的省、市、县级"非遗"，绝大多数都在传统村落里，少数民族的"非遗"更是全部在传统村落中[①]。中国传统村落保护与发展专家委员会主任冯骥才先生强调"中华民族的根和魂在传统村落"，表示担心和忧虑"目前的传统村落保护正面临新的困境，已经建立名录的传统村落正趋向'十大雷同'[②]。如果失去了千姿百态的文化个

---

① 周乾松．中国历史村镇文化遗产保护利用研究[M]．北京：中国建筑工业出版社，2015：105.

② 十大雷同：一是旅游为纲，二是"腾笼换鸟"，三是开店招商，四是"化妆景点"，五是公园化，六是民俗表演，七是农家乐，八是民宿，九是"伪民间故事"，十是"红灯笼"。

性和活力，传统村落的保护将无从谈起，留住‘乡愁’也将落空”[①]。

（4）传统村落现状特征

截至2022年，住房和城乡建设部等部委公布了5批6819个国家级传统村落，可归纳出以下几个特点：①较之国家级历史文化名村来说，传统村落数量更多、范围更广，有助于增强传统聚落体系保护的完整性和系统性。②传统村落主要分布在云南、贵州、湖南、浙江、安徽、江西、福建、山西、广西等地，西藏、青海、新疆、甘肃等西部地区分布较少，几个传统村落大省中既有较发达地区，也有欠发达地区，既有沿海地区，也有内陆省份，其中贵州（724个）、云南（714个）、湖南（657个）、浙江（636个）的数量位列全国前四，四省总计有2731个传统村落，占比全国总数的40.05%。整体上呈现南多北少、东多西少，集中分布于西南、华东地区的态势，大致呈现“总体分布均衡，局部相对集中”的特点。③传统村落覆盖了草原、高原、山地、丘陵、平原、沿海各个地形区域，但大部分位于山区半腹地和向平原过渡地带，贵州黔东南（409个）、安徽黄山（271个）、浙江丽水（257个）、湖南湘西四市是传统村落的主要集中地，占比全国总量的近30%；安徽歙县、贵州黎平、云南腾冲、浙江松阳等县（市），集聚了全国总量的11.3%[②]。④根据住房和城乡建设部“传统村落管理信息系统”的数据统计，我国传统村落大多建村年代久远，最早可追溯至新石器时代晚期有人类居住，至今仍为村落。唐代及以前形成的村落约占10%，大部分形成于宋、元、明、清至民国初年，约占88%。⑤地区经济发展水平、人口密度与传统村落遗存并不矛盾，传统村落不一定会在地区经济高速发展中消失，可在适宜保护和发展的前提下延续下去。总体来看，经济发展水平高、人口密度过高和过低区域村落较少，中等或稍低经济发展水平和人口密度地区更有助于传统村落生存[③]。⑥地理区位与自然环境是影响传统村落兴起并得以延存至今的重要因素，诸如山西地处黄河中游的中原腹地，东部横亘着贯通南北的太行山脉，是中华文明的发祥地之一；湖南位于长江中游南部，湘江贯通南北形成阻隔；浙江地处东南沿海，钱塘江蜿蜒而出，是吴越文化和江南文化的发源地。这些地区的传统村落数量和完整性较高。⑦由于各种原因未列入名录的村落中，散存着巨量的单体、小片区、局部分布的传统建（构）筑物，仍是一笔巨大的文化资源和财富，仍需对它们加以保护和珍惜[④]。

---

① 蒲娇，姚佳昌．冯骥才传统村落保护实践与理论探索[J]. 民间文化论坛，2018（5）：74-83.

② 史英静．从“出走”到“回归”——中国传统村落发展历程[J]. 城乡建设，2019（22）：6-13.

③ 康璟瑶，章锦和，胡欢，周珺，熊杰．中国传统村落空间分布特征分析[J]. 地理科学进展，2016（7）：839-850.

④ 向云驹．中国传统村落十年保护历程的观察与思考[J]. 中原文化研究，2016（4）：94-98.

2. 研究缘起与选题背景

（1）研究缘起

传统村落作为乡村人居系统和乡土文化遗产的重要类型和载体，对其历史变迁、价值辨析及保护利用、活态传承的研究与实践，已成为世界各国在美丽乡村建设和人居文化遗产保护发展中面临的共同问题。本书研究主要基于以下三方面的思考：

其一，国家社科基金项目的研究基础。本书研究依托作者立项主持的国家社科基金项目《传统村落动态保护机制及活化路径研究》（项目编号 18BGL277）的研究基础，在前期研究中进行了大量文献的梳理和深入实地的田野调查，对相关理论研究和现状问题的认知有了一定的积累。连续八年完成浙江省 390 个历史文化（传统）村落保护利用的实地调研和绩效评价工作，完成 300 万字的调研报告和 20 余个重点村规划设计项目实践，研究材料翔实，研究基础扎实。前期的工作使笔者对浙江省传统村落的全貌较为熟悉，并在调研工作中与地方基层干部群众建立了密切的关系和深厚的友谊，正如费孝通先生所讲“调查者必须容易接近被调查者以便能够亲自进行密切的观察”①，这为本书撰写提供了条件和优势。

其二，对传统村落现有研究的学科考量。本书立足于所学专业（设计学）方向（环境设计），结合自身知识结构、兴趣领域和学术积累，确定研究对象、建构研究框架和运用研究方法。传统村落研究已逐渐成为一门显学，相关研究呈上升之势，研究的学科领域逐步扩大，研究视角渐趋多元，研究方法融合交叉。目前，在建筑学、规划学、地理学、社会学、管理学等学科领域的研究取得了一定的成果，大多聚焦在村落空间形态、景观基因、遗产保护、管理评估等方面，且较多侧重于工科思维，从技术层面的物象客观事实探析研究较为普遍。而从设计学学科的研究还显不足，如何在现有研究的基础上，通过对比研究进行规律性问题的揭示、理论归纳及实践论证，加强设计学科视角和艺科融合思维的综合研究就显得尤为重要。

其三，对传统村落研究本质的学术思辨。上述思考已体现了传统村落设计学研究的必要性和紧迫性，那么研究的核心又何为？通过对相关理论的参阅和传统村落研究现状的梳理研判，发现各学科对传统村落的理论方法研究明显滞后于实践需求，致使传统村落研究的学术系统不够完善。同时，真实问题来自于现场。本书在前期研究与项目实践思考总结的基础上，深入探析课题研究的核心与架构，从而提出研究的题旨，即围绕特定区域（钱塘江流域）的实情，立足设计

① 费孝通 . 江村经济 [M]. 上海：上海世纪出版集团，2007：17.

学学术思考范式，建立时空观念，在对传统村落资源价值发掘与人居环境变迁的系统辨析基础上，进而聚焦传统村落人居环境的活态传承策略与路径研究，有针对性地丰富地域传统村落研究的理论方法与实践路径，促进传统村落研究的持续深化。

（2）选题背景

1）宏观背景：国家实施乡村振兴战略与生态文明建设

党的十八大提出实施新型城镇化和党的十九大提出全面实施乡村振兴战略，为生态文明建设和城乡融合建设提供了指引，也为新时代美丽乡村建设尤其是传统村落保护利用指明了方向。尤其是自2012年国家启动中国传统村落保护工程后，连续九年的中央一号文件和中办、国办印发的《关于实施中华优秀传统文化传承发展工程的意见》（2017年）、《关于在城乡建设中加强历史文化保护传承的若干意见》（2021年）、《关于推动城乡建设绿色发展的意见》（2021年）等多个文件中，都有支持实施传统村落保护利用的重要指示。传统村落保护利用已列入国家文化保护传承战略，已成为我国实施乡村振兴战略的重要内容，是我国生态文明建设的重要工程，也是城乡规划学、建筑学、风景园林学、设计学等学科值得深入研究的重要范本。

自2012年10月起，由住房和城乡建设部联合四部委组织评选公布中国传统村落，至2022年已被列入名录的国家级传统村落共计5批6819个，这标志着我国已经形成世界上规模最大、内容和价值最丰富、保护利用力度较强的农耕文明遗产保护群。被列入名录的传统村落获得了中央和地方政府的专项财政资助，相应的保护法规与管理机制等保障条件得以建立，传统村落衰落、破坏现象得到一定程度的遏制，传统村落生活生产生态条件得到提升。当前，传统村落保护利用正处于一个前所未有的历史机遇期，各级党委政府高度重视以传统村落保护利用为核心的历史文化传承工作，并以此作为新阶段新时代执政的重要抓手。应该说，在国家全面实施乡村振兴战略和推进生态文明建设的时代背景下，全社会、全领域掀起传统村落保护利用学术研究、规划设计实践的热潮，意义重大。

2）中观背景：浙江实施诗路文化带建设的政策导向

2019年10月，浙江省人民政府印发实施《浙江省诗路文化带发展规划》，提出“以诗串文、以路串带”分别绘就打造浙东唐诗之路、大运河诗路、钱塘江诗路和瓯江山水诗路四条“诗路文化带”，作为浙江推进大湾区、大花园、大通道、大都市区“四大建设”的重要组成部分，是美丽浙江大花园建设的标志性工程，是文化浙江建设的时代亮点，对打造现代版“富春山居图”，擦亮“诗画浙江”金名片，深入践行“绿水青山就是金山银山”理念，全面推进“两个高水平”建设具有重要意义。其中，钱塘江诗路文化带主要以钱塘江—富春江—新安江—兰江—婺江—衢江为主线，包括新安江至安徽黄山市支线、浦阳江支线、义乌江至东阳江支线，覆盖杭州、金华、衢州和海宁市等行政区域，其主线长400多公里，是四大诗路带中最长的一条。

2021年4月，浙江省发展和改革委员会发布了《大运河诗路建设、钱塘江诗路建设、瓯江山水诗路建设三年行动计划（2021—2023）》，其中提出钱塘江诗路文化带以“风雅钱塘，诗意画廊”为文化形象，深入挖掘彰显诗风雅韵、宋都遗风、西湖印象、潮涌文化、南孔儒学、千年古城等文化内涵。在具体建设路径上，钱塘江诗路文化带以诗路古城为重点，持续擦亮严州古城、婺州古城、兰溪古城、衢州古城等38颗诗路珍珠，精品化打造古城品牌旅游线路、水上诗路旅游线路、生态康养旅游线路等精品游线，组织举办钱塘江诗词大会、钱江（海宁）观潮节、龙游石窟音乐盛典、中国衢州孔子文化节等文旅节庆赛事活动。未来将重点推进吴越国王陵考古遗址公园、分水古城、建德梅城、兰湖旅游度假区、横店影视产业园、“云海方舟”旅游康养基地等90个项目，三年投资781亿元。提出到2023年，钱塘江诗路带沿线杭州、金华、衢州、嘉兴海宁、绍兴诸暨的文化及相关特色产业增加值达到3350亿元，旅游产业增加值达到2096亿元，健康产业增加值达到2170亿元，新增全域旅游示范区5个，千万级核心景区数量达到28个。

传统村落历史悠久、资源丰富、类型多样，具有重要的历史、文化、科学、社会等价值，是打造诗路文化带，营造既能彰显区域文化又能满足人们美好生活需要的人居环境的重要载体。因此，如何通过对区域环境、人文历史、建筑遗存等信息的剖析，辨析区域传统村落人居环境的变迁规律及提出面向当代的活态传承策略路径，已是新时代乡村人居环境发展的重大时代命题。

3）微观背景：钱塘江流域传统村落保护利用的实情需求

浙江是全国第一个在全省范围内部署开展历史文化（传统）村落保护利用的省份，自2013年起，已连续实施了2292个历史文化（传统）村落保护利用项目。钱塘江流域保存有众多具有鲜明的地域特征和文化意涵的传统村落及集群，截至2022年，共有323个国家级传统村落，占全省（636个）总数的51%；共有213个省级历史文化村落保护利用重点村，占全省（390个）总数的55%。这些传统村落分布在钱塘江流域的大地上，关乎地域文化记忆与乡愁，是历代先辈在辛勤耕耘中留下的宝贵资源。

近年来，钱塘江流域的各级政府高度重视传统村落保护利用工作，各地充分发挥既有优势，创新机制借力发力，在资金、土地、人才等要素方面提供保障，将传统村落作为打造“诗画浙江”大花园、“四条诗路”文化带、“五朵金花”组团中的“耀眼明珠”和“金名片”，传统村落保护利用效益明显。总体而言，在国家全面实施乡村振兴战略和生态文明建设、浙江大花园建设，尤其在钱塘江诗路文化带建设的时代背景下，选择钱塘江流域作为研究区域，开展传统村落人居环境变迁及活态传承的学术研究，可谓适逢其时，恰如其分。

3. 区域选择与研究意义

（1）研究区域

本书选择钱塘江流域作为研究区域，主要基于以下三点考虑：

其一，河流是人类文明起源不可或缺的条件①。流域属于一种典型的自然区域，是一条河流（或水系）的集水区域，河流（或水系）从这个集水区域上获得水量补给。它是以河流为核心、被分水岭所包围的区域，在地域上具有明确的边界范围②。从文化人类学和文化传播学的角度来看，文化是在沿河流两岸人们的交往过程中传播发展的，应该说江河流域是文化传播的通道和走廊。世界上一些重要的古文明大都诞生于大江大河的流域内。另外，江河流域也是城乡发展的重要轴线，流域文化具有丰富性和规律性特征，客观上推动了城、镇、村的兴起，也推动了地域经济繁荣与文化发展。

其二，钱塘江流贯浙江，是浙江的母亲河，孕育了以钱塘文化为核心的良渚文明。钱塘江流域地理位置优越、资源禀赋较好，是一个相对稳定的区域单位，且具有相对完整的经济形态和环境特质。钱塘江两岸的杭嘉湖平原、宁绍平原和金衢盆地地区，则是吴越文化的核心区域。历史的变迁和社会的发展，钱塘江流域生成和发展了一批类型多样、特色鲜明、价值典型的传统村落。这些传统村落具有相对完整的人居环境形态和历史人文特质，包含典型的历史、文化、社会和科学信息，具有一定的代表性和示范性，不仅是人类社会变迁的最佳见证，也是区域文化价值内涵和发展的具体载体。选择钱塘江流域作为研究区域，便于系统分析、了解浙江乃至江南地区传统村落人居环境变迁的全过程。本书研究的钱塘江流域具体指浙江省域范围。

其三，长期以来，由于受制于有限的考古和文献资料等条件，学术界忽视对

① 葛剑雄．黄河与中华文明 [M]. 北京：中华书局，2020：2.

② 张庆宁．世界大河流域的开发与治理 [M]. 北京：地质出版社，1993.

传统村落人居环境变迁层面的历史性梳理，尤其缺乏区域性的系统研究。因此，选择钱塘江流域的传统村落人居环境变迁及活态传承研究作为学术命题的突破点和着力点，一方面可以充实与完善区域传统村落保护利用研究体系，更加全面完整地反映浙江传统村落的发展史；另一方面通过对传统村落人居环境历史变迁及在当代的活态传承进行剖析与解读，梳理人居环境变迁的时空特征，为区域城乡融合发展与全面乡村振兴提供理论指导。

（2）研究意义

中国人居建设历史源远流长，底蕴深厚，蕴含着丰富的智慧。从对传统村落人居环境演变史的梳理与参阅可以资鉴当代的城乡人居环境，从而推进充实中国人居环境科学的发展，并服务于未来人居环境理论与方法的学术研究与建设需求。本书选择传统村落人居环境变迁及活态传承研究和实践，对于延承传统乡土文化、促进乡土人居环境的可持续发展，其社会意义重大、研究需求迫切、研究价值较高，具体可概括为以下几点研究价值：

1）学术价值

有利于辨析传统村落人居环境变迁的关键维度，构建不同地区不同类型传统村落研究的基础数据库，丰富设计学学术研究谱系；有利于辨析传统村落研究的本体与客体关系，推进定量分析与定性评价有效融合的研究方法，扩展传统村落人居环境研究的深度，助力传统村落人居环境创建与文化传承；有利于探析传统村落的当代价值及活态传承路径，拓展“时空”系统研究指向，助推传统村落科学保护和差异化发展的理论创新，为中国城乡融合与可持续建设提供理论支撑，具有重要的学术价值。

2）应用价值

有助于政府部门借助研究成果出台相关政策、文件，实现历史文化遗产保护与城乡人居环境建设、经济社会发展的和谐统一，为乡村振兴战略实施与文化传承工程提供技术指导；有助于规划设计管理和业务部门建构传统村落保护利用的运维逻辑，有的放矢地实施分类分级保护利用与定性定量结合的规划、建设和管理工作；有助于深入挖掘、整理钱塘江流域传统村落缘起、物质文化遗产和非物质文化遗产资源，摸清家底、研判态势、把握特点，进而揭示和呈现浙江地域发展脉络，促进浙江地域文化特色的传承和弘扬，具有重要现实意义。研究成果可以作为政府部门进行决策时的理论参考，传统村落相关理论研究的佐证材料，也可作为传统村落项目规划设计的基础素材和方法指导，高校服务地方、促进乡村振兴战略发展的有效智库材料。

二、文献综述与研究动态

1. 国外有关文献综述与经验借鉴

（1）国外学者的研究

国外有关村落的研究主要源于欧美和东亚等国家和地区，自 20 世纪以来就对其进行了较为系统的关注和研究，并相继掀起了乡村建设、历史村镇保护运动，特别重视传统村落文化景观的本土化意义和多元化价值，重视乡村旅游开发对传统村落保护利用、社区建设和可持续发展的影响。近年来，欧美国家的村落研究呈多元化发展趋势，关注层面不断深入。除对传统村落进行本体研究外，跨地区跨文化研究也较为突出。东亚国家及地区的传统村落与中国存在一定的类似性，均有相似的村落规模、文化延承与传统经济模式等。尤其是韩国、日本等国家取得的经验对我国传统村落保护利用具有积极的借鉴意义。

西方学者对于中国村落的研究始于 19 世纪末 20 世纪初，以明恩溥（Arthur S.Smith）、凯恩（F.H.King）、狄特摩尔（C.G.Pittmer）、葛学溥（Daniel H. Kulp）、白克令（H.s.Bucklin）、布朗（H.D.Brown）、甘布尔（Sidney H. Gamble）、卜凯（J.L.buck）、兰姆森（H.D.Lamson）等为代表的一批人类学、社会学学者以社会学的调查方法和欧美社会研究的范式，对中国村落展开了不同程度的调查与研究。其中，美国社会学家葛学溥较早提出对中国各地村落社区分别进行调查研究的计划，他认为可以将村落社区研究分为动态和静态两类，静态研究用于描述村落组织的结构与功能，动态研究则用于分析村落的变迁趋势。葛学溥（1925）利用在华任教的便利，组织人员对广东潮州凤凰村开展了调查，并出版了《华南的乡村生活——家族主义社会学研究》一书，将华南地区凤凰村的族群关系、村落政治、经济生活、婚姻家庭、艺术、娱乐、教育、宗教信仰等都作了较为全面的展示。另一位美国社会学家甘布尔在 1909~1932 年间，先后对我国河北、山西、河南及山东等省的十多个村落进行了调查，陆续出版多部反映当时中国社会的著作，其中《华北村落：1933 年前的社会、政治和经济活动》是一部研究中国村落的重要著作。另外，法国学者阿尔贝·德芒戎（A Demangeon）（1939）出版了《法国农村聚落的类型》，首次对农村聚落的类型加以区分，并分析了不同村落类型的形成与自然、社会、农业及人口等之间的关系，对中国村落研究具有一定的范式意义。新中国成立后，西方学者主要通过对从我国香港和内地等流出的资料进行研究，取得了丰富的成果。20 世纪 60 年代英国社会学家弗里德曼（Maurice Freedman）利用村落调查资料和历史文献，把村落社会置于区域社会中，试图建构“反映中国整体社会”的理论。

20世纪70年代美国学者白威廉（William L. Parish）和怀默霆（Martin King Whyte）在对广东60多个村庄的村民进行调查的基础上，出版了《当代中国的乡村与家庭》。美国学者施坚雅（G.W.Skinner）于1964—1965年在《亚洲研究》杂志上连续发表的《中国农村的市场和社会结构》，将分析单元放在村落之上的“集市”，从经济地理学和历史学的角度来研究区域中国。20世纪80年代初，大批西方学者涌进中国，进行田野调查，用结构主义、文化生态学、象征主义等一些西方前沿理论，来解释和解构中国乡村社会和文化，并开始从单个村落研究转向某一区域或若干个村落群的研究。其中，黄宗智开创的“市场—阶级分析法”成为一种新的乡村研究范式，对中国乡村问题的一系列研究影响较大。西方学者的研究，直接催生了中国学者对于村落研究的热情，开启对中国村落的个案考察研究，如费孝通的江村、杨庆堃的鹭江村、林耀华的黄村、杨懋春的台头村，等等。

（2）国际文献的阐述

联合国教科文组织（UNESCO）是联合国系统保护文化遗产的专门机构，国际古迹遗址理事会（ICOMOS）是古迹遗址保护和修复领域唯一的国际非政府组织，国际文物保护与修复研究中心（ICCROM）是致力于全球文化遗产保护的政府间国际合作组织。这三个机构是国际社会保护文化遗产的权威机构，代表了国际合作保护文化遗产的最高水平。从20世纪30年代始，这三大世界保护文化遗产的权威机构相继制定公布了一系列相关文献，成为传播先进理念和指导各国文化遗产保护工作的重要准则，见表0-1。其中典型的文献，如《关于历史性纪念物修复的雅典宪章》(1931)《威尼斯宪章》(1964)《保护世界文化和自然遗产公约》(1972)《关于建筑遗产的欧洲宪章》(1975)《内毕罗建议》(1976)《关于小聚落再生的特拉斯卡拉宣言》(1982)《华盛顿宪章》(1987)《奈良真实性文件》(1994)《关于乡土建筑遗产的宪章》(1999)《保护非物质文化遗产公约》(2003)等，都明确提出了对历史村镇保护、评估及管理的方法和建议，对于促进世界各地的传统村落保护起到了重要的作用。截至2021年，全世界以村或镇命名的世界遗产已有30多处，尤其是联合国教科文组织提出要将保护重点从古建筑转移到古民居和乡土建筑群。这表明传统村落保护已成为国际遗产保护领域关注的热点①。

① 周乾松．中国历史村镇文化遗产保护利用研究[M]. 北京：中国建筑工业出版社，2015：3.

相关国际文献 表0-1

序号	国际文献	关于村落保护的主要内容、原则及其建议
1	《关于历史性纪念物修复的雅典宪章》(1931)	第一届历史纪念物建筑师及技师国际会议1931年在雅典通过《关于历史性纪念物修复的雅典宪章》，是关于文化遗产保护的第一份重要国际文献
2	《威尼斯宪章》(1964)	第二届历史纪念物建筑师及技师国际会议1964年5月在威尼斯通过《关于古迹遗址保护与修复的国际宪章》，即《威尼斯宪章》，是最早出现“乡村环境”保护概念的国际文献，指出乡村空间环境保护对历史文明研究的重要意义
3	《保护世界文化和自然遗产公约》(1972)	第十七届联合国教科文组织大会1972年11月在巴黎通过《保护世界文化和自然遗产公约》，“文化遗产”包含具有历史、艺术与科学价值的纪念物、建筑群与遗址等城市和乡村的各个层面。公约成为包括传统聚落在内的人类遗产保护的最高准则
4	《关于建筑遗产的欧洲宪章》(1975)	欧洲理事会1975年发起的“欧洲建筑遗产年”活动，并通过《关于建筑遗产的欧洲宪章》，提出建筑遗产“不仅包含最重要的纪念性建筑，还包括那些位于城镇和特色村落中的次要建筑群及其自然和人工环境”。建筑遗产保护必须作为城镇和乡村规划中一个重要的目标，而不是可有可无的事情
5	《内毕罗建议》(1976)	第十九届联合国教科文组织大会1976年在内毕罗通过《关于历史地区的保护及其当代作用的建议》，即《内毕罗建议》是历史村镇保护发展史上具有重要意义的一份国际文件，明确指出“历史地区”可特别划分为历史城镇、老村庄、老村落以及相似的古迹群，强调了传统村落、历史城镇的重要性，并纳入世界文化遗产保护范围内
6	《关于小聚落再生的特拉斯卡拉宣言》(1982)	宣言包含两个方面的内容：一是历史场所的价值和现状，二是历史性城镇新生的建议。其认为乡村聚落及其建筑遗产是不可再生的文化资源
7	《巴拉宪章》(1999)	国际古迹遗址理事会澳大利亚国家委员会1979年通过的《关于保护具有文化意义地点的宪章》，即《巴拉宪章》，先行实施的是1999年修订版。其提出文化遗产地包括具有文化价值的自然遗产地、原住民遗址和历史古迹等，对原住民生活场所的文化重要性给予了重视
8	《关于乡土建筑遗产的宪章》(1999)	国际古迹遗址理事会1999年10月在墨西哥通过的《关于乡土建筑遗产的宪章》，提出乡土建筑遗产在人类的情感和自豪中占有重要的地位，明确了乡土建筑遗产保护中社区的重要作用，为全球乡土建筑遗产保护指明了方向。乡土性几乎不可能通过单体建筑来表现，最好是各个地区经由维持和保存有典型特征的建筑群和村落来保护乡土性
9	国际文化财产修复与保护研究中心(2009)	提出活态遗产的概念，认为那些“保持原有功能的遗产，能够在不断变化的情形中延续其空间秩序表现”即活态遗产

资料来源：作者整理

(3)国外经验的借鉴

中国传统村落研究既要借鉴国际经验，又要树立本国意识，从而科学客观地直面具体问题。国外对传统村落研究起始于遗产保护，保护内容由最初的文物古迹、单体建筑发展到历史街区、历史村镇，继而扩展到城乡人居环境保护。自 20 世纪以来历经一个世纪的实践与发展，欧美和东亚等国已经形成比较完善的保护利用体系与机制。其中以英国、法国、意大利和日本为典型，比如意大利将传统村落、历史城镇视为国家物质文化遗产和非物质文化遗产的重要组成部分，并通过立法推进遗产保护。1964 年，在意大利威尼斯召开的从事历史文物建筑工作的建筑师和技术员国际会议第二次会议通过了《威尼斯宪章》，成为欧洲国家保护文物、遗产的国际通则。英国认为传统村落是重构国家文化认同和历史传统的重要资产，将传统村落作为一个文化景观加以保护，尤其重视其所承载的文化和生态价值。珍视传统村落及其周边自然生态之间长期演化形成的共生关系。注重历史遗产的原真性，主张"反修复"的保护理念。英国传统村落保护的机制体现在政府依法设定各类委员会的职能定位，政府立法为各种非政府组织、社会团体等机构提供条件，以及发挥大学在智力贡献、社会参与和现代价值引入等方面的贡献[①]。法国为保护历史古城、传统村落历史风貌的完整性和真实性，规定对古城区的建筑不得随意拆除，维修或者改建都要经过国家审定，国家会给予一定比例的资助进行古建筑保护和修缮，并专门划定区域建设现代小区，解决居民住房问题。日本是亚洲较早开始传统村落保护的国家，在 1970 年成立国家级的"日本历史性风土保存同盟"，组织开展地区性乡土建筑、传统聚落的保护利用工作，并强调居民参与式的社区建设，以地区生活与文化再生为目标推进历史环境的复兴。

2. 国内有关理论研究与实践成果

我国对传统村落的系统研究开始于 20 世纪 80 年代，同济大学阮仪三教授最早开展了对江南水乡村镇的调查研究及保护规划编制，开创了我国历史文化村镇（传统村落）保护利用研究实践的先河。近年来，我国传统村落研究呈现上升趋势，其重要性也已成为全社会的共识。将传统村落作为特定对象进行研究，始于 2003 年的"中国历史文化名镇名村"评选工作，之后中国传统村落研究逐渐形成热潮，多个学科领域的学者相继加入了传统村落的研究，使我国传统村落研究的范围、深度不断得到拓展，逐渐开始系统化和全面化。

（1）理论层面

1）基于村落人居环境的相关研究

其一，围绕村落空间形态演变和空间结构等展开研究。段进等（2009）以历

① 李建军 . 英国传统村落保护的核心理念及其实现机制 [J]. 中国农史，2017（3）：115-124+72.

史资料和现场调研为依据，在分析研究宏村村落空间生长更新的五个阶段以及现状空间形态的基础上，解析了村落整体空间、内部空间、组团邻里、住宅单体四个层面的村落空间主导要素和构成特点；[①] 倪琪等（2014）从建筑学和形态学的视角，探讨了传统村落空间形态的演变与社会历史形态演变间的关系，解读了传统村落形成的动因以及演变的趋势；[②] 张东（2017）聚焦中原地区传统村落的地区分布、空间形态、多维度比较，结合案例研究，系统论述了中原地区传统村落空间形态的地域性特征及产生原因；[③] 李伯华等（2017、2018、2019）系统研究了传统村落空间形态演变与重构、社会文化变迁与传承、生态环境特征与适应、人居环境更新与营建等，探索推进传统村落人居环境转型发展的地域模式和科学途径，并以个案研究为例，提出基于"三生"空间、"双修"视角的村落人居环境演变和转型模式；[④⑤⑥] 马新等（2006）从考古与历史学的视角，围绕中国古代村落的发生、分期、连续性、两合性和文化基因等问题，立足村落形态发展与构成要素，探析了中国古代村落形态的基本面貌。[⑦]

其二，探析传统村落的空间图谱与景观营建方法。彭一刚（1994）从村落的形成过程研究其景观环境的特征，指出由于各地区气候、地形环境、生活习俗、民族文化传统和宗教信仰的不同，导致了各地村镇聚落景观的不同；[⑧] 刘沛林（2014）探析了传统聚落景观基因的表达和提取、传统聚落景观的区系与特征，并借助 GIS 技术针对中国传统聚落景观基因图谱的构建进行了深入研究；[⑨] 孙炜玮（2016）以景观为切入点，基于村域、村落、宅院三个空间层级，从内容的系统性、过程的控制性、格局的生态性和利益的共生性四个方面提出乡村景观营建的整体方法体系。[⑩] 胡最等（2015）基于景观基因分类模式，探讨了传统聚落景观基因的特征解构提取方法和识别模式；[⑪] 陈信等（2016）以定量分析法，提取村

① 段进，揭明浩 . 世界文化遗产宏村古村落空间解析 [M]. 南京：东南大学出版社，2009.

② 倪琪，王玉 . 中国徽州地区传统村落空间结构的演变 [M]. 北京：中国建筑工业出版社，2014.

③ 张东 . 中原地区传统村落空间形态研究 [M]. 北京：中国建筑工业出版社，2017：7.

④ 李伯华，刘沛林，窦银娣，曾灿，陈驰 . 中国传统村落人居环境转型发展及其研究进展 [J]. 地理研究，2017（10）：1886-1900.

⑤ 李伯华，曾灿，窦银娣，刘沛林，陈驰 . 基于"三生"空间的传统村落人居环境演变及驱动机制 [J]. 地理科学进展，2018（5）：677-687.

⑥ 李伯华，郑始年，窦银娣，刘沛林，曾灿 ."双修"视角下传统村落人居环境转型发展模式研究 [J]. 地理科学进展，2019（9）：1412-1423.

⑦ 马新，齐涛 . 汉唐村落形态略论 [J]. 中国史研究，2006（2）：85-100.

⑧ 彭一刚 . 传统村镇聚落景观分析 [M]. 北京：中国建筑工业出版社，1994.

⑨ 刘沛林 . 家园的景观与基因：传统聚落景观基因图谱的深层解读 [M]. 北京：商务印书馆，2014.

⑩ 孙炜玮 . 乡村景观营建的整体方法研究——以浙江为例 [M]. 南京：东南大学出版社，2016.

⑪ 胡最，刘沛林，邓运员，郑斌 . 传统聚落景观基因的识别与提取方法研究 [J]. 地理科学，2015（12）：1518-1524.

落建筑、格局、地形、产业和文化等村落风貌要素，探析丽水传统村落组群风貌在小范围呈现同质化特征，在较大尺度中体现差异化特征，在整个区域显现共性特征。[①]

其三，聚焦乡村聚落与乡土建筑的研究。陈志华、李秋香等学者自20世纪80年代起先后对浙江、福建、江西等地的乡村聚落开展调研，提出乡土聚落环境构建与文化类型研究；[②] 李立（2007）在对江南地区乡村聚落内涵与特征进行全面剖析的基础上，从聚落形态学和类型学视角梳理江南地区乡村聚落演变的历史脉络，探索其演化的主导动力和运作机制；[③] 王冬（2012）以云南少数民族村落为例，以“族群”和“社群”的演变为线索，在社会与技术两个层面探索乡村聚落与建筑营造的逻辑、策略及方法；[④] 赵之枫（2015）以传统村镇为对象，系统剖析了我国传统村镇聚落的社会文化背景、选址布局及空间组织，关注聚落整体与自然环境、历史环境以及社会组织的关系；[⑤] 周政旭（2016）结合人类学、形态学等学科方法，以人居科学整体生成论为基础，借助民族志文本与聚落空间信息资料，探讨了贵州山区少数民族聚落形成与演变的历史过程；[⑥] 伍国正（2019）论述了湘江流域传统民居的生成环境、空间结构、建筑技艺等建造特点，突出对文化内涵、功能价值、社会属性、地域特征和文化审美意蕴的研究；[⑦] 另外，清华大学乡土建筑研究组提出并实践了“以乡土聚落为单元的整体研究和整体保护”的方法论，把乡土建筑置于完整的社会、历史、环境背景中进行动态研究。

2）文化遗产保护的相关研究

我国历史文化遗产保护始于20世纪80年代末，最初以文物保护单位评选为主，2000年西递、宏村为代表的徽州古村落申报列入世界文化遗产名录，开启了传统村落作为文化遗产保护的先河。从遗产保护的视角关注传统村落的研究，以罗哲文、吴良镛、郑孝燮、周干峙、单霁翔、王景慧、冯骥才、阮仪三、楼庆西、陈志华等为代表的一批文保、建筑规划、民俗专家，都对传统村落文化遗产保护进行了大量的研究。尤其是罗哲文、阮仪三、冯骥才等专家奔走疾呼加强传统村落保护，为我国传统村落保护利用作出了重大贡献。传统村落作为传承历史文化遗产的

---

① 陈信，李王鸣．区域视角下传统村落组群风貌的空间特征——以丽水传统村落为例[J]. 经济地理，2016（10）：185-192.

② 陈志华，李秋香．中国乡土建筑初探[M]. 北京：清华大学出版社，2012.

③ 李立．乡村聚落：形态、类型与演变[M]. 南京：东南大学出版社，2007.

④ 王冬．族群、社群与乡村聚落营造——以云南少数民族村落为例[M]. 北京：中国建筑工业出版社，2012.

⑤ 赵之枫．传统村镇聚落空间解析[M]. 北京：中国建筑工业出版社，2015.

⑥ 周政旭．形成与演变：从文本与空间中探索聚落营建史[M]. 北京：中国建筑工业出版社，2016.

⑦ 伍国正．湘江流域传统民居及其文化审美研究[M]. 北京：中国建筑工业出版社，2019.

重要载体，反映着不同历史时期、不同地域、不同社会经济发展形成和演变的历史过程，并保留有丰富的物质、非物质文化遗产和自然遗产，被认为是遗产保护体系中的一个重要组成部分。目前，从文化遗产保护的视角有以下相关研究：

其一，遗产保护的视角。俞孔坚等（2009）基于文献研究方法与德尔菲法相结合，探讨了国家线性文化遗产网络的构建途径，并提出线性文化遗产网络的建立，在中华大地上形成一个彰显民族身份、延续历史文脉、保障人地关系和谐的文化“安全格局”；[①] 冯骥才（2013）认为传统村落是另一类文化遗产，兼有物质与非物质文化遗产，是一种饱含传统的生活生产的遗产；[②] 汪欣（2014）从文化遗产保护的视角，梳理了徽州传统村落的历史发展、存在现状以及文化生态变迁，探讨了传统村落与非遗的关系、探索了传统村落保护的途径及以村落为单位的非遗保护实践模式；[③] 罗德胤（2014）提出村落保护是文化遗产保护的重要部分，乡村遗产观念的建立和文化重要性的突显是建立传统村落谱系的第一要素；[④] 潘鲁生（2017）从民艺学的视角，关注传统村落中非物质文化遗产的保护与发展路径。[⑤]

其二，村落价值的视角。王小明（2013）从有形文化实体、文化生态系统、非遗及“文化空间”、民间文化保护等几个方面，对现行传统村落价值认定标准的科学性进行了理论分析，进而探讨传统村落整体性保护的方法和策略；[⑥] 鲁可荣等（2016）系统归纳了传统村落具有“惠及苍生”的农业生产价值、“天人合一”的生态价值、村落共同体的生活价值及文化传承与教化价值，提出在传统村落保护发展中价值的活态传承路径；[⑦] 汪瑞霞（2019）在对传统村落中环境生态、空间生态、人文生态等文化生态核心要素梳理的基础上，提出文化诠释的整体观念、文化建构的设计维度、文化振兴的核心目标是传统村落价值重塑的当代实践；[⑧] 屠李（2019）构建了“传统村落遗产价值评价”和“遗产价值导向的传统村落保护”的理论框架，并实证研究了皖南传统村落的遗产价值、保护机制及相关优化建议。[⑨]

---

① 俞孔坚，奚雪松，李迪华，李海龙，刘柯．中国国家线性文化遗产网络构建 [J]. 人文地理，2009（3）：11-16.

② 冯骥才．传统村落的困境与出路——兼谈传统村落是另一类文化遗产 [J]. 民间文化论坛，2013（1）：7-12.

③ 汪欣．传统村落与非物质文化遗产保护研究：以徽州传统村落为个案 [M]. 北京：知识产权出版社，2014.

④ 罗德胤．中国传统村落谱系建立刍议 [J]. 世界建筑，2014（6）：104-107.

⑤ 潘鲁生，李文华．中国传统村落保护与发展探析——基于八省一区田野调查的实证研究 [J]. 装饰，2017（11）：14-19.

⑥ 王小明．传统村落价值认定与整体性保护的实践和思考 [J]. 西南民族大学学报（人文社会科学版），2013，34（2）：156-160.

⑦ 鲁可荣，胡凤娇．传统村落的综合多元性价值及其活态传承 [J]. 福建论坛（人文社会科学版），2016（12）：115-122.

⑧ 汪瑞霞．传统村落的文化生态及其价值重塑 [J]. 江苏社会科学，2019（4）：213-223.

⑨ 屠李．皖南传统村落的遗产价值及其保护机制 [M]. 南京：东南大学出版社，2019.

3）传统村落保护与发展策略的相关研究

其一，从方法论的角度展开研究。业祖润（2001）以传统村落的自然形态、心理形态、物化形态、文化形态和行为形态为基础，提出基于聚落环境整体性的保护方法；[①] 周建明（2014）、陈继军等（2019）提出了传统村落适应性保护及利用关键技术；[②③] 刘奔腾（2015）基于保护与发展辩证统一的视角，分析了江南历史文化村镇的社会经济发展与历史遗产保护的对立与统一，提出了根植地域条件、多样性、可持续和面向未来的村镇保护方法与模式；[④] 彭琳等（2016）提出基于“参与式综合社区规划”的传统村落保护模式建构及实施保障体系的构建；[⑤] 郭崇慧（2017）以大数据分析与挖掘视角开展古村落研究；[⑥] 刘磊（2019）关注传统村落活化利用中参数化空间肌理解析与重构技术，借助现代信息技术对传统村落进行空间特征分析，探索了应对传统村落活化的景观风貌肌理解析与修复策略；[⑦] 单德启主张在传统村落保护与更新中运用专家与村民共同参与、政府支持、企业实体运营的整体思维模式。

其二，以个案实践为主的拓展研究。渠岩（2014）以山西许村的“艺术推动村落振兴”计划为例，提出村落建筑修复、文化艺术引入、村民参与机制等具体的举措，开展艺术推动村落复兴和艺术修复乡村的社会实践；[⑧] 杨贵庆（2016）以浙江黄岩历史文化村落再生实践为蓝本，提出传统村落空间重构需要重新定义物质空间的内涵与功能，积极培育其再生的内在活力。[⑨] 另外，社会机构和人士介入传统村落保护利用实践已成为热潮，如左靖和欧宁的碧山计划、徐甜甜松阳实践、王澍文村实践等，都呈现出不同程度的路径思考和实践探索。

4）传统村落管理与评估的相关研究

其一，建档管理研究。何思源（2017）从归档范围和收集方法两个角度，探讨了传统村落档案的科学建档方式，并提出遵循突出特色、尊重联系、注重调研、辨伪存真与结构优化等建档原则；[⑩] 黄迪等（2017）研究创建一个基于录入系统和

---

① 业祖润．传统聚落环境空间结构探析 [J]. 建筑学报，2001（12）：21-25.

② 周建明．中国传统村落——保护与发展 [M]. 北京：中国建筑工业出版社，2014.

③ 陈继军等编著．传统村落保护与传承适宜技术与产品图例 [M]. 北京：中国建筑工业出版社，2019.

④ 刘奔腾．历史文化村镇保护模式研究 [M]. 南京：东南大学出版社，2015.

⑤ 彭琳，赵立珍．参与式综合社区规划途径下的村庄规划办法探索——以漳州市长泰县高濑村为例 [J]. 小城镇建设，2016（12）：64-71.

⑥ 郭崇慧．大数据与中国古村落保护 [M]. 广州：华南理工大学出版社，2017.

⑦ 刘磊．中原传统村落开发中的参数化空间肌理解析与重构技术 [M]. 南京：东南大学出版社，2019.

⑧ 渠岩．艺术乡建：许村家园重塑记 [J]. 新美术，2014（11）：76-87.

⑨ 杨贵庆．乌岩古村——黄岩历史文化村落再生 [M]. 上海：同济大学出版社，2016.

⑩ 何思源．守护乡村记忆：传统村落建档研究 [J]. 档案学研究，2017（5）：49-53

检索系统为架构的传统村落电子数据库，满足存储、分类检索和数据管理等功能的传统村落档案管理；[1] 李伯华等（2017）以可视化软件 Citespace 为研究手段，对我国传统村落研究的知识图谱进行了分析，提出传统村落保护中理论创新、方法创新和实践路径研究需要重点关注。[2]

其二，评估体系研究。赵勇（2008）以中国首批历史文化村镇为研究对象建立评估体系，提出对历史文化村落的保护着重对历史建筑、空间布局和文化脉络的科学保护，要控制好保护与发展和谐的“度”；[3] 邵甬等（2012）提出可从评价因子的确定、层次结构和评分标准三个方面建构历史文化村镇价值评价的体系；[4] 刘渌璐等（2016）通过构建历史文化村落实施效果的评估体系，运用层次分析法确定村落保护实施效果评估体系的指标权重，结合模糊综合评价法对指标进行验证并根据评估反馈信息对村落提出保护实施调整指引；[5] 王勇等（2019）采用分类评估法，对苏州传统村落的乡村性特征进行评价，进而提出不同的发展路径与乡村性的内在关系。[6]

5）钱塘江流域传统村落的相关研究

陈修颖等（2009）对钱塘江流域的人口迁移和城镇发展做了系统的历史梳理，提出流域内北人南迁最直接地促进城镇的发展与演变，北人南迁折射出流域内相对稳定的政治、繁荣的经济和适宜的自然环境，同时也探讨了流域内城镇发展的原因、内部结构及其规律。[7] 王其全（2009）对钱塘江流域的非物质文化遗产资源展开系统研究；[8] 陆小赛（2013）以微观的视角聚焦钱塘江流域传统村落建筑构件及其装饰艺术，以点概面地剖析了流域文化艺术的发展特征、影响因素等；[9] 张明晓（2019）在对钱塘江流域内中国传统村落的地域分布规律、类型划分、特征及现状问题的梳理基础上，提出了基于空间、遗产、产业等维度的保护与更新原则、方法

---

① 黄迪，韩灵雨．浙江省传统村落调研资料数据库的建立与应用研究 [J]. 中国管理信息化，2017（5）：213-215.

② 李伯华，罗琴，刘沛林，张家其．基于 Citespace 的中国传统村落研究知识图谱分析 [J]. 经济地理，2017（9）：207-214+232.

③ 赵勇．中国历史文化名镇名村保护理论与方法 [M]. 北京：中国建筑工业出版社，2008.

④ 邵甬，付娟娟．历史文化村镇价值评价的意义与方法 [J]. 西安建筑科技大学学报（自然科学版），2012（10）：644-650+656.

⑤ 刘渌璐，肖大威，张肖．历史文化村落保护实施效果评估及应用 [J]. 城市规划，2016，40（06）：94-98+112.

⑥ 王勇，周雪，李广斌．苏南不同类型传统村落乡村性评价及特征研究——基于苏州 12 个传统村落的调查 [J]. 地理研究，2019（6）：1311-1321.

⑦ 陈修颖，孙燕，许卫卫．钱塘江流域人口迁移与城镇发展史 [M]. 北京：中国社会科学出版社，2009.

⑧ 王其全．钱塘江非物质文化遗产资源研究 [J]. 浙江工艺美术，2009（3）：83-95.

⑨ 陆小赛 .16-18 世纪钱塘江流域建筑构件及其装饰艺术 [M]. 杭州：浙江大学出版社，2013.

和策略。[①] 陈桂秋等（2019）采用实地调研与查阅文献相结合的方法，系统阐释了浙江省域内传统村落的家庭、宗族、宗族文化生成和演化历程，深挖了传统村落的原型特征；[②] 李烨等（2020）将钱塘江中游的传统村落八景进行地理特性划分，以八景及八景诗作为研究对象，通过类型学方法分类统计近江平原、丘陵区域、山间盆地三种类型的传统村落八景中各类景观元素的构成占比，对其主要分布范围、核心景观类型以及核心景观单体逐一剖析并进行总结，为识别钱塘江流域传统村落八景文化现象特征提供支撑，为当代传统村落文化景观遗产保护与发展提供新的视角。[③] 这些研究虽对流域内传统村落的历史、特征、文化遗产、文化景观等做了梳理和总结，但仍未能形成较为系统的逻辑框架和理论建构。

（2）国内典型研究团队与成果

近年来，国内相关高等院校研究机构与团队通过搭建传统村落研究平台，围绕传统村落开展相关研究并取得一定的成果。以下列举几个典型代表：

清华大学单军教授团队，聚焦"民族聚居地建筑'地区性'与'民族性'的关联性"研究，探讨了同一地区内不同民族的建筑演变模式和同一民族在不同地区的建筑衍变特征。团队深入我国西南、西北、东北等少数民族聚居地，对传统村落、民居建筑开展了大量田野调查、测绘及研究实践，构建了"地区—民族建筑学"理论框架，为地区民族文化的当代发展和民族村镇建筑遗产的保护提供了科学依据。

西安建筑科技大学岳邦瑞教授团队，对西北干旱地区传统村镇聚落的营造模式进行了研究。研究依托人居环境学及干旱区资源学已有的研究成果，从水资源、土地资源、气候资源及建材资源等地域资源入手，采取资源学的视角来研究绿洲聚落，并分别从宏观、中观、微观三种尺度研究地域资源与聚落营造的关系，并且在时间维度上分析两者关系的历史演变，系统总结出地域资源约束下的绿洲聚落营造模式，提出了"地域资源约束"概念及"优适建筑"理论。

哈尔滨工业大学金虹教授团队，以严寒地区乡村人居环境的生态策略为重点，通过对严寒地区气候特点与乡村人居环境现状及其诸多影响因素的分析，从生态住区、建筑设计到建筑技术进行了全方位、多层次的立体化研究，提出了人居生态环境及建筑质量的综合评价系统，并提出严寒地区乡村生态住区与绿色住宅的设计路径、设计模式、设计法则及系列设计方案和本土适宜技术。

---

① 张明晓 . 乡村振兴战略下钱塘江流域传统村落空间保护与更新研究 [D]. 杭州：浙江工业大学，2019.

② 陈桂秋，丁俊清，余建忠，程红波 . 宗族文化与浙江传统村落 [M]. 北京：中国建筑工业出版社，2019.

③ 李烨，何嘉丽，张蕊，王欣 . 钱塘江中游传统村落八景文化现象初探 [J]. 园林，2020（11）：56-61.

同济大学杨贵庆教授团队，扎根浙江台州黄岩，坚持“设计助力乡建”，从项目策划、规划设计、施工图设计到在地建造、经营管理等全过程开展美丽乡村规划建设校地深度合作与支持。团队提出“新乡土主义”规划理论，归纳总结了“新时代乡村振兴工作法”，采用“新乡土建造”范式，对黄岩地区的传统村落保护利用进行规划设计与营建实践，使黄岩多个传统村落由衰败走向再生。

云南艺术学院乡村工作实践组团队，对云南少数民族地区传统村落风貌和乡土民居文化开展深入的调查与研究，形成从基础调研、项目研究到营造实践的校地协作系统，呈现出艺术院校的学科专业研究特色。

浙江理工大学中国美丽乡村研究院研究团队，近十年聚焦历史文化（传统）村落保护利用建设绩效评价研究与实践。团队注重田野调查，建立全省“一村一档一案一报告一对策”的大数据库，在定量分析和定性评价的基础上，提出“规建管评”协同、“五化”联动的保护利用机制与模式，形成省域、区域、县域、村域四个层级的传统村落保护利用路径、模式与方法。

3. 研究总结与问题思考

综上所述，近年来我国学术界对传统村落的研究主要围绕在村落特征价值研究、形成与演变研究、保护与利用研究、旅游发展研究和其他专题研究等研究方向展开，并已取得众多类型不一的成果。这些成果不仅是对中国传统村落多视角、宽领域、全景式的再认识，也是在一定阶段的理念、方法和技术的总结。总体而言，传统村落研究的学科领域在逐步扩大，研究视角渐趋多元，研究水平逐渐提高。中国学者的本土化研究与实践，为本研究提供了理论基础和研究参照，同时也对本研究提出问题和挑战。

纵观现有研究，我国传统村落研究还有许多方面需要进一步深化，具体表现在：①在研究内容上，目前相关研究大多关注个体村落研究，缺乏对区域村落的生成机制以及演变发展的历史考察与比较研究。现有研究较多关注传统村落物质环境或非物质文化层面的研究，而对人的需求、人与环境联动关系关注还明显不够，要将传统村落的人文环境和自然环境结合起来进行研究。研究者较为重视对村落社会组织结构、经济关系、景观形态进行研究，而村落自身发展演变规律的研究需要加强，需要关注传统村落与现代转型问题及其未来发展。钱塘江流域的区域面积和传统村落数量均占全省的近半，对钱塘江流域传统村落的研究总体还显薄弱，研究的对象和范围需进一步的拓展和深化。②在研究方法上，研究者的实地调查、数据收集不是很充分，方志、族谱、碑刻铭文以及口述资料的研究需要加强。村落分类研究不足，建立村落发展类型划分的指标、依据以及价值评价研究需要加强。应该综合多学科的研究方法，尤其是遗产学、人类学、社会学的研究手段与研究方法。在技术上，应充分利用计算机辅助技术、地理信息技术对村落进行跟踪分析，使传统村落研究更具科学性、实证性和可操作性。③在研究领域上，现有研究大都偏向于单一学科视角以定性描述为主，研究案例也缺乏覆盖较广范围地域之间的比较和综合，而运用系统综合的观点和定量化的方法研究传统村落保护的成果略显薄弱。目前国内已形成地理学、建筑学、规划学为主，历史学、考古学、景观学、社会学、心理学、经济学、文献学、环境学、生态学等相关学科积极参与的研究局面，但有些学科仍处于初始阶段。

三、研究对象与概念解析

1. 研究对象

真实问题来自于现场，为了提高研究的真实度和可靠性，本书选择一个完整的自然和文化生态区域——钱塘江流域——作为考察研究区域，并以钱塘江流域的传统村落为研究对象。因为在这个自然文化生态区内，各个传统村落在结构、功能上既有共性又有个性。实证研究的前提是大量的个案研究，没有一个个“点”的深入调查以获得第一手资料，是无法形成“线”“面”的系统全面结论的。

村落作为研究对象，具有较好的可操作性。“其一，村落是中国社会最基层的末梢，外来的调查者通常被视为是从社会上层来的，至少是从制度架构的上层来的，一般都能够受到尊敬和认真的接待；其二，村落是一个熟人社会，通过私人关系，很容易融入……其三，在村落中，各种场所、领域没有非常清晰、严格的划分，比较容易从一个日常的领域进入，然后转至关注的领域；其四，村落中很少有秘密可言，每一个村落大婶都是破解村落秘密能力很强的乡土‘福尔摩斯’，即使是文字档案资料，借出来复印也并不是很困难的事。”[①]

钱塘江流域截至2022年共有323个国家级传统村落、213个浙江省级历史文化村落保护利用重点村，同时被列入中国传统村落名录和浙江省历史文化（传统）村落保护利用重点村名录的村落（简称“双录”村）共计120个。本书选择这120个村落开展深入调研，同时综合考虑所处区域、类型等因素，依据调研的初步结果，综合考量不同区位、不同地理单位的代表性，聚焦其中30个典型村落作

① 李培林．村落的终结——羊城村的故事[M]. 北京：商务印书馆，2004：5-6.

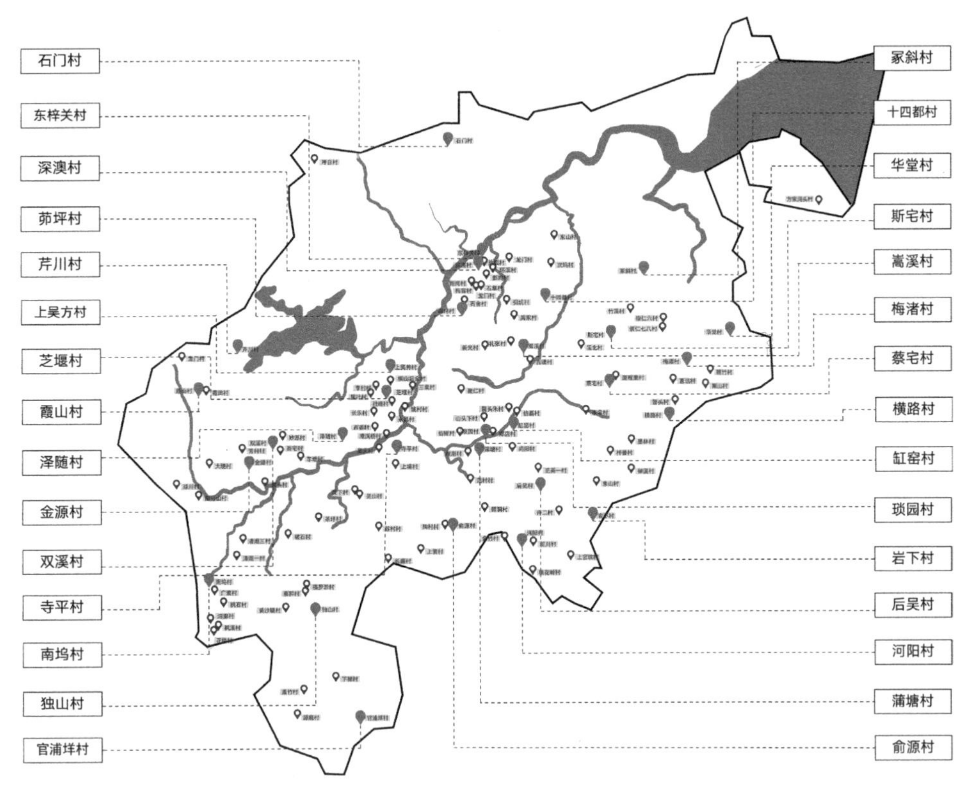

图 0-1 钱塘江流域重点研究的传统村落分布示意图

图片来源：作者自制

为重点研究样本（简称“典型样本村”），见图 0-1，再次进行深入的田野调查和资料收集，力图通过一定数量的“点”的样本研究，进行分析、比较、研判，形成“线”或“面”的系统规律及结论，为探析其村落人居环境变迁规律提供一点背景说明。

2. 概念解析

（1）传统村落

传统村落大多经历了数百上千年的岁月沧桑，承载着厚重的历史文化积淀，是中华民族的文化记忆和文化标志，是一种不可再生的文化遗产，具有自然生态格局、乡土建筑景观风貌、乡村文化遗产及传统生活生产模式等特征。

传统是民族文化赖以发展的动力，以历史的维度来看，传统便是一种文化的积淀。“传”即传承和流传，“统”即一脉相承的系统。总的来说，“传统”在汉语语境中指世代相传、从历史沿传下来的思想、文化、道德、风俗、艺术、制度以及生活方式，对人们的社会行为有无形的影响和控制作用[①]。“传统”一词强调了文化和文脉从古至今的延续性，诠释了一个长期的动态变化过程[②]。

“村落”是中国古代农耕社会的产物，关于“村落”最早的记载，正史有《三国志·魏志·郑浑传》所载“入魏郡县，村落齐整如一，民得财足用饶。”笔记野史中是《抱朴子·内篇》卷三《对俗》所引东汉陈寔《异闻记》“村口”一词。因此“村落”出现于东汉，至六朝渐多。据明正德元年（1506年）王鏊撰《姑苏志》卷18《乡都》解释说“若郊外民居所聚谓之村”，即城邑之外广大居民聚居点就是村落[③]。村落的早期是建立在血缘和地缘基础上“聚族而居”的小型聚落和社会单元，村落自身的范围和活动空间较小，具有封闭性、血缘性、地域性和活态性等特点[④]。

传统一词强调历史文化的厚重性以及延续性两种特性，对村落冠以传统的界定正是对村落历史与文化的厚重性与延续性的鲜明呈现[⑤]。传统村落是古代保存下来，村落地域基本未变，村落环境、建筑、历史文脉、传统氛围等均保存较好的村落[⑥]。应该说，传统村落是重要的历史文化遗产，反映了不同地域、不同民族、不同经济社会发展阶段人居聚落形成和演变的历史过程，它是文化和乡愁传承的载体。传统村落中蕴藏着丰富的历史信息和文化景观，其不仅是一种人居空间形态，还包含与之相匹配的生活生产方式、风俗习惯、人文风情等信息，是中国农耕文明留下的最大遗产，也是凝聚中华民族乡愁的主要载体。

2012年10月，由住房和城乡建设部、文化部、财政部和国家文物局等四部局联合组织调查、评选了中国传统村落，为突出其价值及传承的意义，在《关于加强传统村落保护发展工作的指导意见》（建村〔2012〕184号）中明确提出：“传统村落是指村落形成较早，拥有较丰富的文化与自然资源，具有一定历史、文化、科学、艺术、经济、社会价值，应予以保护的村落。”区别于过去一直沿用的“古村落”，传统村落的概念界定是对那些始建年代久远，具有较长历史沿革，至今仍然以农业人口居住和从事农业生产为主，而且仍保留着传统起居形态和文化形态的村落，其内涵更为准确、贴切。

---

① 辞海编纂委员会．辞海 [M]. 上海：上海辞书出版社，1989：242.

② 胡燕，陈晟，曹玮，曹昌智．传统村落的概念和文化内涵 [J]. 城市发展研究，2014（1）：10–13.

③ 雷家宏．中国古代的乡里生活 [M]. 商务印书馆，2017：2.

④ 胡彬彬．中国村落史 [M]. 北京：中信出版社，2021：23–29.

⑤ 曲凯音．我国传统村落的历史生成 [J]. 学术探索，2017（1）：74–80.

⑥ 刘沛林．古村落：和谐的人聚空间 [M]. 上海：上海三联书店，1997：6.

本书以国家传统村落认定标准为核心，研究建造于民国之前、拥有较丰富的自然和文化遗产，具备独特的环境、产业、文化、建筑等资源，应当予以保护与发展的乡村聚落或村落集群。以下从风景原型、族群聚居、文化景观等维度对传统村落概念作进一步阐释。

1）作为风景原型的传统村落

人类在任何发展阶段都离不开土地。因此，无论对哪一发展阶段的人类文明进行研究，都不能忽视人—地关系的考察[①]。中国古代先祖的择址筑村必将山水等自然资源作为重要条件，高度重视人与自然共生的生存价值观和“天人合一”的传统文化思想，从而形成传统村落地理区位环境上的依山傍水的聚落形态。在平原地区往往依高阜而居，或几十或百余家组成一个村落。村落与村落之间，相隔一定的距离，其间则为属于附近各村的土地、山林或水域。如清光绪《归安县志》记：“埭溪在县西南五十四里，即施渚溪，源出上强山东北，会北流水。”应该说，独特的地理资源是传统村落区别于其他人居环境载体的重要要素，在传统村落的生成演变发展过程中发挥着重要的作用，奠定与凝练了不同传统村落的独特气质。

中国传统村落形成并发展于农业文明时代。传统村落是农业文化的载体，镌刻着农业、农村和农民发展的历史印记。中国传统农业社会“差序格局”和宗族家庭结构与规模，尤其重视人与自然的和谐统一。传统村落的选址布局和建筑建造凝聚着“天、地、人、神”和谐共生理念，体现了传统生态观念，呈现出融合自然的风景原型。传统村落营建非常注重与自然环境的关系处理，因地制宜、趋利避害、顺势而为，将自然纳入村落人居环境系统之中。正如英国城市规划大师帕特里克·艾伯克隆比（Patrick Abercrombie）认为，中国人将艺术天赋投入乡土人居环境营造上，将人类衍生物与自然特色和谐共存，营造出一个全新的复杂景观系统。

2）作为族群聚居的传统村落

中国传统社会长期处于自然经济的农业社会中，在漫长的历史发展道路中形成了独特的宗族文化，并成为传统村落生成、发展并保存至今的内在机制和根本力量。要认识传统村落保护的重要性，必须从认识中华五千年农耕文明发展史中氏族形成和姓氏发展开始。传统村落由族姓形成，这也保障了村落繁衍和安定。中国的族姓体现血缘传承、伦理秩序和民俗传统，是凝聚家族兴盛的一股力量。从钱塘江流域传统村落的族谱和宗谱中可以看到，村落大多或由一姓氏宗族聚居，或由一姓

① 冯天瑜，何晓明，周积明. 中华文化史（珍藏版）[M]. 上海：上海人民出版社，2015：20.

宗族为主而与少数姓氏宗族聚居。宗族姓氏的渊源，如由黄帝后裔发展而来的钱、彭、黄、蔡、汪姓等，由炎帝后裔发展而来的姜、厉、冯、申屠姓等，由尧帝后裔发展而来的刘、虞、尧姓等，由舜帝后裔发展而来的王、姚、陈、田姓等，由禹帝后裔发展而来的顾、余姓等。随着历史发展又逐渐产生以国为姓、以封地姓、皇帝赐姓、封侯为姓、为避讳改姓等族姓方式，如斯、杨、金等。随着人口增加、朝代更迭或战乱，宗族一支一支分开，在迁徙中建立起一个个宗族衍生村落，从而逐渐形成地缘村落。

3）作为文化景观的传统村落

文化景观是世界遗产的一个类型概念。1992 年，联合国教科文组织世界遗产委员会在第 16 届会议上对《世界遗产公约行动指南》进行了修订，将“文化景观”列入世界遗产名录的申报范畴之中，并强调人类社会文化在景观有机进化过程中的特殊意义。2005 年，联合国教科文组织在修订通过的《实施〈保护世界文化与自然遗产公约〉的操作指南》中的定义“文化景观属于文化财产，代表着‘自然与人联合的工程’，它们反映了因物质条件的限制和 / 或自然环境带来的机遇，在一系列社会、经济和文化因素的内外作用下，人类社会和定居点的历史沿革。”[①] 因而可以理解，文化景观是介于物质文化遗产和非物质文化遗产之间的一种“混合”遗产类型，或可称为第三类文化遗产。文化景观遗产的提出，表明这种类型的遗产注重自然与文化的和谐，区域内文化景观的独特性、系统性与历史延续性，由此采用“整体性保护”原则可以对之产生行之有效的保护与发展。这些主张与我国传统村落的遗产精神不谋而合，为中国传统村落提供了与世界遗产保护工作接轨的契机，“整体性保护”原则对传统村落的保护工作也具有启发性。

传统村落是在经年累月的历史发展中形成的，既有民族性，又有地域性，构成了独具特色的文化景观，是人类文化多样性的重要表现形式（载体）。从文化遗产的类型来说，传统村落属于文化景观，是一种具有延续性的“活态”文化遗产。传统村落作为一种文化景观蕴含多层结构系统，包含表层的文化形态、中层的文化结构和深层的文化内涵。表层文化形态是指村落格局、建筑形态等有形物质表象；中层的文化结构是产生表层文化形态的行为，如村民生活方式、生产活动等；深层的文化内涵是指导致中层文化结构的社会机制，如传统乡村社区及其机能、村风民约、生存智慧等[②]。因此，将传统村落作为一个文化景观遗产整体来考察，尊重

① 国家文物局，等 . 国际文化遗产保护文件选编 [M]. 北京：文物出版社，2007：273.

② 孙华 . 传统村落的性质与问题——我国乡村文化景观保护与利用刍议之一 [J]. 中国文化遗产，2015（4）：50–57.

这一单位的整体性和经验性，才有可能解读中国人居环境历史的建构，探寻其在新时代的可持续发展趋势[①]。

（2）人居环境

人居是指包括乡村、集镇、城市、区域等在内的所有人类聚落及其环境。人居由两大部分组成：一是人，包括个体的人和由人组成的社会；二是由自然的或人工的元素所组成的有形聚落及其周围环境。广义地讲，人居是人类为了自身的生活而利用或营建的任何类型的场所，只要是人生活的地方，就有人居。它是人类文化、技术等的载体，在相当程度上也是主体，文化、技术往往通过人居得以体现[②]。

联合国在1976年的《温哥华人居宣言》中首次提出人居环境的概念。人居环境被认为是人类社会的集合体，包括所有社会、物质、组织、精神和文化要素，涵盖城市、乡镇或乡村。吴良镛先生对人居环境概念进行了深入诠释，他提出从社会、经济、生态、文化、技术等方面综合考察人类居住环境，立足中国实际建立了人居环境科学，将其定义为"人类聚居生活的地方，是与人类生存活动密切相关的地表空间，是人类在大自然中赖以生存的基地，是人类利用自然、改造自然的主要场所。"[③]包括城镇与乡村在内的人居环境可以分为自然、人类、社会、居住、支撑五个系统。自然系统是整体自然环境和生态环境，是聚居产生并发挥其功能的基础，人类安身立命之所；人类系统主要指作为个体的聚居者；社会系统主要指公共管理和法律、社会关系、人口趋势、文化特征、社会分化、经济发展、健康和福利等，涉及由人群组成的社会团体相互交往的体系；居住系统主要指住宅、社区设施等；支撑系统主要指人类住区的基础设施，包括公共服务设施系统、交通系统等[④]。此外，有学者提出乡村人居环境是涉及空间形式、内涵和意义的有机统一体，可解析为秩序和功能两部分属性。秩序属性又可分为格局、肌理、形制、形式四个层次，是村落中各种物质实体组成的秩序表达；功能属性可分为面域和点域两个层次，是乡村生活的功能状态[⑤]。总体而言，人居环境是与人类生活、生产活动有紧密关系的自然和人文环境的总称。

基于此，本书提出对传统村落人居环境的研究，可从村落形态、村落空间、村落历史、文化特征四个方面展开。村落形态即村落的外观形象，主要表现为村

① 葛荣玲．东南地区的村寨景观：历史、想象与实践[M]. 厦门：厦门大学出版社，2016：2-3.

② 吴良镛．中国人居史[M]. 北京：中国建筑工业出版社，2015：3.

③ 吴良镛．人居环境科学导论[M]. 北京：中国建筑工业出版社，2001：38.

④ 吴良镛．人居环境科学导论[M]. 北京：中国建筑工业出版社，2001：40-48.

⑤ 王竹，钱振澜．乡村人居环境有机更新理念与策略[J]. 西部人居环境学刊，2015（2）：15-19.

落的平面布局形式和村落在空间高度上的形态，通常有带状、块状、组团、分散等布局形式；村落空间可分为基于实质营造的物质空间和基于行为活动的社会空间，前者侧重于建筑、界面、道路、广场、节点等物质空间要素的分析，后者为社会行为所形成的空间网络与领域的研究；村落历史即对村落形态和空间的形成与演变过程，以及人居环境变迁的影响因素和影响方式的探讨；村落文化特征即在历史发展进程中村落所形成的诸如风俗、节庆等典型文化特质。传统村落人居环境是承载历史建筑风貌、聚落空间形态和传统民俗风情的动态的、复杂的人居系统[①]。

（3）变迁

变迁是指事物的变化转移。每一种文明都是某一个特定的人类群体在一个特定的时间和空间范围内所创造的物质和精神财富的总和。空间是地域范围的尺度，而时间是社会变迁的刻度，传统村落发展是一种地域社会演变的过程[②]。因此，传统村落人居环境变迁是一个动态过程，也是一个时空概念，通常经历着村落结构从简单到复杂，族群组成从单一到多样，最后到融合和同化的过程。促使传统村落人居环境变迁的动因可概括为内因和外因两种，内因即由村落内部的人口、家族、土地等因素的自身变化所引发的人居环境进化；外因即由自然环境或社会文化环境的变化引起的变迁。内因与外因一般是相互影响和制约着的。

传统村落人居环境变迁研究以历史阶段（或历史节点）为经，以人居环境各要素为纬，建构坐标作为研究框架而展开。时限上溯至村落建立之初，下溯至民国时期。由于历史原因，传统村落历经成百上千年的历史变迁，其连续的资料数据较难完整获取。因此，可借鉴村落经济社会变迁研究和历史学断代研究法，选择能够代表一个时代的关键性历史节点（年份）的资料数据，以定点、切入推演历史变迁规律，比如，选取唐中期、南宋初年、元初、明中期、清中期、民国元年的村落环境状况，进而串联成典型传统村落人居环境变迁的整体画卷。

（4）活态传承

活态传承即在文化遗产生成发展的环境中进行保护与传承，在人们生产生活过程中进行发展与利用。传统村落人居环境作为一个人类聚居生活的场所，除了有形的物质形态的“静态”特征，还存在一个“进行时”的“动态”特征，本身就是一个活态的存在形式。因此，对其进行活态传承就是要在保护人居环境原有功能、

---

① 李伯华，曾灿，窦银娣，等.基于“三生”空间的传统村落人居环境演变及驱动机制：以湖南江永县兰溪村为例[J].地理科学进展，2018（5）：677-687.

② 徐小波，钟栎娜.旅游导向型乡村社区可持续再生：旧问题的新思路[J].旅游与规划设计，2015（3）：24-39.

风貌的基础上，加强村落风貌引导，适当植入新功能，提升人居环境品质，满足村落居民的生产生活需求，促进环境、建筑、人文有机统一，实现传统村落“见人见物见生活”的目标。

活态传承就是对有形和无形遗产进行动态保护、活化利用和实施业态经营。区别于博物馆式的保护发展模式，传统村落人居环境的活态传承更加注重生态、生产、生活空间场景的保护传承，体现时代精神和人性关注。活态传承本质上强调三点：一是要把传统元素、形式与现代功能有机结合；二是要从静态保护转向动态保护，促进文化遗产有形化、可视化、重现或重演；三是要把传统村落作为一种乡村经济空间保留下来，形成新的经济功能，构建新的经济生产关系。

四、研究内容与目标

1. 研究内容

本书立足钱塘江流域文化的丰富性，以钱塘江流域为地理范围，以流域内具有代表性的典型传统村落为重点研究对象，在分析区域自然地理特征、历史人文环境和经济社会环境的基础上，对其典型村落的历史演变、选址理念、风貌格局、空间形态、族群构成、建筑环境、传统文化、特色产业等方面进行详细的考察，结合设计学科的特性，以人居环境科学、文化地理学、文化遗产学和建筑类型学等学科理论与方法为指导，建构系统性的研究框架，辨析流域内传统村落的营建理念、形成机理、发展规律和内涵价值等人居环境系统及变迁特征，提出面向当代的生活态的传统村落人居环境活态传承策略、路径及其方法，为促进乡村振兴实施和传统村落保护发展提供理论基础和政策依据。本书拟从以下几个方面展开：

（1）传统村落人居环境资源发掘整理

通过开展深入的田野调查，结合典籍、县志、族谱、文献等史料信息，对传统村落人居环境的历史沿革、建筑环境、文化资源、发展现状等信息进行采集、分析，发掘和建立传统村落人居环境资源数据库。

（2）传统村落人居环境变迁规律辨析

基于历时性和共时性两个维度的时空观念，辨析钱塘江流域传统村落的生成背景、数量类型、空间分布、历史沿革、文化遗产、村落规模等典型特征，归纳自然地理环境、人口迁移、交通条件、产业经济、历史事件、宗族意识等人居环境变迁的影响因素与条件，总结人居环境变迁的“中心与边缘”“内生与外溢”“有序与无序”“开放与封闭”“协同与变异”等规律与特征。

（3）传统村落人居环境系统阐释

基于人居环境的层级和维度进行原型辨识，从物质环境要素和非物质文化要素两个层面进行构成要素辨别，构建基于“三间”因子、“四性”原则和“四缘”属性的传统村落人居环境谱系，采用定量与定性相结合的评估方式，建立科学理性的价值评价体系，制定评价因子类别和权重指标，以典型村落为样本，对传统村落人居环境进行多元价值评价及运用。

（4）村落人居环境活态传承路径探讨

分析传统村落人居环境活态传承的动因，从理论层面探讨活态传承模式，建构基于人、事、物、场、时、境“六维”联动的研究模型，结合发展动力机制，从环境更新、建筑活化、产业发展、文化传承、社区营建等层面，提出面向当代“生活态”的传统村落人居环境活态传承的路径。

2. 研究目标

本研究要力求做到从宏观调控和微观把控、定性分析与定量测度、逻辑思考与形象思维、现象分析与模型研究等多个方面共同促进，以达到“立足浙江、辐射全国”的目的，最终为推动乡村振兴和美丽中国胜利实现作出贡献。

本书以钱塘江流域内“双录”村为样本，本着区域整体比较与个案研究并行、主体研究与客体研究并重的原则，以文献研究与实证调研为主要研究手段，力图揭示钱塘江流域传统村落人居环境的基本特征和变迁规律，在此基础上构建适应当代生活生产的传统村落人居环境活态传承策略、路径和方法，尝试深化区域乡村环境设计理论与方法研究。本书具体有以下几个层面的研究目标：

一是宏观层面：立足历史进程中流域内传统村落人居环境的生成系统研究，系统梳理区域自然环境、历史人文、社会环境的特征，结合史料论证，揭示传统村落形成和发展的规律及价值。

二是中观层面：立足时空方位的流域内传统村落人居环境的特征特质研究，以历时性与共时性结合的研究视角，结合样本调查数据，辨析传统村落人居环境变迁的客观条件和影响因子，突出文化遗产价值评价，构建基于价值评价的理论研究模型。

三是微观层面：立足多维视阈下流域内传统村落人居环境的活态传承研究，探析村落生态环境、生产生活方式、文化资源等特征，重识村落人居环境发展需求，结合典型村落的实证研究，构建传统村落“生活态”及人居环境活态传承策略与路径，激活传统村落再生与复兴活力。

3. 研究创新点

传统村落研究的角度和内容必须多元化，这既是学术研究的基点，也是事物发展的客观规律。因此，本书研究可以充实传统村落保护利用的理论研究广度和深度，对其他地区传统村落保护利用实践提供指导，对当下新型城镇化发展和美丽乡村建设具有一定的现实意义，具体可归纳为以下三点创新：

一是研究体系创新：突破了以往以个案研究为架构的研究体系，由关注“点”或“面”转向“网”和“面”的体系研究，力求以较广地域的传统村落比较和综合为研究体系，突显传统村落保护利用研究价值的普遍性与差异性。

二是研究视角创新：突破了以往学术研究的视野与视角，由关注“过去式”转向同时关注“进行时”和“将来时”的学术研究指向，在深入探究传统村落人居环境变迁规律和价值的基础上，聚焦村落人居环境的活态传承策略研究，促进传统村落的可持续发展。

三是研究方法创新：突破了设计学以往侧重定性描述为主的研究方法，不唯文献，注重田野调查获取第一手资料与数据采集，合理运用系统综合和定性定量结合的方法，力求拓宽传统村落人居环境设计学研究的范式。

五、研究思路与方法

1. 研究思路

本研究以钱塘江流域为地理范围，选取流域内具有代表性的 30 个典型样本村为重点研究对象，在分析流域自然、人文、历史、社会环境的基础上，对传统村落的历史沿革、自然环境、风貌格局、建筑景观、族群构成、文化资源、产业特色等基本属性进行详细考察，结合设计学学科特征，以相关理论方法为指导，建构研究框架，形成“纵向推演横向类比的时空交叉”研究网络。通过对钱塘江流域传统村落人居环境展开分类分层研究，辨析传统村落的人居环境系统及变迁规律特征，在此基础上论述地域文化、社会发展、自然环境与人居环境变迁的逻辑关系，其后通过构建研究模型，指导传统村落“生活态”营造模式，提出人居环境活态传承的策略、路径和方法，为传统村落研究与实践提供理论基础和技术支撑，见图 0–2。

本书研究的基本结构是：背景与问题——视角与框架——变迁与规律——路径与对策；研究路线总体遵循理论建构、田野调查、数据建模、方法和技术体系构建和实证研究的逻辑逐层展开，力图形成论证脉络清晰与逻辑佐证切合的研究主线，见图 0–3，具体研究思路如下：

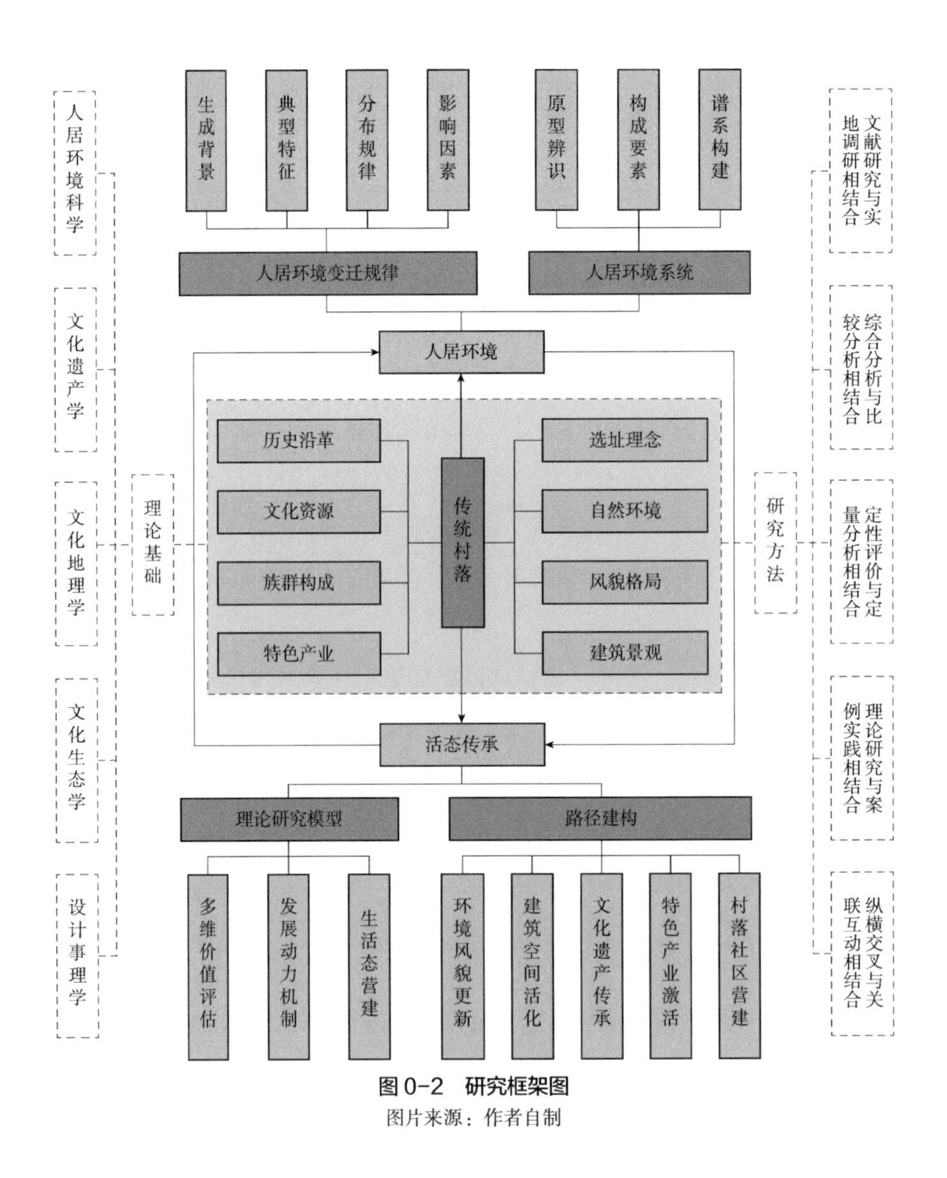

图 0-2　研究框架图

图片来源：作者自制

首先，通过理论研究和田野调查，分析钱塘江流域传统村落的地域、自然、人文和社会特征，辨析流域内传统村落的总体特征和个体特征，识别与提取核心因子，明确研究定位与目标。

其次，通过理论和实践的相互观照，着眼于传统村落人居环境的宏观、中观和微观三个层次，系统梳理原型特征、构成因素和研究谱系，评估村落资源和价值，以时空交叉为坐标，系统建构理论研究模型，强调量化研究与质性研究融合，建立传统村落人居环境系统和学理分析路径。

最后，突出研究聚焦“进行时”和“将来时”的逻辑体系，引入村落发展动力机制，探析传统村落人居环境活态传承的多元路径和传统村落“生活态”营建

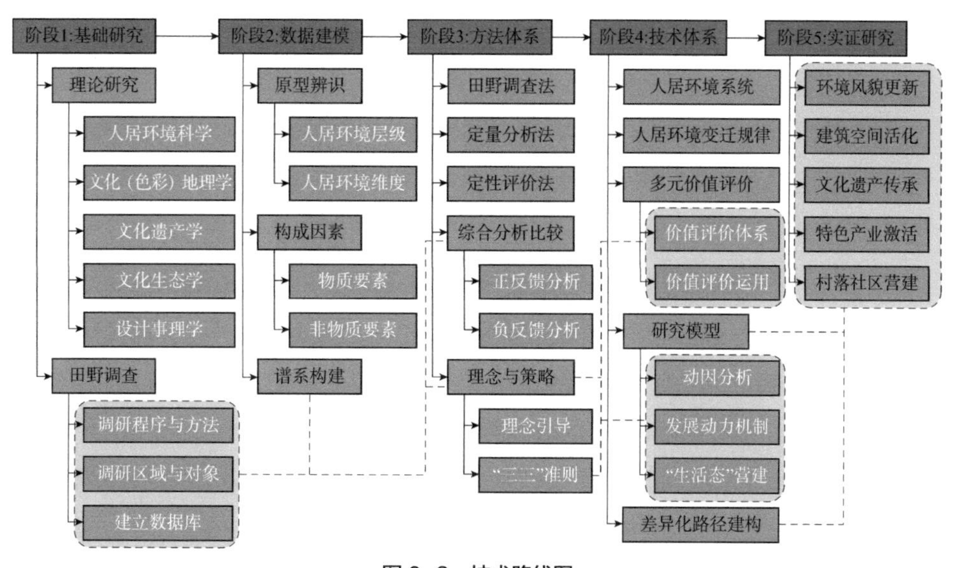

图 0-3　技术路线图

图片来源：作者自制

模式，选择典型村落作为实证研究对象，提出基于生态协调、场景融合、品牌建构、文创牵引、多缘联动等导则的传统村落人居环境活态传承策略和方法。

2. 研究方法

（1）文献研究与田野调查相结合

本书主要运用文献研究法、系列访谈法和田野调查法，对钱塘江流域传统村落进行宏观调查，重点调查 120 个“双录”村，结合分类分层标准（按每个类型每个县（市、区）各选一个村，做到流域内全覆盖）选取典型样本村落开展深入系统的实地调研，分析关键成因并建立数据库；检索、收集、整理、研读与分析权威性、代表性文献，收集调研村落的村史村情、地方志记、规划文本等史料记载，从史料中寻求规律，跨越历史维度，辨析真伪，最后形成专题研究报告。获得充足且贴合研究方向的第一手研究资料是做好本书出版的关键，因而深度的田野调查法是十分必要的，本书的田野调查主要分几个阶段：第一阶段自 2013 年起，笔者连续 8 年对浙江省历史文化（传统）村落保护利用重点村开展建设绩效评价与调研；第二阶段是 2019 年 1~2 月，对钱塘江流域的 120 个“双录”村作二次深度调研，进行广泛获取或收集资料；第三阶段是 2021 年 7~8 月，重点对钱塘江流域的 30 个典型样本村，采用实地勘查、现场测绘、随机访谈、无人机航拍等手段，以遥感、地理信息技术等技术支持，进行详细的勘查与资料补充收集。通过对正史、地方志、族谱、文书、图像、碑刻等历史文献资料的解读，对村落建筑、景观、器物等实物资料的考察和活态的生活生产方式的体察，形成史料与物证完整、静态与动态结合的立体多维“证史”体系。

（2）综合分析与比较研究相结合

本书主要对研究范围内研究对象进行整体分析，结合个案进行具体特征解读。从研究的理论基础构建到具体策略路径的提出，始终贯彻综合分析与比较研究相结合的方法。归纳分析其不同地区不同类型传统村落的异同点，针对模糊问题或者新的考察点，采取横向比较、纵向延伸的深度研究。系统梳理传统村落人居环境系统的内容和载体，制定村落选择标准，提出传统村落人居环境变迁研究的定位与目标。一方面有助于从宏观上把控全域的总体情况和典型特征，另一方面有助于探析比较区域内传统村落的共性和个性特征。

（3）定性分析与定量测度相结合

本书针对研究对象做数据统计量化分析，强调定量化研究，作为归纳共性问题与个性特征的定性评价依据。开展定性分析与定量测度相结合的研究方法，既用“显微镜”，细致入微地察看各类因素的联系；又用“望远镜”，以宏观的结构和历史关怀，纵向和横向地探讨根源性问题的结构关系。同时，运用Google Earth获取这些村落的地理坐标数据，参考地区GDP官方统计资料，借助遥感技术（Remote Sensing，RS）、地理信息技术（Geography Information Systems，GIS）和无人机航拍等现代技术手段，对流域内传统村落的空间分布、自然条件、资源禀赋、物质遗存等信息做可视化图示和定量测度，进而作定性分析与研判。

（4）理论研究与案例实践相结合

本书在理论研究的基础上，以分类分层评价为依据，选择典型案例展开具体的策划、规划与设计实践，进一步佐证研究的价值与深度。理论与实践的结合才能建立一个完整的传统村落研究理论体系，提升研究的学术活力，才能为乡村人居环境建设和文化传承提供学术和技术支持。

（5）纵横交叉与关联互动相结合

“纵横交叉”研究法是历时的纵向研究与共时的横向研究的交叉，是历时性剖析与共时性类比的结合，既要对村落发展演变的规律性问题进行研究，又要对不同地域不同类型村落的比较进行研究。构建以时间（历史）为经，空间（地域）为维的研究框架，在纵横结合中分析研究对象及所在区域的特点，同时给予动态审视；“关联互动”研究法建构起对传统村落的研究与其他学科之间的互动关系，力图在多学科的影响下，取得学术意义上的进展，有可能解决自身缺失的理论问题。

第一章　相关理论基础与田野调查

一、理论基础借鉴

发挥理论的筑基功能和指导意义，对相关理论的参考与借鉴是开展学术研究的重要一步。在学术研究过程中，要关注蕴藏在历史事实背后的思想线索，注意思想理论的总结[①]。体现在传统村落人居环境的研究过程中，要注重对相关学术研究动态的关注与梳理，要注重对原生、分散理论的系统总结与借鉴。本研究主要以人居环境科学理论为指导，以文化地理学、文化遗产学、文化生态学等理论要点和研究方法为支撑，发现其背后的思想智慧及其研究方法，便于梳理研究思路和建构正确的研究路径。

1. 人居环境科学

20 世纪 50 年代后，工业文明的兴起，推动了经济快速发展与城镇化进程，全球生态环境出现严重的问题，甚至威胁着人类的生存。为重新审视人与环境的关系，学术界在规划、园林和建筑领域进行了许多探索，形成了引起世人关注的理论思想。在这个时期，关于人居环境的研究，最具标志性意义的是希腊建筑师道萨迪亚斯（C.A.Doxiadis，1913—1975）提出的“人类聚居学”。所谓人类聚居学，是一门以包括城市、集镇、乡村等在内的所有人类聚居为研究对象的科学，它着重研究人与环境之间的相互关系，强调把人类聚居作为一个整体，从政治、经济、社会、文化、技术等各个方面，全面地、系统地、综合地加以研究，而不是像城乡规划学、地理学、社会学那样仅仅涉及人类聚居的某一部分、某个侧面。学科的目的是了解、掌握人类聚居发生发展的客观规律，以更好地建设符合人类理想的聚居环境[②]。道氏从三个方面确定了人类聚居学研究的内容：一是对人类聚居基本情况的研究，包括对人类聚居进行动态的和静态的分析；二是对人类聚居学基本理论的

---

① 吴良镛 . 中国人居史 [M]. 北京：中国建筑工业出版社，2015：8.

② 吴良镛 . 人居环境科学导论 [M]. 北京：中国建筑工业出版社，2001：222.

研究，找出人类聚居的内在规律，以指导人类聚居的建设；三是进行人类聚居学建设的对策和决策研究。之后一系列世界性学术活动促进了人居环境科学的发展。如1963年，世界人居环境学会成立；1976年，联合国在加拿大温哥华市召开第一次人类住区国际会议，正式接受人类住区的概念并在肯尼亚首都内罗毕成立了“联合国人居中心”；1985年12月17日，联合国第40届大会确定每年10月的第一个星期一为“世界人居日”；1989年，联合国人居中心创立“联合国人居奖”，旨在推动国际社会和各国政府对人类住区的发展和解决人居领域的各种问题给予充分的重视；1992年在巴西里约热内卢召开的“联合国环境与发展大会”通过了《21世纪议程》，提出“人人都应享有以与自然和谐的方式过健康而有生产成果的生活的权利”，并由此形成多个“促进稳定的人类居住区的发展”方面的内容；1996年6月，第二届联合国人类住区会议在土耳其的伊斯坦布尔举办，探讨人人享有适当住房和城市化进程中的可持续人类住区发展[①]。

人居环境科学是吴良镛先生受道萨迪亚斯人类聚居学的启示而提出的重要人居思想理论。吴良镛先生在1989年提出“广义建筑学”，将“聚居”的概念由单纯的建筑拓展到人和社会，从单纯物质构成拓展到综合社会构成。1993年在中国科学院技术科学学部大会上作了题为《我国建设事业的今天和明天》的学术报告中，正式提出“人居环境学”，进而由原先一个学科拓展到学科群的角度进行整体探讨。2001年出版了《人居环境科学导论》，提出以建筑学、风景园林学、城市规划学为核心学科，强调把人类聚居作为一个整体，从社会、经济、文化、技术等多个层面，较为全面、系统、综合地加以研究，集中体现总体、统筹的思想，初步建立了一个由多学科组成的开放的人居环境科学理论体系。该理论将人居环境科学范围简化为全球、区域、城市、社区（村镇）、建筑等五大层次，人居环境建设要坚持生态、经济、科技、社会、文化艺术等五大原则，提出不同学科根据不同课题，将重点放在某个层次，并注意其承上启下的相互关系[②]。同时，面对新形势下人居环境科学发展趋势，提出人居环境科学未来发展要淡化学科概念，超越学科边界，探索建构人居环境科学的“大科学 + 大人文 + 大艺术”的理论体系[③]。人居环境是复杂的开放的巨系统[④]。人居环境科学是一个体系开放的学科群，永远处于一个动态的发展过程之中，其融合与发展离不开运用多种相关学科

① 刘滨谊，等 . 人居环境研究方法论与应用 [M]. 北京：中国建筑工业出版社，2016：33–34.

② 吴良镛 . 人居环境科学导论 [M]. 北京：中国建筑工业出版社，2001：70.

③ 吴良镛，等 . 人居环境科学研究进展（2002–2010）[M]. 北京：中国建筑工业出版社，2011：18.

④ 吴良镛，等 . 人居环境科学研究进展（2002–2010）[M]. 北京：中国建筑工业出版社，2011：7.

的成果，特别要借助各自相邻学科的渗透和拓展，来创造性地解决繁杂的实践中的问题[①]。

同济大学刘滨谊教授基于人居环境的理论与实践问题，提出了可持续发展背景下的人居环境工程体系化思想。“人居环境工程体系”以人居环境学为理论基础，使之与人居环境建设不同层次的工程实际相联系，相辅相成，融为一体。该体系首先把眼界扩大到全球、国土、区域的人居环境的建设与保护，在理性秩序中引入资源的观念，即将人居环境理解为一种人类生存必需的空间为主的资源；其次，在感性脉络中强化对于人居环境文化精神的关注，着重解决如何提高人居文明的问题；再次，理顺人居时空关系混乱错位的现状，强化“时间”，即重在人居环境发展变迁的规划设计；最后，与之对应，提出了容量（Capacity）、质量（Quality）及其演变（Evolution）的问题，进而能够指导21世纪与未来城市化进程及建设实践活动的展开，即CQE工程。CQE的基本原理是以构成人居物质环境的空间要素（如地形、坡度、坡向、建筑群等）和表面要素（如地表、土壤、植被、聚落、土地利用等）为信息载体，同时考虑经济、生态环境、社会文化的多因素作用，进一步用一系列数据“动态地”加以表示、描述及评价，以此代表整个人居环境及其容量—质量—演变的特征[②]。刘滨谊结合课程教学研究，立足于“三元”哲学认识论和方法论，提出了人居环境“人居背景”“人居活动”与“人居建设”三位一体的理论体系，成为城乡人居环境研究的理论和方法基础。

总体来讲，人居环境科学是研究人类聚居及其环境的相互关系与发展规律的科学，是指导以人居环境建设为核心的空间规划设计研究与实践模式，成为实现有序空间和宜居环境的目标提供理论框架。人居环境科学的核心在于通过人与环境相互关系的探讨，以应对全球变化给人居环境带来的不良影响，最终形成人与自然和谐相处的局面。正如吴良镛先生指出：“人居环境的灵魂在于它能够调动人们的心灵，在客观的物质世界里创造更加深邃的精神世界。”[③]传统村落的特征精髓即为“寻找人与自然的和谐”，包括自然生态的和谐，生产生活的和谐。这种追求和谐的思想同时会反映在村落选址布局、建筑营造、环境设计、文化传承中。因此，传统村落人居环境研究以人居环境科学作为理论基础顺理成章。

---

① 郑曙旸. 中国环境设计研究60年[J]. 装饰，2019（10）：12-19.

② 刘滨谊，等. 人居环境研究方法论与应用[M]. 北京：中国建筑工业出版社，2016：37.

③ 吴良镛. 人居环境科学的人文思考[J]. 城市发展研究，2003（5）：4-7.

2. 文化（色彩）地理学

文化地理学创立于20世纪初，是研究人类各种文化现象的空间分布、空间组合、演化规律及其与地理环境关系的学科[①]。文化地理学既是研究人类文化空间组合的人文地理学分支学科，也是文化学的重要组成部分。文化地理学研究内容十分广泛，其中“文化区”和“地方性知识”核心概念，已成为人居环境设计学科研究的主要理论依据，对研究区域性传统村落具有重要的指导意义。文化区（又称文化区域、文化地域或文化圈）是指一个具有连续空间范围、相对一致的自然环境特征、相同或近似的历史过程，具有某种亲缘关系的民族传统和人口作用过程以及一定共性文化景观构成的地理区域，目的是用来区分和研究不同地区的文化差异。文化区的划分不同于行政区，其边界较为模糊。其文化发生影响的地理范围只能按地缘相邻、民族相近、民俗相似等显性因素来大致推定。

人本主义地理学者段义孚在其著作《空间与地方：经验的视角》中强调了个人的感知与经历，认为地方是既定的熟悉、安稳的空间，空间是自由且充满威胁的，而人们都是向往地方的，因为它能满足人的生理或者心理的需求，如舒适的场所、故乡的老宅、祖国，乃至一个人核心在于情感支撑的丰厚来源。进而引发出地方概念中的“我者”与“他者”的关系的探讨，前者是在本地有长时间生活经历的人，后者为外来人群，这两类人群对同一个地方的感知是不同的，这种地方感差异是永恒的[②]。传统村落就是一个“地方”，且具有乡土建筑景观风貌、乡土生态环境、乡村文化遗产、传统生活生产网络等“地方性知识”。所谓“地方性知识”为在一个区别于其他地方的特定区域内，由于不同自然地理、社会经济和历史人文等环境要素共同耦合作用，当地居民在对客观事物认知、改造和学习过程中所积累的经验与思维，具有较为显著的差异且有关联性的规律[③]。

文化地理的方法将文化类型建构于地理空间上，可以清晰地辨识传统村落在地理上的位置，进而可以更深层次地了解各类传统村落形成的自然地理和文化条件，掌握传统村落的历史沿革、地理环境、社会经济、意识文化等信息，以及理解村落与村落之间的空间关系，即可能形成的文化圈层系统[④]。采用文化地理学的研究方法，通过田野调查获取大量翔实的传统村落数据信息，可以直观有效地理解传统村落的人居环境与文化景观现象，进而支撑和推进传统村落研究、保护和传承。利用

① 郑度．地理区划与规划词典[M]．北京：中国水利水电出版社，2012：16.

② 段义孚．空间与地方：经验的视角[M]．王志标，译．北京：中国人民大学出版社，2017.

③ 张沛，张中华，等．失落与再生：秦巴山区传统村落地方性知识图谱构建[M]．北京：社会科学文献出版社，2021：10.

④ 周立军．东北传统村落及民居类型文化地理研究[M]．北京：中国城市出版社，2019：序言．

文化地理学的理论指导传统村落人居环境研究，可以通过田野调查对研究对象数据库的收集和建立，在统计意义上研究传统村落与地域文化的空间分布结构，在历史演进的视角下探讨村落的生成发展和文化传播融合，这种动静结合的交叉研究，可以系统地揭示传统村落人居环境的物质形式与自然地理、地域文化间的关联机制。

色彩地理学是由法国现代著名色彩学家、色彩设计大师让·菲利普·郎科罗（Jean-Philippe Lenclos，1938—）在20世纪60年代创立的实践应用型色彩理论学说。其由中国美术学院宋建明教授于20世纪末引进介绍至国内[①]，产生了重要的影响，已被当今民俗文化学、环境保护、城乡规划、工业设计等领域认同和应用。色彩地理学提出“色彩景观特质”“色彩家族学说”和“新点彩主义”，为城乡色彩研究与营造奠定了理论基础，提供了基本原则和技术方法。其中，“色彩景观特质”指地貌特征、植被植物、土壤色彩、本土材料制成的建材与建筑环境风格等构成地域景观形象与地理和色彩相关的一系列要素，并主张对某个区域的综合色彩表现方式（主要是民居）做调查与编谱、归纳等工作，进而确认区域“景观色彩特质”和这个区域居民的审美心理。色彩地理学以地理学为基础，提出不同地理环境直接影响人类、人种、习俗、文化等方面的成型和发展，同时这些要素也导致不同的色彩表现。特定的地理环境决定特定的空间，建筑（群）是特定空间的主体，其形制、材料以及筑造方式，都同这个地域自然、人文环境紧密相联。应该说，这些观点对传统村落人居环境研究与实践具有较强针对性的指引。

3. 文化遗产学

文化遗产保护的观念源起于欧洲，在欧洲真正实现大众化的认知，大约是20世纪中叶。这一时期，很多国家相继出台关于文化遗产保护的法律文件，使得文化遗产保护具有强制性。1972年11月，联合国教科文组织第17次会议在法国巴黎通过了《保护世界文化和自然遗产公约》，成为世界遗产保护的重要准则，并开启了人类物质遗产保护的先河。1985年12月，中国成为联合国教科文组织《保护世界文化和自然遗产公约》的缔约国，并开始启动申报世界遗产的工作[②]。1997年，联合国教科文组织制定了《人类口头和非物质文化遗产代表作评选》。2003年，联合国教科文组织通过了《保护非物质文化遗产国际公约》，世界范围内开始关注非物质文化遗产保护传承。当前，文化遗产研究已成为全社会的热点命题和重大事

---

① 宋建明. 色彩设计在法国[M]. 上海：上海人民美术出版社，1999.4.

② 注：1987年，故宫、秦始皇陵、敦煌莫高窟等申报成为第一批世界遗产；1997年，平遥、丽江两个小城申报成为世界遗产；尤其是2000年西递、宏村两个皖南古村落申报成为世界遗产之后，中国传统村落保护逐渐形成热潮。

件，在学术界有关文化遗产的调查与研究呈现井喷之势，不同学科领域的相关研讨会频繁举行，文化遗产学成为一门新兴学科。

世界遗产通常分为物质遗产体系和非物质文化遗产体系，其中物质遗产分为自然遗产、文化遗产（包含文化景观）、文化与自然双重遗产。当前我国物质文化遗产保护体系涉及历史文化名城名镇、历史文化街区（名村）和传统村落、文物保护单位三个层次。前两者针对历史街区和历史文化名城、镇、村，后者针对单体文化遗产[①]。有专家指出，我国文化遗产保护正经历从“文物”到“文化遗产”的历史性转型。当前文化遗产的保护趋势正从重视单一要素的遗产保护，转向同时重视由文化要素与自然要素相互作用而形成的“混合遗产”“文化景观”保护；从重视“点”“面”的保护转向同时重视“大型文化遗产”和“线性文化遗产”的保护；从重视“静态遗产”的保护转向同时重视“动态遗产”和“活态遗产”的保护等六个方面[②]。因此，对文化遗产的认识应该走出历史文物和风景名胜的局限；应该从“死的”和孤立的“点”走向“活的”和联系的“完整”的文化景观和系统网络；应该从片面的、不平衡的封建帝王和贵族的壮丽和辉煌，走向更全面的、反映中国文明历程中独特的人民与土地关系的文化景观[③]。

随着文化遗产保护学科的发展，传统村落作为文化遗产体系中的重要组成部分和遗产类型，进入了遗产保护学的研究范畴。传统村落承载着大量不同历史时期、不同地域和不同民族的文化信息，作为人类历史发展留下的文化财富，是我国农耕文明不可再生的宝贵遗产，也是人类遗产的重要组成部分。我们过去更多的是注重对传统村落中乡土建筑、传统民居等物质文化遗产的保护利用，往往忽视对传统村落中历史信息、民俗风情、生产方式等非物质文化遗产的挖掘传承，以及对生态环境、农业资源等自然遗产的保护利用。文化遗产具有时间性和空间性特征。因此，需要建立系统观念进行对传统村落的整体性保护利用研究与实践。文化遗产学对传统村落的研究不同于单纯的史学研究，既关注其村落历史沿革、价值分析与文化阐释，也从保护的角度探讨传统村落的未来发展。

4. 文化生态学

文化生态学概念由美国新进化论学派人类学家朱利安·斯图尔德（Julian H·Steward，1902—1972）于1955年在其代表作《文化变迁论：多线进化方法论》中

---

① 俞孔坚，奚雪松，李迪华，李海龙，刘柯．中国国家线性文化遗产网络构建[J]. 人文地理，2009（3）：11–16.

② 单霁翔．文化遗产保护呈六大趋势[N]. 新华日报，2007–04–13.

③ 俞孔坚．世界遗产概念挑战中国：第28届世界遗产大会有感[J]. 中国园林，2004（11）：68–70.

首次提出，以“解释那些具有不同地方特色的独特的文化形貌和模式的起源”，并倡导建立“文化生态学”学科。斯图尔德的文化生态学理论最重要的贡献在于认识到环境与文化是不可分离的，其中包含着辩证的相互关系。它打破了环境制约文化的“环境决定论”的传统模式，认为“文化在人类与其生态环境之间起着举足轻重的作用，人类通过文化认识到能源或资源，同时又通过文化获取、利用能源或资源”[①]。文化与环境各自起着不同的作用，彼此相互制约组成一条生物链，并保持生态平衡[②]。根据文化生态学理论，文化生态系统是由自然环境、社会组织环境和经济环境三个层次构成，形成了“自然—社会—经济”三位一体的复合结构。自然环境包括地理格局、生物资源、气候资源等要素；社会组织环境包括组织结构、风俗礼仪、观念习惯、信仰体系、教育体系、社会政策等要素；经济环境包括生产技术、生产方式、商品交换等要素。

文化生态学是借助生态学的相关理论和方法，将生态学作为一种系统整体的研究方法超越生态学对于自然的研究范围，将自然生态和文化人类学相互渗透结合形成的新兴交叉学科。文化生态与传统的自然生态相比，更强调文化的生态观念，它包括民众对自然的认识以及人与自然环境的关系，同时又包括生产生活方式对文化的影响和制约，以及文化模式、文化变迁、传承传播、民俗文化、价值观念、信仰意识、伦理观念、宗法制度等方面的内容，这些因素综合影响了文化的生存发展，是文化生长的土壤和环境。文化生态学作为一种系统地观察自然、科技、社会和文化的人文社会学科重要理论和研究方法，具有广阔的研究视角，它运用系统论的有关原理，将文化视为一个系统整体，作为这个系统整体的“文化生态系统”由各文化亚系统组成，并且各亚系统之间相互作用、相互影响。近年来，文化生态学的研究方法在历史文化传承、文化遗产保护以及传统村落保护利用等领域得到广泛运用。

综上所述，文化生态学主要有两个方面的意义，一是“文化生态”即由自然环境、社会组织环境和经济环境构成的文化生存的“大环境”；二是文化生态学主要探讨文化与环境之间的互动关系[③]。传统村落是在成百上千年的农业文明中发展而来的，是融合了在历史上产生和发展，并在当代社会存续的物质形态和非物质形态文化的集合体。传统村落不是孤立存在的物质形态，它接受自然环境的影响，并与社会、文化环境一同构成了复杂的文化生态系统。传统村落不仅是区域文化生态

---

① 夏建中．文化人类学理论学派 [M]. 北京：中国人民大学出版社，1997：229.

② 汪欣．传统村落与非物质文化遗产保护研究——以徽州传统村落为个案 [M]. 北京：知识产权出版社，2014：35.

③ 汪欣．传统村落与非物质文化遗产保护研究——以徽州传统村落为个案 [M]. 北京：知识产权出版社，2014：37.

环境的组成部分，其每一个村落也是一个完整的文化生态系统。根据文化生态学理论，传统村落文化生态系统可具体化为自然地理、村落选址、风貌格局、建筑景观、水系道路等物质文化要素和村落历史演变、社会组织形式、生产生活方式、民俗风情、观念信仰等非物质文化要素。本研究将传统村落视为一个完整的文化生态系统，聚焦传统村落的人居环境变迁及活态传承，将传统村落作为文化要素的生存环境，探讨文化要素与村落人居环境之间的互动关系，以及如何促进人居环境作为文化生态系统的当代活态传承。

5. 设计事理学

设计事理学最早由美国社会科学、管理学家赫伯特·西蒙（Herbert A.Simon，1916—2002）提出，其在1969年出版的《关于人为事物的科学》一书中提出“设计科学——创造人为事物”等系列观点，成为设计事理学的基础。国内由清华大学柳冠中教授进行系统阐述和挖掘，最终形成事理学论纲。其理论的实质是以“事”作为研究的本源，研究人与“物”之间的关系，通过对生活细节的观察与分析，发现、整理与判断人与“物”之间矛盾的本质，即“理”，最后系统提出解决问题的方法。设计事理学是一种研究思路，是指导方法的方法论，其侧重于前期调查研究和外部环境因素分析，侧重于对人（用户）的理解和设计目标定位①。设计事理学是从“物”到“事”、由“情”至“理”的设计方法论，强调设计不仅是造物，其实是在叙事、讲理，更是创造一种新的、合理的、和谐的生活方式，与大自然“和谐”、与大多数人“和谐”、与可持续发展“和谐”，设计协调人类需求、发展与生存环境条件限制之间的关系，研究“事”与“情”的道“理”。强调设计行为受内外因素的影响，是研究不同的人在不同环境、时间因素下的需求，首先是“实事”，然后选择具体的材料、工艺、形态、色彩等内部因素，即“求是”“实事求是”是事理学的精髓②。设计事理学的理论和实践方法，对设计学研究具有一定的价值和作用，但在相关领域还未得到足够重视。

传统村落人居环境研究是一个复合的系统工程，不仅是对物质实体空间的关注，更是要对基于物质空间的时间、环境以及与之相关的人文社会因素的综合考量；既需要整合历史、地理、人文、哲学、美学、设计等各个专业力量，又要考虑生态、社会、经济、文化等因素的支撑；不仅要关注过往的历史维度的梳理与总结，还要展开面向未来的反思与展望，更需要关注和尊重生活其中、见证岁月变

① 唐林涛．工业设计方法[M]．北京：中国建筑工业出版社，2006：96.
② 柳冠中．事理学方法论（珍藏本）[M]．上海：上海人民美术出版社，2019：26.

迁的人的需求，真正达到环境、资源及生活的可持续发展。对设计事理学的理论借鉴，可为本书建构相应的研究模型提供参考，也是本书学术探索的重要支撑。

6. 其他相关理论借鉴与启示

美国城市规划专家凯文·林奇（Kevin Lynch，1918—1984）基于心理认知图式发展提出的“道路、边界、区域、节点、标志”城市意象五要素[①]，在聚落形态分析中被借鉴使用的频率较高，同样对传统村落人居环境研究具有参考性。日本建筑师芦原义信提出的“内部秩序与外部秩序”“积极空间和消极空间”“逆空间”等概念[②]，以及“第一次轮廓线与第二次轮廓线”“阴角空间”等概念[③]，对传统村落人居环境特征辨识都具有积极的参考价值。丹麦建筑师扬·盖尔（Jan Gehl）将人的户外活动划分为必要性活动、自发性活动和社会性活动三种类型，且每一种活动对于实质环境的要求差异性较大[④]，直接影响了人居环境空间研究，针对传统村落而言可运用于生产空间、邻里空间、仪式空间的分类及营造中。美国心理学家亚伯拉罕·马斯洛（Abraham Maslow，1908—1970）在 1943 年提出的需要层次理论，作为人本主义科学的理论之一，将人类需求分成了生理需求、安全需求、社交需求、情感和归属感、尊重和自我实现五类，依次由较低层次到较高层次排列。传统村落人居环境的变迁应该也是有梯次的，是一个由初级（粗放）向高级（细作）逐渐演化的过程。传统村落人居环境的演进是通过内外要素的不断协调、消化、交换、吸收，逐渐发展到高层次状态。梯次由低向高，需求因素越多，村落环境复杂程度越高，越接近“理想”人居环境目标。

另外，发生学方法是从自然科学研究领域逐渐被应用到人文社会科学研究领域的研究方法，现已成为具有普遍意义的研究方法，对人文社会科学领域研究起着重要的推动作用。有学者认为“19 世纪自然科学对史学的重要影响在于，它使史学家认识到研究起源及其历史变迁的重要性”[⑤]。发生学问题不仅是指人文社会科学作为学科知识体系的发生发展过程，而且还包括其所研究对象本身的实际发生和演变过程，近年来逐渐引入传统村落与区域研究中。

---

① 凯文·林奇.城市意象 [M]. 方益萍，何晓军，译.北京：华夏出版社，2017.

② 芦原义信.外部空间设计 [M]. 尹培桐，译.北京：中国建筑工业出版社，1985：9，12，94.

③ 芦原义信.街道的美学 [M]. 尹培桐，译.天津：百花文艺出版社，2006：57，70.

④ 扬·盖尔.交往与空间 [M]. 何人可，译.北京：中国建筑工业出版社，2002.

⑤ 张乃和.发生学方法与历史研究 [J]. 史学集刊，2007（5）：43-50.

二、基于田野调查的样本研究

德国社会学家彼得·阿特斯兰德（Peter Atersland）指出“原始资料不会自己解释自己，数据需要解释。因为基于自身的经历，存在着不同的社会真理，所以理论和方法论的任务不是创造真理，而是达到解释的真实。”[①]“观察者要摆脱一切预断，要把社会事实作为对象来考察、解释”[②]。任何人文社会科学研究都强调实践先于理论，事实先于价值。理论的建构基于丰富翔实的实际资料，所有观点都以社会事实为客观依据。

1. 调研依据与程序

传统村落研究的基础是要全面系统地掌握村落经济、政治、社会、文化等各个维度的信息，主要通过田野调查法来获得。所谓田野调查是通过直接观察、具体访问、居住体验等方式获取第一手材料的过程。田野调查法是被人文社会科学广泛采用的科学研究方法，由英国功能学派的代表人物马林诺夫斯基（Malinowski，1884—1942）开创，我国的代表人物是著名社会学家费孝通先生。

设计学田野调查的目标对象是“物品本体—行为主体—思想观念”，构成了“物—人—关系”的结构模式。其中包括对“物”的实用功能、形式构成、材料工艺等考察，对物品的创作生产过程、创作主体与群体、传承方式与传播过程等考察，也对“人”的经验和观念、“物”的社会功能和文化属性、“人”所处的自然和人文生态环境等考察。设计学的田野调查要关注人，围绕“物”所发生的人的生活状态及变化，是田野调查中一个极为重要的研究立场[③]。因此，对传统村落开展田野调查，不仅关注村落的风貌格局、建筑景观等“有形”物和民俗风情、生活方式、信仰观念、非遗文化等“无形”物等物质层面，还应关注生活在其中的人与群体，以及由人与物产生关系的文化层面。

研究者深入现场获取“第一手”资料，是开展研究尤其是实证研究的重要基础。本书遵循毛泽东同志“没有调查就没有发言权”的求是精神和司马迁“究天人之际，通古今之变，成一家之言”的学术思想，立足社会事实——钱塘江流域传统村落实际，通过实地勘查、现场测绘、随机访谈、无人机航拍等手段，开展田野调查研究，广泛获取或收集资料，借鉴运用社会学、人类学、地理学等学科理论与

---

① 彼得·阿特斯兰德. 经验性社会研究方法 [M]. 李路路，林克雷，译. 北京：中央文献出版社，1995：1.

② 彼得·阿特斯兰德. 经验性社会研究方法 [M]. 李路路，林克雷，译. 北京：中央文献出版社，1995：73.

③ 李立新. 设计艺术学研究方法（增订本）[M]. 南京：江苏凤凰美术出版社，2009：269.

方法，从而建立传统村落人居环境研究的系统方法论。

毛泽东同志曾指出，搜集家谱、族谱加以研究，可以知道人类社会发展规律，也可以为人文地理、聚落地理提供宝贵资料。研究现代史不能不去搞家史和村史。从研究最基层的家史、村史的微观入手，这是进而研究整个宏观社会的历史基础。传统村落的生成与发展可以折射出整个人类社会生活、生产及家庭结构的变化，可以窥见活的历史、活的建筑、活的记忆等众多人文、地理、聚落的宝贵资料。

本研究的基础资料获取渠道来源：①村志、县志、地志等文献资料；②航拍、测绘、照片等图文资料；③问卷、录音、访谈等辅助资料。研究案例选取依据：①村史时间跨度长（唐—清），利于历史信息梳理；②村落格局变化大（村—镇），利于空间属性甄别；③遗存风貌差异高（古—今），利于策略制定准适；④文化构成因子多（交融、交界），利于文脉框架辨识。

本研究的田野调查工作与钱塘江流域各县（市、区）农办、农业农村局、乡（镇）村合作，具体流程为：①在全域7个地市（平均每地市5个县市区）抽样问卷，覆盖全流域的山区、平原、丘陵、盆地等各种地形区；②在拥有“双录”村的29个县（市、区）中，选择10个县（市、区）召开调研座谈会，参会人员为县（市、区）相关职能部门负责人、历史文化（传统）村落所在乡（镇）和村负责人；③对30个典型样本村开展进村深入调研访谈，针对不同地区、不同类型的村落，围绕村落基本概况、规划设计、建设项目与实绩、后续利用运营管理、存在问题等内容作详细的调研和数据统计。

2. 调研样本及建库

钱塘江流域传统村落数量众多，类型丰富，是我国传统村落分布最为集中、保存最为完好、最具特色的地区之一，具有优越的资源优势和研究价值。流域内现存的323个国家级传统村落分布在7个地市、32个县（市、区），7个地市分别为杭州、嘉兴、宁波、绍兴、金华、衢州、丽水，32个县（市、区）分别为萧山区、富阳区、桐庐县、临安区、建德市、淳安县、海宁市、慈溪市、越城区、柯桥区、上虞市、诸暨市、嵊州市、新昌县、婺城区、金东区、兰溪市、东阳市、义乌市、永康市、浦江县、武义县、磐安县、开化县、常山县、柯城区、衢江区、龙游县、江山市、遂昌县、龙泉市、缙云县，见表1–1、表1–2。县域层面以龙泉数量为最，共49个。其他超过10个以上的县（市、区）分别是遂昌县24个、兰溪市20个、武义县19个、建德市17个、江山市16个、桐庐县15个、东阳市14个、义乌市13个、缙云县13个、淳安县11个、金东区10个，总体形成多个传统村落

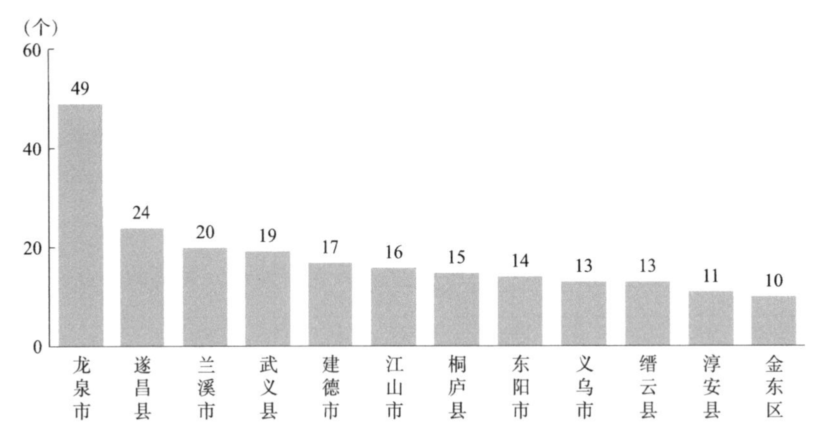

图 1–1 钱塘江流域各县（市、区）中国传统村落数量（10 个以上）统计柱状图

图片来源：作者自制

集群，见图 1–1。另外，钱塘江流域还有 213 个省级历史文化保护利用重点村，分布市县区域情况与中国传统村落基本一致，见表 1–3。同时被列入中国传统村落和浙江省历史文化（传统）村落保护利用重点村名录的“双录”村共计 120 个，分布在杭州、宁波、绍兴、金华、衢州、丽水 6 市的 29 个县（市、区），见表 1–1~表 1–4。

本研究考虑钱塘江流域传统村落的丰富性和代表性，对这 120 个“双录”村开展实地调研。其后，在对 120 个“双录”村调研的基础上，以县（市、区）域为单位，重点选取 30 个典型样本村，见表 1–5，按照制定的调研样卷内容，围绕历史沿革、选址理念、风貌格局、重要建筑、传统技艺、民俗文化、特色产业等各类物质和非物质文化遗产等内容，逐个地区、逐个村落开展现场测绘、数据核查、拍照取样等详细调查工作，建立数据库，并采用计算机技术进行空间数据的分析。数据库是对传统村落历史沿革、区域位置、村情村貌、文化遗产、入选名录等信息进行

钱塘江流域中国传统村落名录表 **表1–1**

地区	县（市、区）名	乡（镇、街道）村名（批次）	数量（个）
杭州	富阳区	龙门镇龙门村（1）、场口镇东梓关村（4）	2
	建德市	大慈岩镇新叶村（1）、大慈岩镇李村村（3）、大慈岩镇上吴方村（3）、更楼街道于合村（4）、杨村桥镇徐坑村百箩畈自然村（4）、大洋镇建南村章家自然村（4）、三都镇乌祥村（4）、大慈岩镇里叶村（4）、大慈岩镇双泉村（4）、大慈岩镇三元村麻车岗自然村（4）、大慈岩镇檀村村樟宅坞自然村（4）、大慈岩镇大慈岩村大坞自然村（4）、大同镇劳村村（4）、大同镇上马村石郭源自然村（4）、寿昌镇石泉村（5）、寿昌镇乌石村（5）、大慈岩镇檀村村湖塘村（5）	17

续表

地区	县（市、区）名	乡（镇、街道）村名（批次）	数量（个）
杭州	桐庐县	江南镇深澳村（1）、富春江镇石舍村（2）、凤川街道翙岗村（2）、江南镇荻浦村（2）、江南镇徐畈村（2）、富春江镇茆坪村（3）、江南镇环溪村（3）、莪山畲族乡新丰民族村戴家山村（3）、合村乡瑶溪村（3）、凤川街道三鑫村（4）、江南镇石阜村（4）、江南镇彰坞村（4）、新合乡引坑村（4）、桐君街道梅蓉村（5）、莪山畲族乡莪山民族村（5）	15
	淳安县	鸠坑乡常青村（2）、浪川镇芹川村（3）、威坪镇洞源村（5）、梓桐镇练溪村（5）、汾口镇赤川口村（5）、中洲镇札溪村（5）、中洲镇洄溪村（5）、枫树岭镇上江村（5）、左口乡龙源庄村（5）、王阜乡龙头村（5）、王阜乡金家岙村（5）	11
	萧山区	河上镇东山村（4）	1
	临安区	锦南街道横岭村（4）、湍口镇童家村（4）、清凉峰镇杨溪村（4）、岛石镇呼日村（4）、高虹镇石门村（5）、湍口镇塘秀村（5）	6
合计			52
绍兴	嵊州市	金庭镇华堂村（1）、竹溪乡竹溪村（2）、崇仁镇崇仁六村（4）、石璜镇楼家村（4）、下王镇泉岗村（4）、甘霖镇黄胜堂村（5）、长乐镇小昆村（5）、崇仁镇崇仁七八村（5）、通源乡松明培村（5）	9
	诸暨市	东白湖镇斯宅村（1）、次坞镇次坞村（4）、五泄镇十四都村（4）、璜山镇溪北村（4）	4
	柯桥区	稽东镇冢斜村（1）、兰亭镇紫洪山村（4）、夏履镇双叶村（5）	3
	上虞区	上浦镇董家山村（4）、岭南乡梁宅村（5）	2
	新昌县	回山镇回山村（4）、南明街道班竹村（5）、梅渚镇梅渚村（5）、镜岭镇西坑村（5）、镜岭镇外婆坑村（5）、儒岙镇南山村（5）	6
	越城区	东浦街道东浦村（5）	1
合计			25
宁波	慈溪市	龙山镇方家河头村（5）	1
合计			1
嘉兴	海宁市	斜桥镇路仲村（5）	1
合计			1
金华	金东区	傅村镇山头下村（1）、江东镇雅湖村（4）、孝顺镇中柔村（5）、傅村镇畈田蒋村（5）、澧浦镇琐园村（5）、澧浦镇蒲塘村（5）、澧浦镇郑店村（5）、岭下镇岭五村（5）、岭下镇后溪村（5）、赤松镇仙桥村（5）	10
	磐安县	尖山镇管头村（1）、双溪乡梓誉村（1）、盘峰乡榉溪村（2）、胡宅乡横路村（2）、尖山镇里岙村（4）、冷水镇朱山村（4）、安文街道墨林村（5）、九和乡三水潭村（5）	8
	浦江县	白马镇嵩溪村（1）、虞宅乡新光村（1）、郑宅镇郑宅镇区（1）、仙华街道登高村（4）、黄宅镇古塘村（4）、岩头镇礼张村（4）、檀溪镇潘家周村（4）、杭坪镇杭坪村（4）、杭坪镇石宅村（4）	9
	婺城区	汤溪镇寺平村（1）、汤溪镇上镜村（5）、汤溪镇上堰头村（5）、汤溪镇下伊村（5）、汤溪镇鸽坞塔村（5）、塔石乡岱上村（5）	6

续表

地区	县（市、区）名	乡（镇、街道）村名（批次）	数量（个）
金华	武义县	大溪口乡山下鲍村（1）、熟溪街道郭洞村（1）、俞源乡俞源村（1）、柳城镇华塘村（2）、柳城畲族镇橄榄源村（4）、柳城畲族镇梁家山村（4）、柳城畲族镇东西村（4）、柳城畲族镇上黄村（4）、履坦镇范村（4）、新宅镇上少妃村（4）、桃溪镇陶村（4）、柳城畲族镇金川村（4）、柳城畲族镇乌漱村（5）、柳城畲族镇新塘村（5）、柳城畲族镇云溪村（5）、白姆乡水阁村（5）、坦洪乡上坦村（5）、坦洪乡上周村（5）、大溪口乡桥头村（5）	19
	永康市	前仓镇后吴村（1）、石柱镇塘里村（4）、前仓镇大陈村（5）、舟山镇舟二村（5）、芝英镇芝英一村（5）	5
	兰溪市	兰江街道姚村村（2）、女埠街道埧坦村（2）、女埠街道渡渎村（2）、女埠街道虹霓山村（2）诸葛镇诸葛村（2）、诸葛镇长乐村（2）、永昌街道社峰村（3）、黄店镇芝堰村（3）、永昌街道永昌村（4）、水亭畲族乡西姜村（4）、兰江街道上戴村（5）、永昌街道下孟塘村（5）、游埠镇潦溪桥村（5）、诸葛镇厚伦方村（5）、黄店镇三泉村（5）、黄店镇上包村（5）、黄店镇上唐村（5）、黄店镇刘家村（5）、黄店镇桐山后金村（5）、梅江镇聚仁村（5）	20
	东阳市	巍山镇大爽村（3）、虎鹿镇蔡宅村（3）、城东街道李宅村（4）、巍山镇白坦村（4）、虎鹿镇厦程里村（4）、虎鹿镇西坞村（4）、马宅镇雅坑村（4）、画水镇天鹅村（4）、六石街道北后周村（5）、六石街道吴良村（5）、巍山镇古渊头村（5）、虎鹿镇葛宅村（5）、湖溪镇郭宅村（5）、三单乡前田村（5）	14
	义乌市	赤岸镇尚阳村（4）、赤岸镇朱店村（4）、义亭镇缸窑村（4）、廿三里街道何宅村（5）、佛堂镇倍磊村（5）、佛堂镇寺前街村（5）、赤岸镇乔亭村（5）、赤岸镇雅端村（5）、赤岸镇雅治街村（5）、赤岸镇东朱村（5）、义亭镇陇头朱村（5）、义亭镇何店村（5）、大陈镇红峰村（5）	13
合计			104
衢州	龙游县	石佛乡三门源村（1）、塔石镇泽随村（2）、溪口镇灵下村（3）、湖镇镇星火村（4）、沐尘畲族乡双戴村（4）、溪口镇灵山村（5）、石佛乡西金源村（5）、大街乡方旦村祝家村（5）、沐尘畲族乡社里村（5）	9
	江山市	大陈乡大陈村（1）、凤林镇南坞村（2）、石门镇清漾村（2）、廿八都镇枫溪村（3）、廿八都镇花桥村（3）、峡口镇三卿口村（4）、峡口镇柴村村（4）、峡口镇广渡村（4）、峡口镇枫石村（4）、廿八都镇浔里村（4）、张村乡秀峰村（4）、张村乡先峰村（4）、塘源口乡洪福村（4）、清湖街道清湖一村（5）、清湖街道清湖三村（5）、石门镇江郎山村（5）	16
	开化县	马金镇霞山村（2）、齐溪镇龙门村（4）、长虹乡高田坑村（4）、林山乡姜坞村（4）、马金镇霞田村（5）、何田乡陆联村（5）、音坑乡儒山村读经源村（5）	7
	柯城区	航埠镇北二村（4）、石梁镇双溪村（5）、航埠镇墩头村（5）、九华乡妙源村（5）、九华乡新宅村（5）、九华乡源口村（5）、沟溪乡沟溪村（5）、华墅乡园林村（5）	8

续表

地区	县（市、区）名	乡（镇、街道）村名（批次）	数量（个）
衢州	衢江区	湖南镇破石村（4）、黄坛口乡茶坪村（4）、举村乡翁源村（4）、举村乡洋坑村（4）、湖南镇山尖岙村大丘田村（5）、云溪乡车塘村（5）、岭洋乡赖家村（5）	7
	常山县	招贤镇五里村（5）、青石镇江家村（5）、球川镇球川村（5）、辉埠镇大埂村（5）、芳村镇芳村村（5）、同弓乡彤弓山村（5）、东案乡金源村（5）	7
合计			54
丽水	缙云县	新建镇河阳村（1）、壶镇镇岩下村（3）、新碧街道黄碧虞村（4）、壶镇镇宫前村（4）、新建镇笕川村（4）、东渡镇桃花岭村隘头自然村（4）、大源镇寮车头村（4）、大源镇吾丰村（4）、溶江乡岩门村上官坑自然村（4）、新碧街道黄碧村（5）、壶镇镇岩背村（5）、壶镇镇金竹村（5）、胡源乡湖村村（5）	13
	龙泉市	城北乡上田村（1）、兰巨乡官埔垟村（1）、西街街道宫头村（1）、小梅镇大窑村（1）、小梅镇金村村（1）、西街街道下樟村（2）、安仁镇季山头村（2）、道太乡锦安村（2）、塔石乡南弄村（3）、安仁镇大舍村（3）、屏南镇车盘坑村（3）、龙南乡蛟垟村（3）、龙南乡下田村（3）、龙南乡垟尾村（3）、塔石街道炉地垟村（4）、塔石街道李山头村（4）、八都镇双溪口村（4）、上垟镇源底村（4）、小梅镇黄南村（4）、小梅镇孙坑村（4）、安仁镇李登村（4）、安仁镇湖光下村（4）、安仁镇金蝉湖村（4）、屏南镇横坑头村（4）、屏南镇垟顺村（4）、屏南镇石玄铺村（4）、兰巨乡梅地村（4）、宝溪乡车盂村（4）、竹垟乡安坑村（4）、道太乡夏安村（4）、岩樟乡柳山头村（4）、城北乡盛山后村（4）、龙南乡杨山头村（4）、龙南乡底村（4）、龙南乡上南坑村（4）、龙南乡大庄村（4）、龙南乡金川村（4）、剑池街道周际村（5）、住龙镇西井村（5）、屏南镇库租坑村（5）、屏南镇上畲村（5）、屏南镇地畲村（5）、屏南镇南垟村（5）、竹垟畲族乡盖竹村（5）、道太乡外翁村（5）、道太乡荷上畈村（5）、城北乡内双溪村（5）、龙南乡龙井村（5）、龙南乡兴源村（5）	49
	遂昌县	焦滩乡独山村（1）、云峰街道长濂村（4）、北界镇淤弓村下坪自然村（4）、应村乡竹溪村斋堂下自然村（4）、湖山乡福罗淤村（4）、湖山乡姚岭村（4）、蔡源乡大柯村（4）、妙高街道仙岩村汤山头村、阴坑村（5）、北界镇苏村村（5）、大柘镇车前村（5）、石练镇柳村村（5）、黄沙腰镇大洞源村（5）、黄沙腰镇黄沙腰村（5）、濂竹乡大竹小岙村（5）、濂竹乡横坑村（5）、濂竹乡千义坑村（5）、濂竹乡治岭头村（5）、高坪乡茶树坪村（5）、高坪乡淤竹村（5）、湖山乡三归村大畈村（5）、湖山乡奕山村（5）、蔡源乡蔡和村（5）、西畈乡举淤口村（5）、垵口乡徐村村（5）	24
合计			86
总计			323

表格来源：作者整理

采集、分析、融合、存储、传输以及提供可视化的保护、管理、研究平台。另外，通过对古旧资料普查登记、传统建筑实测建档、村里老人口述记录、家谱族谱和文化展陈取样等方式，注重对文化资源的挖掘与传承。

钱塘江流域各县（市、区）中国传统村落分布情况一览表　　表1–2

地区	县（市、区）名	批次与数量						
		第一批	第二批	第三批	第四批	第五批	小计（个）	总计（个）
杭州	临安区	—	—	—	4	2	6	52
	萧山区	—	—	—	1	—	1	
	富阳区	1	—	—	1	—	2	
	桐庐县	1	4	4	4	2	15	
	淳安县	—	1	1	—	9	11	
	建德市	1	—	2	11	3	17	
宁波	慈溪市	—	—	—	—	1	1	1
嘉兴	海宁市	—	—	—	—	1	1	1
绍兴	越城区	—	—	—	—	1	1	25
	柯桥区	1	—	—	1	1	3	
	上虞区	—	—	—	1	1	2	
	新昌县	—	—	—	1	5	6	
	诸暨市	1	—	—	3	—	4	
	嵊州市	1	1	—	3	4	9	
金华	婺城区	1	—	—	—	5	6	104
	金东区	1	—	—	1	8	10	
	武义县	3	1	—	8	7	19	
	磐安县	2	2	—	2	2	8	
	浦江县	3	—	—	6	—	9	
	兰溪市	—	6	2	2	10	20	
	义乌市	—	—	—	3	10	13	
	东阳市	—	—	2	6	6	14	
	永康市	1	—	—	1	3	5	
衢州	柯城区	—	—	—	1	7	8	54
	衢江区	—	—	—	4	3	7	
	常山县	—	—	—	—	7	7	
	开化县	—	1	—	3	3	7	
	龙游县	1	1	1	2	4	9	
	江山市	1	2	2	8	3	16	
丽水	缙云县	1	—	1	7	4	13	86
	遂昌县	1	—	—	6	17	24	
	龙泉市	5	3	6	23	12	49	
总计	32	26	22	21	113	141	323	

表格来源：作者整理

钱塘江流域省级历史文化村落保护利用重点村分布情况一览表　　表1-3

地区	分布批次与数量									
	第一批	第二批	第三批	第四批	第五批	第六批	第七批	第八批	第九批	总数（个）
杭州	4	3	4	2	3	3	4	4	5	32
宁波	—	1	—	—	1	1	—	—	1	4
绍兴	4	5	3	2	2	3	3	1	2	25
金华	8	8	8	9	5	7	8	7	6	66
衢州	5	7	7	7	6	6	5	6	6	55
丽水	3	3	4	4	5	2	3	3	4	31
总计	24	27	26	24	22	22	23	21	24	213

表格来源：作者整理

钱塘江流域“双录”村分布情况一览表　　表1-4

地区	县（市、区）名	村名	数量	小计
杭州	临安区	呼日村、石门村	2	19
	萧山区	东山村	1	
	富阳区	龙门村、东梓关村	2	
	桐庐县	深澳村、石舍村、翙岗村、徐畈村、茆坪村、环溪村、石阜村、彰坞村、引坑村、梅蓉村	10	
	淳安县	芹川村	1	
	建德市	李村村、上吴方村、里叶村	3	
宁波	慈溪市	方家河头村	1	1
绍兴	柯桥区	冢斜村	1	13
	新昌县	班竹村、梅渚村、西坑村、南山村	4	
	诸暨市	斯宅村、次坞村、十四都村、溪北村	4	
	嵊州市	华堂村、竹溪村、崇仁六村、崇仁七八村	4	
金华	婺城区	寺平村、上镜村	2	44
	金东区	山头下村、雅湖村、琐园村、蒲塘村、郑店村、仙桥村	6	
	武义县	郭洞村、俞源村、上黄村、范村村、陶村村	5	
	磐安县	管头村、梓誉村、榉溪村、横路村、朱山村、墨林村	6	
	浦江县	嵩溪村、新光村、古塘村、礼张村、潘周家村	5	
	兰溪市	姚村村、长乐村、社峰村、芝堰村、永昌村、西姜村、三泉村、潦溪桥村、桐山后金村、聚仁村	10	
	义乌市	尚阳村、缸窑村、倍磊村、陇头朱村	4	
	东阳市	蔡宅村、李宅村、厦程里村	3	
	永康市	厚吴村、舟二村、芝英一村	3	

续表

地区	县（市、区）名	村名	数量	小计
衢州	柯城区	双溪村、墩头村、妙源村、新宅村	4	27
	衢江区	破石村、茶坪村、车塘村	3	
	常山县	球川村、大埂村、彤弓山村、金源村、芳村村	5	
	开化县	霞山村、龙门村、霞田村	3	
	龙游县	泽随村、灵下村、星火村、灵山村	4	
	江山市	南坞村、枫溪村、花桥村、广渡村、枫石村、浔里村、清湖一村、清湖三村	8	
丽水	缙云县	河阳村、岩下村、笕川村、桃花岭村、岩门村、金竹村	6	16
	遂昌县	独山村、长濂村、福罗淤村、苏村村、黄沙腰村、蔡和村	6	
	龙泉市	官埔垟村、下樟村、源底村、盖竹村	4	
总计	29	120		

注：有下划线的为典型样本村落。

表格来源：作者整理

典型样本村落入选名录一览表 表1-5

序号	村名	中国传统村落	中国历史文化名村	省级历史文化重点村	省级历史文化名村	省3A级景区村庄
1	桐庐县深澳村	▲（1）	▲（3）	▲（1）	▲（3）	▲（1）
2	桐庐县荻坪村	▲（3）	▲（7）	▲（3）	▲（5）	▲（4）
3	富阳区东梓关村	▲（4）	—	▲（3）	—	▲（1）
4	临安区石门村	▲（5）	—	▲（8）	—	▲（2）
5	建德市上吴方村	▲（3）	▲（7）	▲（2）	▲（5）	▲（3）
6	淳安县芹川村	▲（3）	▲（6）	▲（1）	▲（3）	—
7	诸暨市斯宅村	▲（1）	—	▲（1）	▲（2）	▲（1）
8	诸暨市十四都村	▲（4）	—	▲（4）	—	▲（2）
9	柯桥区冢斜村	▲（1）	▲（5）	▲（2）	▲（4）	▲（1）
10	嵊州市华堂村	▲（1）	—	▲（1）	▲（3）	▲（1）
11	新昌县梅渚村	▲（5）	—	▲（1）	—	▲（1）
12	兰溪市芝堰村	▲（3）	—	▲（2）	▲（5）	▲（1）
13	浦江县嵩溪村	▲（1）	▲（6）	▲（1）	▲（3）	—
14	金东区琐园村	▲（5）	—	▲（3）	—	—
15	金东区蒲塘村	▲（5）	—	▲（1）	—	▲（1）
16	东阳市蔡宅村	▲（3）	—	▲（1）	—	▲（2）

续表

序号	村名	中国传统村落	中国历史文化名村	省级历史文化重点村	省级历史文化名村	省3A级景区村庄
17	义乌市缸窑村	▲（4）	—	▲（5）	—	▲（1）
18	婺城区寺平村	▲（1）	▲（5）	▲（6）	▲（4）	▲（2）
19	永康市厚吴村	▲（1）	▲（3）	▲（1）	—	▲（2）
20	武义县俞源村	▲（1）	▲（1）	▲（2）	▲（2）	—
21	磐安县横路村	▲（2）	—	▲（5）	▲（4）	▲（2）
22	江山市南坞村	▲（2）	▲（7）	▲（4）	▲（4）	▲（2）
23	柯城区双溪村	▲（5）	—	▲（4）	—	▲（2）
24	常山县金源村	▲（5）	—	▲（2）	▲（6）	▲（3）
25	开化县霞山村	▲（2）	▲（6）	▲（1）	▲（3）	▲（1）
26	龙游县泽随村	▲（2）	▲（7）	▲（2）	▲（4）	▲（2）
27	龙泉市官埔垟村	▲（1）	—	▲（4）	▲（5）	—
28	遂昌县独山村	▲（1）	▲（6）	▲（2）	▲（1）	—
29	缙云县河阳村	▲（1）	▲（6）	▲（1）	▲（2）	—
30	缙云县岩下村	▲（3）	—	▲（2）	—	▲（2）
合计		30	14	30	19	23

注：括号内为入选批次。
表格来源：作者整理

本章小结

本章梳理了人居环境科学、文化（色彩）地理学、文化遗产学、文化生态学、设计事理学等理论方法，汲取了“人居环境五大系统”“文化区”“地方性知识”“景观色彩特质”“活态遗产”“文化生态系统”“人为事物”等对本研究有实际指导意义的相关论点或方法作为借鉴，从而指导确立本书的研究框架，形成宽阔的融多学科研究视角。在此基础上，遵循设计学研究注重实地调研和实证研究的原则，开展多轮详细深入的田野调查，对钱塘江流域内同时列入中国传统村落和省级历史文化村落名录的120个“双录”村开展田野调查工作，并考虑县（市、区）域分布情况和研究样本的普适性，着重选取30个具有地域性典型性、类型代表性的村落，围绕村落历史沿革、选址理念、风貌格局、文化资源、入选名录、人居环境现状等内容，开展数据收集、现场测绘、拍照取样等工作，形成分类分层的样本数据库，详细分析和研判了流域内传统村落的现状特征，夯实传统村落人居环境变迁研究的理论基础并提供样本支撑。

第二章　钱塘江流域环境特征与传统村落保护发展现状

一、钱塘江流域自然与人文特征

自然环境是影响社会与文化发展的一个必要的常态因素，一般情况下自然条件优越的地方其社会文化发展就较快，并易于形成特定的社会形态与文化类型。比如平原与河流为农作物耕种提供必要的条件，这些地区孕育了农耕文明；而草原地带利于发展畜牧业，是游牧文明的温床；江湖滨海地区拥有便利的交通条件，有利于工商业发展。

传统村落的生成与发展，离不开其所处的自然环境、社会文化、历史背景等影响。因此，要研究钱塘江流域传统村落人居环境变迁，则需先追溯地域自然特征、历史变革、文化背景等客观条件，以便能在一个更大的地理空间和时间视野下，建立一个基于动态与静态、历时与共时、单一与复合的多维坐标系，解析钱塘江流域传统村落人居环境的构成要素、特征规律及环境谱系。

1. 自然环境特征

（1）地理区位与空间特征

钱塘江是我国长江三角洲地区一条独特的河流，也是浙江省第一大河。钱塘江源头有不同的说法。据《钱塘江志》载：钱塘江有南、北两源，北源源出安徽省休宁县皖、赣两省交界怀玉山脉主峰六股尖东坡，源头海拔 1350 米，自上而下称大源、率水、渐江、新安江，是钱塘江正源；南源源出休宁县南部的青芝埭尖北坡，源头海拔 810 米，自上而下称齐溪、马金溪、常山港、衢江、兰江。南源与北源流至建德梅城汇合称富春江，向东北流经桐庐有分水江汇入，至萧山闻家堰有浦阳江汇入，接近河口有曹娥江汇入，于海盐澉浦长山东南嘴至余姚和慈溪边境的西三闸的连线注入杭州湾。从北源源头至口门，全长 668 公里，北源长于南源 56 公里，而南源集水面积和年径流量均为北源的 1.7 倍。

钱塘江处于群山环抱的盆地之中，其南面以仙霞岭为界，分别以闽江水系和瓯江水系分水；西南面以怀玉山为界，与江西鄱阳水系信江、乐安江、昌江分水；西面以黄山为界，与太湖水系的东、西苕溪分水；东面以四明山为界，与甬江水系分水，以天台山为界，与灵江分水[①]。钱塘江流域地处海陆交接的前缘地带，位于长江三角洲南翼，地跨北纬28°04′至北纬30°24′，东经117°39′至东经121°14′，地理位置重要而优越。流域跨浙江、安徽、江西、福建、上海五省（市），流域面积达55558平方公里，86.5%在浙江省境内，占浙江省总面积的47.2%。钱塘江流域属于亚热带季风气候，夏季多东南风，空气湿润；冬季盛行西北风，天气晴冷干燥。流域内气候温和、雨量充沛，地势低平、河网密布，土地肥沃、交通便捷，素有"锦峰秀岭，山水之乡"的美称，正是人类辛劳开发、繁衍生息的首选之地，是最有利于人口活动的地方。

（2）地形地貌与水系特点

环境变迁的证据表明，钱塘江水系是从白垩纪燕山运动引起的走向北东和走向北西两组主要断裂线间的构造盆地上发育的，距今4000万至1200万年前第三纪中新世，今闽、浙滨海山地下沉，湖水依地质构造上的向斜带及断层带向东北流入海，钱塘江有了出海口[②]。钱塘江水系受地质构造的影响，整个水系分布在盆岭交错、山谷相间的地貌区内，主要水系之间往往通过一些峡谷相互贯通，水系中的各个支流又在特定的条件下形成多层次、多类型的构造盆地[③]。北纬30°线横贯钱塘江流域，流域内地形起伏，以丘陵、山地为主，约占流域总面积的三分之二以上，平原面积不大。平原主要有杭（州）嘉（兴）湖（州）平原、宁（波）绍（兴）平原等沿海地区平原和金兰平原、诸暨平原、新嵊平原等河谷平原。盆地遍布流域丘陵、山区之中，其中横贯浙江中部的金衢盆地（在行政上分属衢州地区和金华地区）是流域内最大的盆地，金衢盆地处在不规则的山丘之中，江河众多、水源充足、资源丰富，自古就是浙江农副产品的主产地。丘陵主要分布在诸暨、金华、江山一线以西的钱塘江流域，历史上丘陵地区水源丰沛，农业均有较好的发展趋势。

钱塘江河道曲折，上游为山溪性河道，束放相间；中游为丘陵；下游江口外呈喇叭形状，江口逐渐展宽，汇入东海。钱塘江干流在新安江水电站以上为上游，新安江水电站至富春江水电站为中游，富春江水电站以下为下游。钱塘江流域的主要干流自衢州以上称常山港，衢州至兰溪间称衢江，兰溪至建德梅城称兰江，梅城至桐庐间称桐江，桐庐至萧山闻家堰称富春江，闻家堰以下称钱塘江；入海口位

① 陈修颖，孙燕，许卫卫．钱塘江流域人口迁移与城镇发展史[M]. 北京：中国社会科学出版社，2009：4.

② 钱塘江志编纂委员会．钱塘江志[M]. 北京：方志出版社，1998：64.

③ 王明达．钱塘江流域的史前文化[J]. 考古学研究，2012：197-209.

置在浙江海盐县澉浦至对岸余姚市西山闸一带，进杭州湾，入于海。主要支流为乌溪江、金华江（婺江）、分水江、浦阳江、曹娥江等[①]。钱塘江各支径流沿线地域如同一个个独立的世外桃源，抚育各自的村落自然生长，而汇流的江河也让整个钱塘江流域的居民有了特殊的牵连。

2. 历史人文环境

（1）历史沿革与文明演变

纵观人类文明的孕育是离不开山川与河流的。河流在地球生命形成和人类文明起源发展中发挥着重要的作用，不仅为人类提供了生活生产所必需的资源，而且也是人类迁移与文化交流的主要通道。钱塘江流域开发历史悠久，是中国重要的文明发祥地之一，也是吴越文化起源与发展的一个重要源头。浙江的旧石器文化考古主要是从钱塘江流域开始的，早在 10 万年前的旧石器时代，“建德人”就已在新安江支流寿昌江畔生活。其后考古发现，在钱塘江上游出现许多人类早期定居点或聚落，证明钱塘江流域文化发育很早，为中国文明的发育发展奠定了基础[②]。

钱塘江流域浙江新石器文化以钱塘江为界分为南北两系。到距今 1 万年左右，在与建德毗邻，连接桐庐、浦江、嵊州一带的钱塘江南岸地区，先后发展起了新石器文化[③]，如浙中金华市浦江县黄宅镇渠南村发现的上山遗址以及金华市区下周遗址所代表的上山遗址，是目前发现的长江下游流域最早的新石器文化遗址，年代距今 11000 至 8600 年。遗址中发现了较多的柱洞、灰坑等遗迹和少量稻米颗粒，证明当时已有人类开始过着以木结构建筑为特点的定居生活，原始的稻作农业已产生。分布于杭州萧山距今约 8200 年的跨湖桥文化遗址中发现较多干阑式建筑遗址以及独木舟，反映了当时木作技术发展和古越族“善作舟”的传统[④]。分布于宁波余姚市距今约 7000 年的河姆渡文化遗址，其中第四文化层规模宏大，干阑式建筑已能运用榫卯和企口技术。另外，遗址中还发现了大量籼稻和蒿叶，以及家猪骨骼，推测河姆渡人已开始定居农耕生活了。已有考古线索证明上山文化遗址、跨湖桥文化遗址和河姆渡文化遗址有发展的连续性。学术界通常认为，河姆渡是中国最早的村落，是人类生产生活最初的聚落，也是社会形成的基地和文明的重要发祥地。钱塘江北系的新石器文化主要是距今约 7000 年的马家浜文化、距

---

① 符宁平，闫彦 . 浙江八大水系 [M]. 杭州：浙江大学出版社，2009.

② 周膺，吴晶 . 钱塘江物语 [M]. 杭州：浙江大学出版社，2019：4–5.

③ 郑巨欣 . 浙江工艺美术史 [M]. 杭州：杭州出版社，2015：1.

④ 王明达 . 钱塘江流域的史前文化 [J]. 考古学研究，2012（4）：197–209.

今约6000年的崧泽文化和距今5300至4000年的良渚文明。马家浜文化遗址坐落在一个三河交叉的平原上，遗址东西长约150米，南北宽约100米。上层文化层发现1座长方形的房址，东、西、南三面有柱洞13个，东南角有门址。发掘有大量磨制石斧、石锛、石刀、骨耜、骨镞等生产工具。崧泽文化遗址数量和规模到晚期增大，聚落分级趋势扩大，并出现城堡。良渚古城遗址是实证中国5000年文明史规模最大、水平最高的文化遗址，良渚文明的综合发展水平显示其已达到或超出中国新石器时代最高的文化发展水平，构成中国文明起源阶段最有代表性的文明形态。

从文化性质来说，钱塘江南系文化是浙江原生的河谷平原文化，颇多山岳气质，与后来的越文化一脉相承。钱塘江北系文化则分布于整个环太湖流域，良渚文化是整个长江下游地区新石器文化融合发展的结果，具有较多外源性因素，与后来的吴文化关系更为密切[①]。文化内涵显示，南北两系文化经历了“相似—超异—渗透—趋同”的发展轨迹，最终结果是良渚文明统一了整个地区。由此可见，自中国文明起源阶段起，外源文化已构成浙江的主体性地理文化，外来人口也构成浙江人口的主体，见图2-1。

良渚文明衰落之后，东南地区直至春秋战国时期出现强大的越国。越文化此后很大程度上被作为浙江历史文化的象征或代称。而在更为细致的表述中，钱塘江以北的浙北地区仍与苏南、上海一同以吴文化[②]来表述。吴文化比越文化具有更多的外源性因素。吴文化对长江三角洲区域文化进行了多次重大整合，逐渐将吴、越地区（即后来的两浙地区）改造为吴文化区。原有民族区随之激变，文化传统实现了质的转换，汉语代替了越语，民风逐渐由“尚武”转变为“尚文”。秦汉至宋，越地对外文化交流很大程度上依靠吴文化的渗透或转驳。在历史变迁中，吴、越文化不

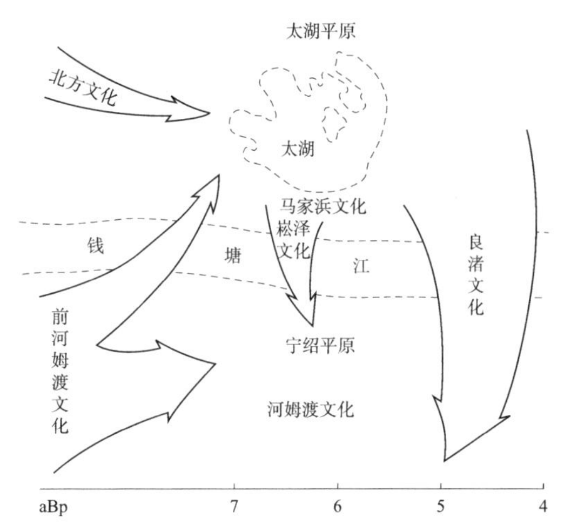

图2-1　钱塘江南北两系新石器文化交融关系图

图片来源：引自周膺，吴晶．钱塘江物语[M]. 杭州：浙江大学出版社，2019：34

① 周膺，吴晶．钱塘江物语[M]. 杭州：浙江大学出版社，2019：29-43.

② 注：商末古公亶父有意传位于三子季历，长子泰伯避让，携二弟仲雍东奔建立吴国，为吴地带去先进的生产技术和礼仪文化，促使吴地土著文化与中原文化融合，形成吴文化。

断吸纳外源性因素，并且将许多外源性因素转化为内源性因素进行集成创新，两者共构递嬗，长期维持着经济社会发展。

钱塘江流域的文化源头总体经历了上山遗址、跨湖桥遗址、河姆渡文化、马家浜文化、崧泽文化、良渚文化及春秋时期的吴越文化等距今 7000 年的考古学文化发展序列。从钱塘江流域地理特点和各历史阶段文化遗址时空分布来看，可以勾勒出不同阶段不同文化的发展轨迹，包括定居地的选择、建筑水平的提高、稻作农业的进步、制造技艺的改进等。上山文化的先民是最早的定居者，也是稻作农业早期的创造者。跨湖桥遗址的先民是从山谷盆地跨向滨海平原的开拓者，是首批平原定居者，创造了干阑式建筑和独木舟。河姆渡文化是真正在平原上稳固定居的一族，创造了无与伦比的灿烂文化，而且承延、发展了近两千年[①]。吴越文化是中华文化体系的重要组成部分，千百年来，作为一种具有鲜明地方特色和深厚人文积淀的区域文化，孕育创造出了许多令人瞩目的优秀文化成果，有力推动了江南地区的经济发展和社会进步。

钱塘江古名浙（折）江，亦名渐江，最早见于《山海经》。由于河道在杭州定山（今转塘一带）和浮山处来了个紧急转弯，曲折呈“之”形，故又名之江。由于江潮汹涌澎湃，摧山拆岸，犹如鬼怪在江底掀波作浪，古人便取名“罗刹江”。又因从古钱唐县故址侧畔流过，称其为钱塘江。钱唐县是秦统一后，设置的会稽郡下辖的 26 个县之一。民国时期，择善而从作全江统称。

钱塘江作为浙江的母亲河，从远古奔流至今，接运河、通大海、纳百川，滋养和哺育着两岸世代儿女，孕育和创造了灿烂悠久的历史文化，历来是传统的江南鱼米之乡、丝茶之府、文化之邦、富庶之地。在古代，钱塘江流域所涉及的行政区域主要包括婺州（今金华市）、衢州（今衢州市）、严州（今杭州建德市）、徽州（今黄山市）。南宋之时，婺、衢、严州属两浙[②]东路；明清两代，以钱塘江为界，将浙江划为上八府和下三府[③]。据史料记载，严州有陆路、水路通过周边地区，陆路方面，东南至新屯领入婺州界五十里、西南至鹁龙山入衢州界一百九十里、西至深渡津入徽州界二百五十七里、北至印渚溪入临安府界二百七十里、东北至桐岘山入临安府界一百五十里；水路方面，南至三河湍入婺州界五十里、北至深渡津入

---

① 王明达 . 钱塘江流域的史前文化 [J]. 考古学研究，2012（4）：197-209.

② 注：两浙指浙东和浙西。唐肃宗时析江南东道为浙江东路和浙江西路，钱塘江以南简称浙东、以北简称浙西。宋代有两浙路，地辖今江苏省长江以南及浙江省全境。

③ 注：上八府和下三府起于明代，府就是过去说的府台，相当于现在的地区。明清时期，浙江省有 11 个府。上八府为：宁波府、绍兴府、台州府、温州府、处州府（丽水）、金华府、严州府（建德）、衢州府；下三府为：杭州府、湖州府、嘉兴府。

徽州界二百五十里、东至东梓浦入临安界一百三十里（一里合500米）。由此可见，钱塘江是明清两代重要的水路交通线路①。

细梳历史的脉络，几乎历史每次重要的转身，都在三江两岸留下重要的遗存。春秋战国、唐宋元明，光阴似箭，岁月蹉跎，钱塘江流域逐渐演化为繁荣的宝地。有宋代柳永在《望海潮》作证："东南形胜，三吴都会，钱塘自古繁华。烟柳画桥，风帘翠幕，参差十万人家。云树绕堤沙，怒涛卷霜雪，天堑无涯。"杭州古称钱唐，《史记秦始皇本纪》记载："三十七年十月癸丑，始皇出游……过丹阳，至钱唐，临浙江，水波恶，乃西百二十里，从狭中渡。"

（2）自然和文化遗产资源

从文化人类学和文化传播学的角度来看，通常情况下，文化是在沿河流两岸人们的交往过程中传播发展的，应该说大河流域是文化传播的通道和走廊。

钱塘江流域以其独特的地理条件和江河资源，以蜿蜒曲折、逶迤东进，浩浩荡荡、悠悠万世，滋风润雨、泽被一方之势，留下众多自然和人文景观。目前，钱塘江流域拥有皖南古村落、京杭大运河（浙江段）、良渚古城遗址、杭州西湖文化景观4个世界文化遗产，江山江郎山1个世界自然遗产，以及黄山1个世界文化与自然双重遗产。另外，还拥有50多处世界级、国家级、省级等不同级别的风景名胜区、自然保护区、森林公园、地质公园等，其中有钱江源—百山祖国家公园试点1个、10个国家级风景名胜区、2个国家级旅游度假区、5个国家自然保护区、23个国家级森林公园、3个国家级湿地公园、8个国家AAAAA级旅游景区。

钱塘江流域具有差异性的地形地貌，奠定了区域文化差异的自然性格局，孕育和影响了城乡人居环境的整体发展和民居建筑的地域特色。据统计，截至2020年年底，钱塘江流域拥有杭州、绍兴、宁波、衢州、金华、龙泉6座国家级历史文化名城，有东阳、兰溪、龙泉、海宁4座省级历史文化名城；拥有富阳区龙门镇、海宁市盐官镇、柯桥区安昌镇、越城区东浦镇、嵊州市崇仁镇、诸暨市枫桥镇、慈溪市观海卫镇、义乌市佛堂镇、永康市芝英镇、江山市廿八都镇、龙泉市住龙镇等11个国家级历史文化名镇，占浙江（27个）总数的40.7%；拥有余杭区塘栖镇、海宁市盐官镇、柯桥区安昌镇、诸暨市枫桥镇、江山市廿八都镇等41个省级历史文化名镇，占浙江（83个）总数的49.4%；拥有桐庐县深澳村、建德市新叶村、淳安县芹川村、绍兴县冢斜村、武义县郭洞村等28个国家级历史文化名村，占浙江（44个）总数的63.6%；拥有118个省级历史文化名村，占浙江（200个）总数

① 陆小赛.16-18世纪钱塘江流域建筑构件及其装饰艺术[M].杭州：浙江大学出版社，2013：4.

的59%；拥有国家级传统村落323个、省级传统村落361个，以及省级历史文化（传统）村落保护利用重点村213个。

钱塘江流域山川秀丽、人杰地灵、历史悠久，自然条件优越，历史遗迹众多，文化资源丰富。特殊的自然地理和人文环境，孕育与形成了一个时空交织的多维度、多层次的地域文化体系，留下了丰富的物质文化遗产和非物质文化遗产，共同构成了钱塘江流域的文化生态。目前，钱塘江流域共拥有六和塔、吴越国王陵、大窑龙泉窑遗址、斯氏古民居建筑群、寺平村乡土建筑、华堂王氏宗祠、独山石牌坊等147处全国重点文物保护单位，占全省（281处）总数的52.3%；拥有深澳建筑群、藏绿建筑群、嵩溪建筑群、蔡希陶故居、霞山启瑞堂等487处省级文物保护单位，占全省（869处）总数的56%；拥有浙派古琴艺术、西泠印社金石篆刻、中国传统蚕桑丝织技艺、龙泉青瓷烧制技艺、海宁皮影戏、二十四节气等8项联合国人类非物质文化遗产代表作项目；拥有白蛇传传说、浦江板凳龙、新昌调腔、金华道情、翻九楼等137项10个类别的国家级非物质文化遗产项目，占全省总数的53.3%；拥有萧山花边、东阳木雕、兰溪滩簧、浦江乱弹、南孔祭礼等525项省级非物质文化遗产项目，占全省总数的48.8%。

钱塘江流域还拥有绍兴会稽山古香榧群1项全球重要农业文化遗产和诸暨桔槔井灌工程、金华白沙溪三十六堰2项世界灌溉工程遗产项目；拥有绍兴会稽山古香榧群、杭州西湖龙井茶文化系统、开化山泉流水养鱼系统、缙云茭白—麻鸭共生系统4项中国重要农业文化遗产。

3. 经济社会环境

钱塘江流域是指钱塘江干流和支流流经的广大区域，干流以北源计，全长668公里，流域跨浙江、安徽、江西、福建、上海五省（市），流域面积55558平方公里，其中，浙江境内48080平方公里，占86.5%，占浙江省总面积的47.2%，主要分布在杭州、宁波、嘉兴、衢州、金华、绍兴、丽水7个设区市，包括江干、西湖、上城、滨江、萧山、富阳、桐庐、临安、建德、淳安、越城、柯桥、上虞、诸暨、嵊州、新昌、婺城、金东、兰溪、东阳、义乌、永康、浦江、武义、磐安、开化、常山、柯城、衢江、龙游、江山、遂昌、龙泉、缙云、慈溪、平湖、海宁、海盐38个县（市、区），形成钱塘江流域的主体[①]。

① 钱塘江志编纂委员会．钱塘江志[M]. 北京：方志出版社，1998：2.

据统计，截至2020年，钱塘江流域内38个县（市、区）人口共3074万人，占全省总人口的47.6%，平均每平方公里639人。根据杭州、绍兴、金华、衢州4市2011–2020年统计，2020年4市共有人口3074万人，人口增长了25.3%；2020年4市的国民经济生产总值为2.837亿元，约占全省的43.9%，比2011年增长105%，年均增长率为10.5%。其中，杭州的人口与生产总值增幅均居首位，见表2–1。

钱塘江流域生产总值与人口变化 表2–1

市别	2011年		2020年		年均增长率（%）	2011年		2020年		年均增长率（%）
	产值（亿元）	%	产值（亿元）	%		人口（万人）	%	人口（万人）	%	
杭州	0.715	100	1.61	125	12.5	873.8	100	1193.6	36.6	3.66
绍兴	0.336	100	0.6	78.6	7.86	493.4	100	527.1	6.8	0.68
金华	0.24	100	0.47	95.8	9.58	538.6	100	705.1	30.9	3.09
衢州	0.0919	100	0.157	70.8	7.08	211.9	100	227.6	7.4	0.74
总计	1.3829	100	2.837	105	10.5	2117.7	100	2653.4	25.3	2.53

表格来源：作者整理

历史上作为自然地理环境优越和人文历史资源丰富的区域，钱塘江流域的经济社会发展良好，农业开发历史悠久，逐渐形成了精耕细作、农渔结合、集约经营等传统农业特点。流域内农林面积占比较大，农作物产量高，种类丰富。自宋以降，流域内市镇与乡村草市经由便利的交通而广泛兴起和发展，促进了农村地区工商业与市场体系的发育和成长。分散、孤立、封闭的传统村落格局逐渐被打破，村落与村落之间、村落与周边市镇的经济联系日益紧密，农村生产经营方式出现变革。农村家庭由自给性生产消费开始向市场性消费转变，推动了土地和劳动力配置由相对单一的粮食生产向多种产业领域的扩展，流域内兼业现象广泛出现[①]。从明代开始，由于商品经济不断向江南乡村地区纵深发展，乡村经济中出现了明显的商品经济模式，如种桑养蚕、纺纱织罗、养鱼种茶等成为流域内农村家庭农业生产的主导产业，带动了家庭手工业的专业化和市场化。钱塘江流域作为江南农、工、商各业发展的主要经济区域，一直延续至今。

① 陈国灿．南宋城镇史[M]. 北京：人民出版社，2009：431–433.

二、传统村落保护发展现状

1. 中国传统村落保护历程与发展模式

（1）保护历程

1972 年 11 月，联合国教科文组织通过的《保护世界文化和自然遗产公约》，成为世界遗产保护的重要准则。1982 年 12 月，我国将“历史文化遗产”写入《中华人民共和国宪法》第二十二条第二款。1985 年 12 月，中国成为联合国教科文组织《保护世界文化和自然遗产公约》的缔约国，并开始启动申报世界遗产的工作。1987 年，故宫、秦始皇陵、敦煌莫高窟等成为第一批世界遗产；1997 年，平遥、丽江两个小城申报成为世界遗产；2000 年西递、宏村皖南古村落成为世界遗产。之后，传统村落保护逐渐形成热潮。

从国家层面来看，我国传统村落保护工作以 2002 年出台的《中华人民共和国文物保护法》为开端，至今已有 20 余年。2002 年 10 月，第九届全国人大常委会第三十次会议修订了《中华人民共和国文物保护法》，正式提出“历史文化村镇”的概念，标志着我国历史文化村镇保护制度正式建立。2003 年，建设部和国家文物局联合评选出一批“保存文物特别丰富并且具有重大历史价值或纪念意义、能较完整地反映一定历史时期传统风貌和地方民族特色”的国家历史文化名镇名村，截至 2022 年共组织评选了 7 批 799 个历史文化名镇名村，其中名镇 312 个，名村 487 个，分布范围覆盖了全国 25 个省、直辖市和自治区，这标志着我国对历史文化村镇的保护得到政府、社会的高度重视。2008 年 4 月，国务院常务会议通过了《历史文化名城名镇名村保护条例》，旨在加强历史文化名城、名镇、名村的保护与管理，继承中华民族优秀历史文化遗产。明确了申报条件、保护规划编制的内容和保护措施等。2012 年 4 月，住房和城乡建设部、文化部、国家文物局和财政部等四部局联合发布《关于开展传统村落调查的通知》（建村〔2012〕58 号），组织调查、评选中国传统村落，并成立了包含建筑学、民俗学、艺术学、美学、经济学、社会学等领域专家学者的“传统村落保护和发展专家委员会”，作为学术和专业指导机构。为突出村落的文明价值及传承意义，将过去习惯的“古村落”称谓统一改为“传统村落”。传统村落研究成为一门显学。2012 年 12 月，住房和城乡建设部、文化部、财政部联合发布《关于加强传统村落保护发展工作的指导意见》（建村〔2012〕184 号），提出加强传统村落保护发展的重要性和必要性，明确基本原则和任务、继续做好传统村落调查、建立传统村落名录制度、推动保护发展规划编制实施等。自 2012 年 12 月三部门公布了第一批 646 个中国传统村落名录，截至 2022

年，已评选了5批6819个中国传统村落，涵盖全国除港澳台地区的所有省（市、自治区）的309个地级市、43个民族。应该说大部分传统村落已列入名录，这些村落反映了不同地域、民族、历史阶段的人居聚落特色，是中国文化遗产的重要组成部分。这标志着我国已经形成世界上规模最大、内容和价值最丰富、保护力度较强的农耕文明遗产保护群。被列入名录的村落获得了中央财政的资助，已建立了相应的管理机制和保护机制，传统村落面临的衰落、破坏局面将得到一定程度的遏制，传统村落村民生产生活条件得到改善。其后，住房和城乡建设部分别又于2013年9月出台了《传统村落保护发展规划编制基本要求（试行）》（建村〔2013〕130号），2014年4月，出台了《关于切实加强中国传统保护的指导意见》（建村〔2014〕61号），进一步加大传统村落保护力度，加强传统村落保护发展管理。

自2012年始，国务院四部委启动中国传统村落保护工程后，连续多年的中央一号文件中均有关于传统村落保护利用的内容与要求。如2013年中央一号文件提出“制定专门规划，启动专项工程，加大保护有历史文化价值和民族、地域元素的传统村落和民居”。2014年中央一号文件提出“制定传统保护发展规划，抓紧把有历史文化等价值的传统村落和民居列入保护名录，切实加大投入和保护力度”。2015年中央一号文件进一步提出要“完善传统村落名录和开展传统民居调查，落实传统村落和民居保护规划”。2016年中央一号文件更加系统全面地提出“加大传统村落、民居和历史文化名镇名村保护力度。开展生态文明示范村镇建设，鼓励各地因地制宜探索各具特色的美丽宜居乡村建设模式”。2017年中央一号文件指出“支持传统村落保护，维护少数民族特色村寨整体风貌，有条件的地区实行连片保护和适度开发”。2018年中央一号文件指出“立足乡村文明，吸取城市文明及外来文化优秀成果，在保护传承的基础上，创造性转化、创新性发展，不断赋予时代内涵、丰富表现形式。划定乡村建设的历史文化保护线，保护好文物古迹、传统村落、民族村寨、传统建筑、农业遗迹、灌溉工程遗产”。2019年中央一号文件指出“强化乡村规划引领。把加强规划管理作为乡村振兴的基础性工作，实现规划管理全覆盖。以县为单位抓紧编制或修编村庄布局规划，县级党委和政府要统筹推进乡村规划工作”。2020年中央一号文件指出“改善乡村公共文化服务。保护好历史文化名镇（村）、传统村落、民族村寨、传统建筑、农业文化遗产、古树名木等”。

2017年11月，中共中央办公厅、国务院办公厅印发了《关于实施中华优秀传统文化传承发展工程的意见》；2018年9月，中共中央、国务院印发了《国家乡村振兴战略规划（2018–2022年）》；2019年4月，中共中央、国务院印发了《关于建立健全城乡融合发展体制机制和政策体系的意见》；2021年9月，中共中央办公厅、国务院办公厅印发了《关于在城乡建设中加强历史文化保护传承的若干意见》；2021 年 10 月，中共中央办公厅、国务院办公厅印发了《关于推动城乡建设绿色发展的意见》，众多文件均有对传统村落保护发展的具体要求，这也反映了传统村落是国家优秀文化保护传统的重要内容，已成为国家重要战略的组成部分。

近年来，除了国家政府部门的重视外，学术界也通过举办会议、发布宣言等形式，积极推进传统村落保护利用工作，如国际古迹遗址理事会于 2005 年 10 月在西安召开的“古迹遗址及其环境——在不断变化的城乡景观中的文化遗产保护”国际研讨会上，形成了纲领性文件《西安宣言》，明确把历史文化遗产的范围扩大到“环境”这一更广的内涵，承认周边环境对古迹遗址重要性和独特性的贡献。2006 年 4 月，来自国际学术界和中国各地致力于中国古村落保护的代表，在浙江西塘古镇召开中国古村落保护国际高峰论坛，共同探讨古村落保护的价值、意义、途径、方法、手段和目的，最后形成的《西塘宣言》，为国际新形势下的传统村落保护利用提供了思想理论和行动指南。2009 年 9 月，第二届中国乡土建筑文化抢救与保护暨建德新叶研讨会在杭州建德市新叶古村举行，会议形成了《新叶共识》，强调传统村落保护必须加强政府引导与社会参与，要把遗产保护和民生建设结合起来，在加强文化遗产保护的同时，做到自然、文化和社会三个生态环境的和谐共生。同时，倡导把传统村落保护与 21 世纪中国乡村建设相结合、与提高和改善民居条件相结合、与满足人民群众日益增长的物质和精神文化需求相结合，并提出传统村落保护要以严肃的学术研究为基础。2010 年 11 月，由中国民间文艺家协会主持的中国民间遗产抢救工程重点项目《中国古村落代表作》编纂工作在北京启动，时任中国民协主席的冯骥才先生在全国两会上提案要加强我国文化遗产保护工作，落实对古村落的保护，议案顺利通过。2021 年 4 月，传统村落保护《西塘宣言》发表十五周年国际研讨会在嘉兴西塘召开，会议提出要推进中国传统村落科学保护，要从文化遗产的性质、特征、规律、独特性和知识体系出发，制定一套严格的保护标准、方法与体制机制，这为今后一个阶段传统村落研究提供了指导性意见，见表 2–2。

国家有关政策文件　　表2–2

序号	政策文件	关于传统村落保护的主要内容、原则及其建议等
1	《中华人民共和国文物保护法》(2002)	正式提出“历史文化村镇”保护的概念，标志着我国历史文化村镇保护制度正式建立
2	《历史文化名城名镇名村保护条例》(2008)	旨在加强历史文化名城、名镇、名村的保护与管理，继承中华民族优秀历史文化遗产。明确了申报条件、保护规划编制的内容和保护措施等

续表

序号	政策文件	关于传统村落保护的主要内容、原则及其建议等
3	《关于加强传统村落保护发展工作的指导意见》（2012）	提出加强传统村落的保护、传承和利用的重要性和必要性；明确基本原则和任务、继续做好传统村落调查、建立传统村落名录制度、推动保护发展规划编制实施等；选定、公布首批中国传统村落名录
4	《中华人民共和国文物保护法实施条例》（2013）	指出县级以上地方人民政府组织编制的历史文化名城和历史文化街区、村镇的保护规划，应当符合文物保护的要求
5	《传统村落保护发展规划编制基本要求（试行）》（2013）	切实加强对传统村落的保护，促进城乡协调发展，适用于各级传统村落保护规划的编制
6	《关于切实加强中国传统村落保护的指导意见》（2014）	为防止出现盲目建设、过度开发、改造适当等修建性破坏现象，积极稳妥地推进中国传统村落保护项目的实施
7	《中国传统村落警示和退出暂行规定（试行）》（2016）	为完善中国传统村落名录制度，切实加强中国传统村落保护
8	《关于实施中华优秀传统文化传承发展工程的意见》（2017）	要实施中国传统村落保护工程，做好传统民居、历史建筑、革命文化纪念地、农业遗产、工业遗产保护工作；推动中国传统村落数字化工作，建设传统村落数字博物馆
9	《国家乡村振兴战略规划（2018—2022 年）》（2018）	指出分类推进乡村发展，顺应村庄发展规律和演变趋势，根据不同村庄的发展现状、区位条件、资源禀赋等，分为“集聚提升类村庄”“城郊融合类村庄”“特色保护类村庄”和“搬迁撤并类村庄”四类。其中“特色保护类村庄”是指包括历史文化名村、传统村落、少数民族特色村寨、特色景观旅游名村等在内的自然历史文化特色资源丰富的村落，是彰显和传承中华优秀传统文化的重要载体。统筹保护、利用与发展的关系，努力保持村庄的完整性、真实性和延续性。切实保护村庄的传统选址、格局、风貌以及自然和田园景观等整体空间形态与环境
10	《中共中央国务院关于建立健全城乡融合发展体制机制和政策体系的意见》（2019）	建立乡村文化保护利用机制。立足乡风文明，吸取城市文明及外来文化优秀成果，推动乡村优秀传统文化创造性转化、创新性发展。推动优秀农耕文化遗产保护与合理适度利用。健全文物保护单位和传统村落整体保护利用机制
11	《关于在城乡建设中加强历史文化保护传承的若干意见》（2021）	提出城乡历史文化保护传承体系以具有保护意义、承载不同历史时期文化价值的城市、村镇等复合型、活态遗产为主体和依托，保护对象主要包括历史文化名城名镇名村、传统村落、历史街区和不可移动文物、历史建筑、历史地段，与工业遗产、农业文化遗产、灌溉工程遗产、非物质文化遗产、地名文化遗产等保护传承共同构成的有机整体
12	《关于推动城乡建设绿色发展的意见》（2021）	提出加强城乡历史文化保护传承。建立完善城乡历史文化保护传承体系，开展历史文化资源普查，建立历史文化名城名镇名村及传统村落保护制度，加大保护力度，不拆除历史建筑，不拆真遗存，不建假古董，做到按级施保、应保尽保

续表

序号	政策文件	关于传统村落保护的主要内容、原则及其建议等
13	《浙江省传承发展浙江优秀传统文化行动计划》（浙政发〔2018〕17号）	提出实施历史文化（传统）村落保护利用工程和浙江特色传统文化重点提升工程

表格来源：作者整理

（2）发展模式

模式属于方法论范畴，其基本释义指事物的标准样式。模式概念延展到经济、政治、社会、文化等领域，则指一个国家或一个地区在特定历史环境下，把事物及其运动方式进行理论概括和提升，使之形成指导发展方向，以及解决问题最佳效果的一种可模仿、借鉴、复制或推广的思维范式。模式有别于通过言行所采用的方式和方法，而是对事物规律性运动中各因素的结构、功能及其相互关系施加影响，以期更有效地发挥作用的具体运作机制[①]。在本书的语境中，具体指的是传统村落依据多种动力因素的综合作用，在保护、利用、建设过程中所形成的具有本地区特色优势的建设途径与方式。由于各个地区传统村落内生动力和外源牵引不一，村落发展也不应是一个统一的模式。而应该立足传统村落基础条件、资源特色和规划理念，发挥区域特色优势，突出主导产业，形成真正适合传统村落可持续发展的模式，见表2-3。

传统村落保护利用典型模式对比表　　表2-3

<table>
<tr><th colspan="2">模式</th><th>要点</th><th>侧重方向</th><th>代表性村落</th></tr>
<tr><td colspan="2">村落保护区模式</td><td>群落整体式保护和活化利用</td><td>联动</td><td>丽水松阳传统村落群</td></tr>
<tr><td rowspan="2">生态博物馆模式</td><td>政府机构主导型</td><td rowspan="2">村落格局、景观风貌、传统建筑、历史环境要素等的保护</td><td rowspan="2">保护</td><td>广西贺州客家围屋</td></tr>
<tr><td>社会机构主导型</td><td>丽水莲都区下南山村</td></tr>
<tr><td rowspan="3">多方参与旅游开发模式</td><td>政府主导型</td><td rowspan="3">以旅游开发为主导，带动村落保护与发展</td><td rowspan="3">发展</td><td>湖州吴兴区义皋村</td></tr>
<tr><td>市场力量主导型</td><td>衢州柯城区双溪村、金华浦江县新光村</td></tr>
<tr><td>村集体主导型</td><td>金华金东区琐园村</td></tr>
<tr><td colspan="2">生态农业转型发展模式</td><td>以特色生态自然农业为基础，促进村落保护与发展</td><td>保护、发展</td><td>湖州南浔区荻港村、绍兴诸暨市榧王村等</td></tr>
</table>

表格来源：作者整理

① 曹昌智，姜学东，吴春，等.黔东南州传统村落保护发展战略规划研究[M].北京：中国建筑工业出版社，2018：156.

目前，我国传统村落保护利用的模式可归纳为以下几种：

1）村落保护区方式

自2012年由住房和城乡建设部等部委评选公布中国传统村落名录起，我国采用了传统村落“名录制”保护方式，无疑是最重要也是最主要的方式。然而这种方式无法做到全面覆盖、万无一失，因此寻找更全面、更有效的保护利用模式已经成为共识。为避免单一的“名录保护”将村落进行孤立“保护”而导致村落的标本化和景点化，采取村落保护区方式，将一个区域内列入国家名录的传统村落和周围一些虽未列入名录，但与列入名录的传统村落在形态、自然变迁、族群演化等相关的一些村落进行群落整体保护和活化利用，有助于区域传统村落的资源凝聚、互补与强化，以及历史人文的传承和传统生活态的保持。如浙江松阳的“国家传统村落公园”模式就是典型范例，松阳县是一个拥有1800多年建县史的省级历史文化名城，是全国首个中国传统村落保护利用示范县，也是华东地区历史文化名城名镇名村体系保留最完整、乡土文化体系传承最好的地区之一，县域内留存有百余个格局完整的传统村落，其中有75个国家级传统村落，数量位居华东地区第一、全国第五，被誉为“最后的江南秘境”。近年来，松阳发挥县域内传统村落聚集的优势，在整县推进“拯救老屋行动”的基础上，以传统村落为主体，以“全域大花园”建设为目标，以“统筹、整合、联动”理念一体规划、一体建设、一体管理、一体经营，探索实践传统村落集中连片区域发展的框架体系、建设标准和实施路径，着力破解传统村落保护与利用的矛盾，成为打造国家传统村落公园的县域样板。

2）生态博物馆模式

对传统村落采用“博物馆式”保护缘于国际“生态博物馆”理念。生态博物馆是在20世纪60、70年代国际“新博物馆学”运动兴起的背景下产生的一种全新博物馆概念和类型，最早在1971年由法国博物馆界的代表人物乔治·亨利·里维埃（Georges Henri Riviere）和雨果·黛瓦兰（Hugues de Varine）提出，其核心理念将“生态”解释为包含社会、文化和自然环境在内的人类社会生态系统，强调文化遗产保护的整体性、原生性和活态性，强调文化保护与发展同等重要。20世纪90年代该理念传入中国后，在传统村落保护利用中焕发出了新的生机，为中国乡村遗产、传统村落有效保护和展示利用提供了一条相对有效的特色之路。1998年，在中国和挪威政府共同努力下，我国第一座生态博物馆在贵州省六盘水市六枝特区梭嘎苗族村寨建成，相当完整地保存和延续了苗族部落独特的文化传统。其后，贵州、广西、云南、内蒙古等地陆续建设了一批传统民族村寨生态博物馆，成功地保护了苗、侗、瑶、汉等民族村寨的传统文化。2011年8月，国家文物局颁发了《关于促进生态（社区）博物馆发展的通知》（文物博发〔2011〕15号），指出“生态（社区）博物馆是一种通过村落、街区建筑格局、整体风貌、生产生活等传统文化和生态环境的综合保护和展示，整体再现人类文明的发展轨迹的新型博物馆”。生态博物馆现已成为我国传统村落及民族民间文化生态保护的一种模式，正如冯骥才先生讲的“小型和多样的博物馆是保护古村镇遗产的重要方式”。[①] 区别于传统博物馆，生态博物馆不是静止的，而是进化的，是一个动态的概念。因此，采用生态博物馆模式，就是因地（时）制宜，既要担负环境、文化、生态保护的使命，又要通过保护促进发展，提升经济活力。生态博物馆通常有政府机构主导型和社会机构主导型两种类型。政府主导型生态博物馆是指由政府行政或事业单位出面组织整合各方人力、物力和财力来建设的博物馆模式；社会机构主导型生态博物馆是指由民间私人机构独立出资、管理、运营的生态博物馆建设模式，如丽水莲都区下南山村即为社会机构主导的代表。

3）多方参与旅游开发模式

多方参与旅游开发一直是许多国家乡村旅游发展的重要模式，尤其是经济落后地区和边远传统村落的旅游资源开发，大都得益于多方参与的理念和机制。在有条件发展旅游的地区村落，依托特色产业、特色文化等资源，由政府、企业、社区和村民等多方共同参与到村落旅游开发活动中，不仅参与村落旅游策划和规划，还要参与旅游经济活动、旅游环境与文化维护等多个方面。通过多方参与旅游项目，既能使政府赢得声誉与认同，又能使企业的项目运营得以精准落地和盈利，还能使当地村民充分而公平地获益，在旅游开发参与中提高村民自我发展的能力，提升村落社会经济发展能力，从而实现乡村旅游开发的可持续发展。

通常，按照参与主体在旅游发展中发挥的主导作用差异，在厘清相关权责关系的基础上，可将村落旅游发展模式分为政府主导型、市场力量主导型和乡村集体主导型三类。政府主导型是指由政府主导村落旅游的开发、规划、经营和管理等，并对经营收益进行统一分配。这种模式对政策工作协调难度大、遗产保护难度大、景观质量高的传统村落较为适宜。市场力量主导型是指企业或社会机构在政府宏观政策引导下全面行使经营权和管理权，企业一般采取整体租赁经营，即企业在政府

① 冯骥才. 文化诘问[M]. 北京：文化艺术出版社，2013：71.

和村集体协议授权下，组织投资、开发、经营和管理等，按照事先约定比例进行最终的利益分配。这种模式可以大大发挥企业在经营管理能力和市场洞察力、敏锐力等优势，达到专业事由专业的人做的效果，但如果处理不当利益间的关系，也会造成企业、村民之间的不协作、不配合。乡村集体主导型是村民参与程度最高、参与范围最广的模式，村委会在政府的宏观指导下，适当引入社会资本，鼓励吸纳村民共同参与旅游开发。这种模式可以充分发挥村民的主体作用，有利于处理和协调各方关系，提高村民发展意识和参与能力。

4）生态农业转型发展模式

生态农业转型发展模式是以特色生态农业为基础，利用或建立特色生态农业基地的形式，结合不同地域特征，提升村落价值和保护利用效益。生态农业转型发展模式的兼容性高，基本适合大多数的传统村落。这种模式既可以促进传统农业的转型升级，提高农业生产的经济价值和村民收益，又可以延续先民生态智慧，构建新的农业生产方式，对建设生态文明、乡村可持续发展具有重要的价值。以拥有全球重要农业文化遗产的湖州桑基鱼塘生态农业系统、丽水青田稻鱼共生系统、绍兴会稽山古香榧群系统等村落为代表。地方特色农产品具有显著的地域性，在传统村落产业振兴中具有重要的作用。传统村落保护利用要充分利用农业资源优势发展特色产业，依托现代生产技术及管理要素与农业产业深度融合和创新，大力发展休闲农业、智慧农业、创意农业、品牌农业等新业态，积极培育以农业产业化和要素市场化为特征的乡村产业集聚机制，以生态优势、资源优势、成本优势吸引各类投资主体，推进城乡产业融合发展，提升乡村经济发展质量。

2. 浙江传统村落保护利用探索与实践

浙江省是全国唯一的省部共建乡村振兴示范省，也是开展传统村落保护利用工作较早的省份，历届政府高度重视传统村落保护利用工作，全社会保护利用意识较强、热情较高。早在 2006 年，浙江省人民政府印发了《关于进一步加强文化遗产保护的意见》（浙政发〔2006〕33 号），明确提出“各地在新农村建设过程中，要切实加强对优秀乡土建筑和历史文化环境的保护，努力实现人文与生态环境的有机融合”。2012 年 5 月，为更好地保护、传承和利用好浙江省历史文化村落的传统建筑风貌、人文环境和自然生态，彰显浙江省美丽乡村建设的地方特色，浙江省委、省政府印发了《关于加强历史文化村落保护利用的若干意见》（浙委办〔2012〕38 号），作出保护利用历史文化村落的战略决策，成为全国第一个在全省范围部署开展历史文化（传统）村落保护利用工作的省份。文件提出按照“保护为主、抢救第一、合理利用、加强管理”的方针，围绕“修复优雅传统建筑、弘扬悠久传统文化、打造优美人居环境、营造悠闲生活方式”的目标要求，以“千村示范、万村整治”工程建设为载体，把保护利用历史文化村落作为建设美丽乡村的重要内容，在充分发掘和保护古代历史遗迹、文化遗存的基础上，优化美化村庄人居环境，适度开发乡村休闲旅游业，把历史文化村落培育成为与现代文明有机结合的美丽乡村。2016年7月，浙江省人民政府办公厅印发了《关于加强传统村落保护发展的指导意见》(浙政办发〔2016〕84号)，提出了“整体保护、活态传承，保护优先、合理利用，居敬行简、最少干预，因地制宜、分类推进，政府主导、村民自主”保护原则，深化顶层设计，形成了浙江省历史文化（传统）村落的保护利用的工作格局。2018年5月，浙江省人民政府印发的《浙江省传承发展浙江优秀传统文化行动计划》(浙政发〔2018〕17号）中，明确提出实施历史文化（传统）村落保护利用工程和浙江特色传统文化重点提升工程。这些为新时代推进美丽乡村建设，特别是传统村落保护利用指明了方向。2019年11月，浙江省委省政府办公厅印发的《关于深化“千村示范万村整治”工程 建设新时代美丽乡村的实施意见》(浙委办发〔2019〕60号)，为“十四五”期间，持续深入推进历史文化（传统）村落保护利用工作，指明了方向、提供了遵循。2020年12月，浙江省委省政府办公厅印发了《关于进一步加强历史文化（传统）村落保护利用工作的意见》(浙委办发〔2020〕66号)，提出推动历史文化（传统）村落成为新时代美丽乡村的“金名片”，美丽浙江大花园的“耀眼明珠”，奋力打造“重要窗口”、争创社会主义现代化先行省的重要成果，并提出力争到2025年，历史文化（传统）村落保护利用率达到100%，列入省级以上名录的传统村落达到1000个以上，古建筑、古民居、文物普查登录点实现应保尽保，应修尽修，保护利用长效机制基本建立。总体来讲，浙江传统村落保护利用的探索与实践取得了较好的成果，为传统村落学术研究提供了坚实的基础。

浙江省是传统村落保有量较多的省份之一，省域内拥有各类各级的历史文化（传统）村落，体量大、类型多、分布广，涵盖了被列入中国历史文化名村、中国传统村落、中国景观村落、省级历史文化名村、省级传统村落、省级历史文化村落及浙江省AAA级景区村庄等多种名录的村落。截至2022年，在国家公布的487个中国历史文化名村中，浙江入选44个，占总数的9%；在6819个中国传统村落中，浙江入选636个，占到全国的约9.3%，位列全国第四；在中国国土经济学会评选的109个中国景观村落中国景观村落中，浙江入选16个，占总数的14.7%。另外，还有636个省级传统村落、200个省级历史文化名村，以及1597个省AAA

级景区村庄。自2013年始，有2559个省级历史文化（传统）村落列入项目库，已连续实施了9批390个重点村、1902个一般村的保护利用项目，见表2–4。经过近年的工作，一大批极具价值的传统村落得到修缮和建设，一大批破旧损毁的传统建筑得到保护和修复，一大批濒临失传的历史文化遗产得到传承和弘扬，一大批乡村特色产业得到培育与开发。尤其以桐庐深澳村、德清燎原村、浦江新光村、永嘉苍坡村等为代表的一大批传统村落，走出了各具特色的保护利用之路，在全国形成了较大影响。

浙江省历史文化保护利用重点村分布一览表　　表2–4

分布区域	分布批次与数量										
	一	二	三	四	五	六	七	八	九	总数	占比
杭州	4	3	4	2	3	3	4	4	5	32	8.2%
宁波	3	3	3	3	3	3	3	3	3	27	6.9%
温州	2	4	3	3	5	3	5	6	3	34	8.7%
湖州	—	4	2	1	3	3	3	1	2	19	4.9%
嘉兴	—	—	—	—	2	1	—	1	1	5	1.3%
绍兴	4	5	3	2	2	3	3	1	2	25	6.4%
金华	8	8	8	9	5	7	8	7	6	66	16.9%
衢州	5	7	7	7	6	6	5	6	6	55	14.1%
舟山	—	—	2	2	2	1	2	2	1	12	3.1%
台州	6	2	2	6	4	6	3	2	5	36	9.2%
丽水	9	8	10	8	8	8	9	10	9	79	20.3%
总计	41	44	44	43	43	44	45	43	43	390	100%

表格来源：作者整理

三、钱塘江流域传统村落典型问题分析

对钱塘江流域传统村落进行系统深入的田野调查，发现流域内传统村落总体上保存着与自然共融的村落格局、历史建筑、传统民居、历史环境要素及非物质文化遗产，有着悠久深厚的传统文化内涵，保存着极其丰富的历史文化记忆和信息，并一直保持着活态的文化传承。这些传统村落极其珍贵，是浙江乃至中国农耕文明的基本社会单元，是中国乡村聚落的重要类型。而随着时代变迁，由于各种主客观因素影响，当下流域内传统村落人居环境仍存在生态失稳、文化失和、功能失调、发展失控和空间失序等多“失”现象，具体可以概括如下：

1. 传统建筑失修闲置

传统村落中历史建筑是一个宗族血脉繁衍的主要载体，而经历时代的变迁，尤其在特定历史时期的政策制度引导下，为满足当时村民的居住需求，历史建筑逐步由单一产权转化为多户产权，而这种特殊的建筑权属转换导致历史建筑家族文脉的割裂，加大了后续保护与文化重塑的难度。在政府和市场投资有限，不能满足住户补偿和多户意见难以统一的情况下，这些历史建筑往往面临年久失修、使用效率不高，甚至呈现闲置、废弃的境况。即使通过政府投资修缮部分多产权的历史建筑，也很难做到保护后的合理使用。传统村落中历史建筑一旦被划定列入为文物保护单位，客观上加强了对历史建筑的保护，但主观上就会有多重限制与困难。政府部门如果没有足够的资金投入，文保建筑尤其是省级以下的文保建筑的修缮或征收就得不到保障。部分经过修缮的文保建筑虽进行了外部结构的保护修缮，但内部环境仍不能适应现代生活需求。而村民自发的修缮或改建必须要通过文物部门程序复杂的审批，村民在宅基地政策的限制下又没有新建住房的可能，这就会导致村民生活、生存和发展面临困境，会出现村民主观上希望建筑尽快倒掉，甚至还会出现人为破坏与偷盗现象的发生。随着人口大量外流或村民在城镇置房，传统村落内大量闲置传统建筑因长期无人居住和维护呈现自然破损状态。由于传统村落内的古建筑大多是土木结构，自然损坏速度相对较快，这些建筑得不到有效的保护与修缮，破损倒塌现象仍较为普遍。另外，没有科学规划的新建、重建和改建，致使村落走进“散花拼盘”的误区，村落人居环境由内而外地发生质变。

2. 乡村社会关系解体

随着新型城镇化进程的快速推进，乡村青壮年人口开始大量外流，传统村落空心化、老龄化问题日益严重，村落“只见物不见人”的现象较为普遍，传统产业和生产方式得不到提升，生产要素供给衰退，农业生产方式单一，新型产业发展不足现象严重，传统村落面临着自然衰落的危机。由于村落公共服务设施、基础设施配置与社会发展条件不相匹配，严重制约传统村落人居环境质量和空间发展水平，传统村落的物质环境持续退化，导致社会秩序开始失衡。受传统乡土文化影响形成的生产生活方式逐渐消失，乡村社会活动和文化活动开始瓦解，以传统价值观和情感认同为基础的乡土社会关系开始异化，传统村落社会结构与空间形态的自洽性逐渐消弱，自下而上的自组织能力丧失，村落内部凝聚力下降，影响了在原有血缘、地缘和业缘基础上形成的传统社会关系，一种新的社会关系处于动态的重构过程中。另外，传统村落中外出村民之间、村民与村集体之间呈现的“函授”式关系日益严重，村民作为利益主体在村落生活和治理中参与度不高，传统熟人社会的亲情关系和情感认同日益弱化。

3. 乡土文化传承断裂

部分地区由于传统村落保护观念和意识的欠缺，以及保护利用手段的制约，传统村落的乡土文化传承面临着前所未有的危机，村落发展与文化传承、村民生活的冲突已成客观事实。传统乡土文化在自身演化和现代环境因素的双重作用下，逐渐丧失真实性和延续性。乡土文化既是传统村落演化发展的结晶，也是传统村落保护利用的根本。保护是利用的前提，面对现代文化的影响，传统与现代发生冲突，传统乡土文化发展受到挤压，体现在传统村落的家族观念、人情风俗、伦理秩序、思想观念等发生转变，村民急于摆脱“落后”，向往“现代”生活，村落的精神文化载体逐渐式微，村落文化差异性迅速缩小，滋长了一批文化“空心村”。

4. 价值认知引导缺失

价值认知是传统村落文化传承的核心问题，只有正确认识到村落的特色与价值，了解村落乡土文化的特殊性和独特性，才有可能避免传统村落保护利用走上偏道。当前，自上而下的乡村建设运动客观上促进了传统村落的保护利用，但由于总量、范围、技术标准等方面的限制，对传统村落及传统建筑价值特征的认识、理解缺失，以及对相关政策条例把控不准，部分传统村落人居环境提升改造工程破坏了特色风貌和格局，导致村落外部形态的同质化、趋城化，造成破坏性建设和建设性破坏现象常有发生；自下而上的村民自身发展诉求主观上造成了传统村落形神俱失，由于缺乏正确价值引导，村民宁愿传统建筑破损倒塌也不愿自觉修缮维护的窘境已是现实。

5. 资源要素配置不足

土地、资金、技术、政策和人才等要素是传统村落保护利用的重要支撑和保障。土地是农民赖以生存的重要资源，而传统村落中村民的宅基地、耕地有限是不争的事实。对传统村落的保护利用，既不能将耕地变为建设用地，也不能在宅基地以外的地方新建房屋，更不能将宅基地上的传统建筑拆倒重建，土地权属固化带来的传统村落人居环境改善滞后等问题日益严重。传统村落保护利用的资金需求量大，目前主要依靠国家和地方政府财政拨款，保护资金来源单一，众多传统建筑因资金不足还未得到保护和修缮。现有“输血式”的环境整治型模式不能持续，也不会持久。另外，传统村落保护发展中还存在人才、技术等要素不足的问题，专业技术力量十分缺乏。基层政府工作人员在实施过程中的知识短板较为明显，民间匠人的培养和扶持不够系统，且后继乏人。非物质文化遗产代表性传承人数量有限，面临断代的危险。村落内生发展动力不足，缺乏“自我造血”和“自我发电”功能，内外联动保护利用的长效机制不健全，城乡之间的人才、资金、资源的双向自由流动还存在困难。缺乏具体的法律法规、条例规范等保障，《中华人民共和国文物保护法》和《历史文化名城名镇名村保护条例》等相关法律法规未对传统村落提出明确的要求和规定，《传统村落保护发展规划编制基本要求（试行）》虽提出了规划编制的总体要求，但较为完整的保护发展技术标准仍缺乏。规划编制的基础性、系统性、完整性和前瞻性仍需加强，需加强村庄规划的多规合一，确定保护发展规划的法定地位。

6. 利用活化机制不顺

我国现行法律规定传统村落宅基地产权归集体所有，村民享有宅基地资格权和使用权，地上房屋建筑产权归村民个人。宅基地作为村民住房的基础保障，是村民财产的重要组成部分。受国家“一户一宅”政策的约束和传统观念影响，以及发展利益的驱动和建设审批制度不够健全，使不在村内居住的村民，即使房屋空置也不愿放弃拥有宅基地的权利。同时，传统建筑仅限于本集体经济组织成员间可流转，且租赁最高期限仅为20年。出于投资回报的考量，社会资本注入将会有一定的困难。即使部分传统村落因其区位、文化特色等优势，吸引了社会工商资本，但由于保护与发展的逻辑没有理顺，过度商业化和开发性破坏现象较为严重，使得传统村落的真实性与完整性遭受一定的破坏。传统村落通过发展乡村旅游，提升经济改善民生，是激活村落活力的一项有效措施。而在发展旅游过程中，迫切需要对传统建筑进行产权置换或征收利用，形成市场化运营机制。但政府与村民在征收价格上很难达成共识，部分被政府征收了民居的村民，此后再也不能获得任何收益，许多村民不愿将自己的民居交给政府。同时，在村落旅游开发中，外来投资方掌握着大部分的话语权，村集体和土生土长的村民只能沦为配角，很难对村落保护发展提出意见和想法。

本章小结

本章首先围绕钱塘江流域的自然环境、历史人文和经济社会环境，系统梳理了流域独特的地理位置、空间特征、历史沿革、文明演变、自然和文化遗产资源等特征，辨别传统村落人居环境的时空背景。确定传统村落人居环境形成演变受到自然、社会、文化、历史、经济、生活等多方因素的影响，是一个复杂的有机系统。传统村落的人居环境与其区域的自然条件、地理环境、人物事件、生产生活、文化民俗以及理想价值等有着密切的关系，并成为村落变迁发展的物质载体。其次从较大视阈范围来梳理了国家层面的传统村落保护历程和典型发展模式，以及浙江传统村落保护利用探索与实践等传统村落保护发展现状特征，形成较具视野的客观认知和问题导向。最后结合钱塘江流域的现状，重点分析阐释了流域内传统村落人居环境存在村落历史建筑失修、乡村社会关系解体、乡土文化传承断裂、价值认知引导缺失、资源要素配置不足、活化利用机制不顺等问题。

第三章　钱塘江流域传统村落人居环境演变与发展

时间和空间，是物质存在与运动的形式①。“时间流”和“空间场”是事物存在的两个维度，是事物发生的背景②。对传统村落人居环境变迁的研究不应忽略对整体历史规律的探索，历史研究在时空上不应局限于短时段和小范围，而应该在较广阔的时空范围内，确立研究对象与关系，既要在时间上对传统村落人居环境演变作规律性论证，又不能放弃对具体空间的观察，进行地域间的历史比较，甚至作出定性判断，从而进入更高的认识层次③。因此，本章将建立时空观念，基于时间（历史）和空间（地域）两个视角，探寻历史演进中传统村落人居环境变迁的基本特征和规律。

一、叙述思路：传统村落人居环境变迁的时空观念

共时性与历时性的概念源自语言学，是瑞士语言学家弗尔迪南·德·索绪尔（Ferdinand de Saussure，1857—1913）最早提出的一种基于语言系统性研究的语言学分析方法。有关语言学的静态方面为共时性的，而有关演化的动态方面则是历时性的，前者侧重于静止状态下语言系统各个要素之间的关系，后者关注的是时间推移过程中语言各个要素的演化④。共时性与历时性概念的提出，有力地验证了同一事物存在的纵横交错的两个方面，并且被广泛地运用于文学、哲学、建筑学、设计学等学科领域。共时性拓宽研究的广度，历时性推进研究的深度，两者共同建构研究的时空坐标系。

传统村落人居环境变迁主要存在两个维度的特征。其一“历时性”是指时间维度上随时间发展不断变化的历史层级，其层级一般用初生、成长、兴盛、衰落等

---

① 刘文英．中国古代时空观念的产生和发展 [M]. 上海：上海人民出版社，1980：36.

② 柳冠中．事理学方法论（珍藏本）[M]. 上海：上海人民美术出版社，2019：138.

③ 蔡凌．建筑—村落—建筑文化区：中国传统民居研究的层次与架构探讨 [J]. 新建筑，2005（4）：4–6.

④ 孔洁铭．旧建筑改造设计中的共时性与历时性研究 [D]. 徐州：中国矿业大学，2016：18.

阶段来概况；其二“共时性”是指空间维度下在同一时间切面下所呈现的环境特征，其识别从宏观到微观主要有空间格局、街巷布局、建筑秩序三个层次。

中国传统时空观揭示时间结构（四季、十二月、二十四节气）统率空间结构（东、南、西、北、中），自然万物周而复始地运行[①]。钱塘江流域传统村落的人居环境变迁，在横向展开的空间向度被赋予地域性特征，在纵向演进的时间向度下具有时代性特征，两者是相辅相成的整体关系。不论是基于历时性演变的时代性特征，还是基于共时性结构的地域性特征，无不受特定时空维度下自然、历史、文化、宗法等因素的深刻影响，并会呈现出延续性、复合性、层级性等特征。因此，需要建立时空观念，在时空范畴中思辨传统村落人居环境的变迁，将共时性的社会结构（地域空间特征）和历时性的社会变迁（历史发展规律）结合起来，进一步探究其互动关系，以全方位的视角剖析与把握传统村落人居环境变迁的特征与规律，见图 3–1。

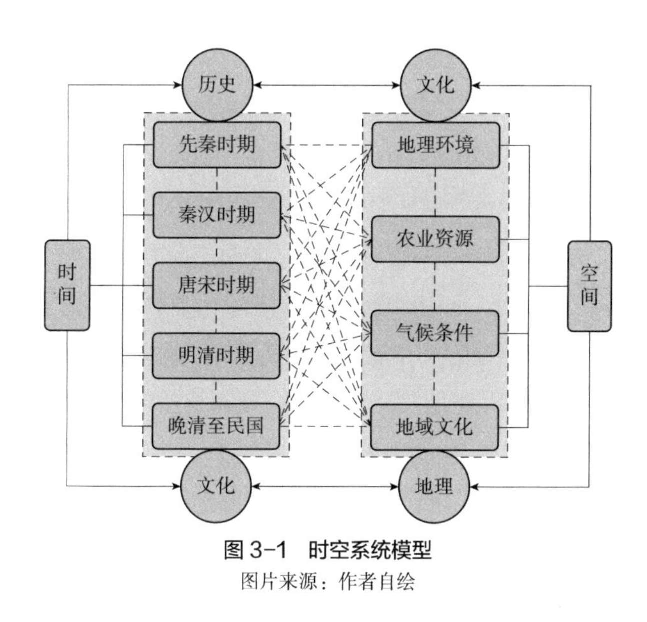

图 3–1　时空系统模型

图片来源：作者自绘

1. 基于历时性演变的时代性特征探微

传统村落是中国农耕社会历史环境下的产物，从纵向来看，各个区域村落存在着一个基于时间维度下的变迁过程。通常，根据王朝兴替将历史分为不同发展阶段是厘清历史脉络常用的方法[②]。从历时性的时间视角去梳理各个历史阶段

① 杨小军，丁继军 . 传统村落保护利用的差异化路径——以浙江五个村落为例 [J]. 创意与设计，2020（3）：18–24.

② 郑巨欣 . 浙江工艺美术史 [M]. 杭州：杭州出版社，2015：1.

的传统村落人居环境特征，是全面系统了解钱塘江流域传统村落人居环境变迁的重要方式。

传统村落人居环境的时代性特征主要表现在两个方面：其一历史演进是一个螺旋式上升和波浪式前进的过程，其二传统村落人居环境变迁体现出不同文化的交融与影响。因此，可以从历史和文化两个维度，来探析传统村落人居环境的时代性特征。根据钱塘江流域人口迁移与传统村落发展特征，大致可以按时间顺序归纳为先秦时期、秦汉时期、唐宋时期、明清时期、晚清至民国五个较为典型的历史分区，基于每个历史时期的社会经济、生产技术与方式、人口构成与聚居形态，分别孕育与发展出各自相应的传统村落人居环境形态与特色。

（1）先秦时期：本土文化的自然萌发

钱塘江流贯浙江，将浙江划分为浙东和浙西，古时浙东为越、浙西为吴，吴越两地以钱塘江为界。钱塘江两岸的杭嘉湖平原、宁绍平原和金衢盆地地区，则是吴越文化的核心区域[①]。吴越文化是钱塘江流域的本土文化代表，是上古时期区域先民所创造的地域文化。吴越文化在越族原始文化的基础上，吸收中原商周文化，且在南北文化相互交流、碰撞的过程中逐步发展形成江南地域文化，富有生气，具有开放性和相容性。这种文化特性体现在地域内相同的吴语体系、相似的生活方式、相近的社会习俗及宗教信仰等方面。春秋战国时期相对自由的时空格局，为各类思想的产生创造了有利条件，思想文化领域出现了百花齐放、百家争鸣的局面。钱塘江流域这一时期的思想文化也获得了空前发展，在中国思想文化史上留下光辉的篇章[②]。

早在 10 万年前，浙西建德一带就有了“建德人”的足迹，是迄今为止所发现的古越人最早的祖先。远古时期的几次海侵造成的自然环境变化，古越人曾数次迁徙。大约 7000 多年前，古越人因海侵再度搬迁，一部分迁至今宁绍平原的河姆渡和杭嘉湖平原的马家浜等地建立聚落，另一部分则漂洋过海迁徙到了日本群岛、南洋群岛等地。《越绝书》将这两支分别称为“内越”和“外越”[③]。学界普遍认为，古汉语中“越”通“钺”，而“钺”是越人发明的一种石制农业生产工具，故越人成为这一族群的名称。古越人在自身发展过程中，不断接受不同部落集团与氏族，形成许多部落集团，被统称为“百越”。“百”是多的意思，“百越”则是古代南方众多族群的统称，比如於越、闽越、南越、瓯越、山越等。生活在浙江的越人，一般被称为於越，也是百越中发展较好、文化程度较高的一支，见图 3–2。

---

① 崔峰，王丽娴，张光明 . 吴越传统村落 [M]. 深圳：海天出版社，2020：8.

② 徐建春 . 越国的自然环境变迁与人文事物演替 [J]. 学术月刊，2001（10）：87–90.

③ 吴昌智 . 浙江文化教程 [M]. 杭州：浙江工商大学出版社，2009：3.

先秦时期，越族部落是流域内最有影响的族群，百越文化在钱塘江流域占据着重要地位。至春秋时期，因为海退，会稽山北麓逐渐显露出大片沼泽平原，越人陆续移入进行垦殖，发展生产，越王勾践得以将国都往北迁移。随着越人的崛起，其统治领域扩展到钱塘江以南，包括从上游到下游的大片地区，甚至还扩展到钱塘江以北的部分地方，乃至与位于今浙北、苏南的句吴发生疆界纠纷。此后越王勾践因战败，卧薪尝胆最终灭吴的故事就发生于此。越王勾践发愤图强，采取一系列发展经济兴业强国的政策，越国的社会经济得以取得长足的进步。从近年的考古发现证明，越国当时农业、水利和纺织、造船、冶炼、制陶的手工业都已相当发达[①]。到公元前 473 年，利用吴王夫差北上称霸的机会，越王勾践一举击败吴军，覆灭句吴，成为东南沿海一个强盛的大国，势力范围北抵山东，南入闽台，东到大海，西达皖南、赣东，覆盖整个钱塘江流域。越国的社会经济发展和人口增加，为此时期钱塘江流域聚落的产生和发展奠定了坚实的基础。

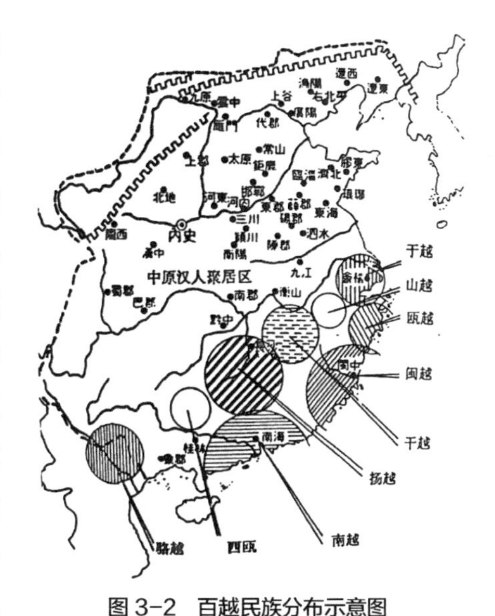

图 3-2　百越民族分布示意图

图片来源：引自陈桂秋，等 . 宗族文化与浙江传统村落 [M]. 北京：中国建筑工业出版社，2019：69.

（2）秦汉时期：中原文化的初步介入

中原文化是以中原地区为依托，生活在这个区域的人与自然、人与人之间各种关系融合下特定的物质与制度、思想意识及生活方式的总称[②]。中原文化为儒家文化传播范畴内的传统文化总体，狭义上是河南传统文化的主要脉络[③]，时间上特指宋代以前作为汉文化主流而存在的地域文化[④]。

秦汉时期包括秦、西汉和东汉，历时 440 年。这一时期，钱塘江流域经历了越国时代的发展高潮之后的一个低落期，流域内人口稀少，经济社会发展水平和聚落建设总体上远落后于北方中原地区。公元前 221 年，秦始皇统一六国，广辟疆土，结束诸侯割据的局面，实现中华大地大一统，“徙民 50 万，戍五岭，与越

① 陈修颖，孙燕，许卫卫 . 钱塘江流域人口迁移与城镇发展史 [M]. 北京：中国社会科学出版社，2009：24.

② 郑东军 . 中原文化与河南地域建筑研究 [D]. 天津：天津大学，2008：19-20.

③ 张东 . 中原地区传统村落空间形态研究 [M]. 北京：中国建筑工业出版社，2017：7.

④ 郑东军 . 中原文化与河南地域建筑研究 [D]. 天津：天津大学，2008：19-20.

杂处”。汉武帝平定南方叛乱，北方封建中央政权的建立，通过增设郡县、强迁越民等措施，促进了中原文化的南传。东汉至三国时期，气候逐渐变冷，北方生态环境开始恶化，加之连年战乱，大量农田荒弃，致使农业经济出现大衰退。随着北方居民的南迁和“与民休息”的政策，大大增加了流域内的人口规模，促进了传统村落的发展。江南孙吴政权建立，为维护其在三国鼎立中的地位，十分重视农业生产的发展，并将“山越”从山区迁至平原，加强了江南地区的经济和文化发展。西晋南北朝时期，八王之乱、永嘉之乱、侯景之乱，先后三次北方移民南迁，中原先进农业生产技术和文化被引入江南地区，逐渐改变钱塘江流域以本土文化为主的封闭格局。

秦汉时期，人口南迁和江南社会进步是同步的[①]。人口的流入促进流域内农业、手工业的发展和地区的开发，使流域内的农业生产布局和农业结构更趋合理，除了进一步扩大水稻生产，果树、蔬菜等经济作物的种植亦得到发展。手工业和商贸业的萌芽与发展，形成了各阶层的分野，带动商品流动，从而进一步促进了文化的交流与融合。同时，移民作为文化的载体，在促进中原文化与本土文化的交融和扩展中起着重要的作用。这一时期，流域内传统村落的生成与发展呈现了一个小高潮。

（3）唐宋时期：南北文化的交流融合

文化交流与融合指具有不同特质的文化聚集或汇合，通过接触、碰撞、吸收和渗透，最后融为一体。因此，文化交流融合是一个动态过程，表现在既有时间维度的纵向承接关系，也有空间维度的横向交接关系，两者缺一不可，从而体现了文化的多样性。

唐宋时期指公元581年隋文帝杨坚灭周建立隋朝始至1279年南宋灭亡，前后历时近700年。总体来看，这一时期是中国历史上人口大迁徙、文化大交流、民族大融合的重要阶段，是中国封建社会继汉代以后的又一个兴盛期，也是经济与文化高度繁荣发展的辉煌时期。此时经济中心持续南移，江南地区的社会发展水平开始赶上中原，成为当时全国经济文化最发达的区域之一。尤其是宋代重视文教，使文人集团得以崛起，体现在乡村社会宗族组织的重建和加强。正如陈寅恪先生所言：“华夏民族之文化，历数千载之演进，造极于赵宋之世。”[②]王国维认为：“天水一朝人智之活动与文化之多方面，前之汉唐、后之元明皆所不逮也。”[③]应该说，唐宋时

① 陈修颖，孙燕，许卫卫．钱塘江流域人口迁移与城镇发展史[M]. 北京：中国社会科学出版社大学，2009：64.

② 陈寅恪．陈寅恪先生文集（第2卷）[M]. 上海：上海古籍出版社，1980：245.

③ 王国维．静庵文集续编·宋代之金石学[M]// 王国维．王国维遗书．第5册．上海：上海古籍出版社，1983.

期尤其两宋时期，是钱塘江流域传统村落形成与发展的主要时期，从实地调研统计数据来看，钱塘江流域唐宋时期建立的传统村落多达44%。

唐代国家政治文化中心虽在北方，但需要南方物资的供给。此时南方气候适宜，雨量充沛，有利于水稻等高产农作物的种植，使得耕地在面积不变的前提下可以养活更多的人口。京杭大运河的开凿修建，成为沟通南北物资和文化的主要动脉，也为大唐盛世的开创打下了基础。中国传统农业的精耕细作、土地利用率和单位产量高为特征的生产模式，得到进一步的巩固和加强[①]。唐代盛世开启了北方中原文化和江浙吴越文化的南北文化大融合，唐代安定的社会与活跃的商贸经济，南北人口往来、文化交流频繁，中原文化也随之广泛传播，方言、习俗、宗族等文化要素快速融入江浙吴越文化基因中，成为钱塘江流域的社会文化主体和基础，并带有浓郁的南北融合“移民”文化特质。唐末安史之乱，北方社会一扫繁盛发展的余光，再次导致北方士族大规模南迁，钱塘江流域中上游山区丘陵地区开始有北人迁入。唐末五代十国时期，吴越国建立，采取了“保境安民”的基本国策，从而实现吴越经济、政治、文化的一体化，使临安一跃成为江南发达地区。至北宋时，北方虽仍保持着政治的中心地位，但经济重心已逐渐转移到南方，南方人口首次超过北方，大量先进的技术流向钱塘江流域，使手工业和商贸业发展更上一个台阶，流域内社会发展达到鼎盛。靖康之乱后，南宋定都临安，大量从中原地区南迁的移民，也带来了先进的文化和农耕技术。北方高门大姓为避免与江东士族冲突，越过钱塘江，定居至本土势力较弱的地区（今东阳、永康等），大片丘陵、高平原区得以开发，从而促进了钱塘江流域的整体经济、文化快速发展，有力地推动了流域内传统村落的发展。《宋书》载：“会境既丰山水，是以江左嘉遁，并多居之。”北方大族陆续移居至此，营建村落，兴造家业，客观上促进了流域的农业水利开发和文化交融。南宋时期，在农业经济发展与人口繁衍的推动下，钱塘江流域逐步成为中国社会经济最繁华、文化最兴盛的区域。尤其是大量文人的南迁，增加了江南地区知识分子的密度。士人归隐和致仕，文化艺术流入乡间，促进了流域内传统村落的发展和地域文化的兴盛。南北文化交融下的地域文化呈现出典型的地域特征和时代性，深深地影响了流域内传统村落人居环境的营建与发展。宋代之前的北方人口大迁移，促使浙江区域经济社会、文化日趋成熟稳定，传统村落进入稳定发展期，形成大批较为稳定的以血缘为纽带、以姓氏冠村的宗族聚落，并为明清时期的蓬勃发展奠定基础。应该说，钱塘江流域的传统村落大多是在唐宋时期开基立村的。

---

① 胡彬彬 . 中国村落史 [M]. 北京：中信出版社，2021：自序Ⅷ .

（4）明清时期：宗族文化的快速发展

明清时期指1368年明太祖朱元璋灭元建立明王朝至1840年鸦片战争前的清代，前后历时近500年。明清两代的大部分时间内乡村社会总体趋于稳定，在经过了元代短暂的战乱后，明代政府采取了一系列稳定政局、恢复生产、发展经济的措施，钱塘江流域的社会经济尤其是农村经济逐步得以恢复和发展，人口加快增长。及至明中期，钱塘江流域的经济文化重新走向兴盛，呈现出空前的繁荣景象。明末清初，战乱再起引发社会动荡，流域内呈现一段时期的萧条。但至康雍乾年间，社会再次呈现快速发展之势，人口增长速度和人口总量都达到了封建社会时期的峰值[①]，促进了传统村落的持续发展。这一时期，钱塘江流域的先民开荒垦地、招民复业、修房建舍，使许多村落的规模不断拓展。通过对钱塘江流域传统村落的实地考察，笔者发现现存明清时期建立的传统村落占比35%。总体而言，明清时期的钱塘江流域传统村落得以大规模发展，一方面因为社会环境、经济制度与农业生产技术的快速发展，以及人口数量的持续增长；另一方面由于这个时期传统村落中宗族文化得以快速发展。

宗族是华夏族群在中原地理环境中建立的以血缘为纽带、以宗亲为特征、以家族为中心的自组织体制和文化系统，包括家族组织、宗法制度、宗法思想三方面[②]。宗族文化是中国传统文化的基因，也是传统乡土社会的典型文化特征。中国古代有“皇权不下县，县下惟宗族，宗族皆自治”之说，明清时期的基层社会权力呈现了以“保甲为经，宗族为纬”的网络格局，保甲组织大多借助于当地乡绅的影响力，乡绅往往也是所在区域的强宗大族的代表人物。明清两代，宗族作为传统村落要素的关键组成部分，宗族文化成为乡村社会的主要表征之一。相较于北方地区，钱塘江流域因相对较少的战乱和较好的山水自然资源等因素，地方宗族势力较为强大，宗族文化和宗族制度尤为发达，对国家发展和传统村落自治起到重要的作用。明清以降，江南成为鱼米之乡，商贾云集，在乡间购田置地，广建屋宇，兴修了祠堂、宗庙、牌楼、戏台等，形成以宗族文化为纽带的村落格局，最终演化成以宗族衍变为核心的传统村落群，如桐庐江南古村落群，建德大慈岩镇传统村落群，等等。

（5）清末至民国：中外文化的冲突融合

清末至民国时期是西方世界新兴的工业文明与中华本土农耕文明之间的碰撞、冲突和融合，是中华文明主动或被动转型发展期。自1840年鸦片战争以来，由于

---

① 陈修颖，孙燕，许卫卫．钱塘江流域人口迁移与城镇发展史[M]. 北京：中国社会科学出版社大学，2009：344.

② 陈桂秋，丁俊清，余建忠，程红波．宗族文化与浙江传统村落[M]. 北京：中国建筑工业出版社，2019：摘要．

清朝政府腐化、外敌入侵、农民起义等原因，近代中国本土经济和社会结构发生了重大变革。其中，西方传教士在中国特别是乡村地区的宗教传播活动，使西方文化传统、价值观念、思维方式等都潜移默化地渗透到中国基层社会，一定程度推动了传统村落社会的现代转型。西方传教士在乡村地区致力于农业教育、出版农学著作、引进西方农作物品种等活动，提出一系列解决乡村问题的方案[①]。受宗法制度和儒家伦理规范影响的中国传统社会受到前所未有的挑战，宗族组织日渐式微。一方面西方传教活动促进了文明升级和近代新学的兴起，另一方面传教活动也是导致乡村社会文化衰败和边缘化的因素之一。另外，19世纪后半叶的洋务运动对近代中国的影响也是全方位的，尤其是对近代工商业的萌芽与发展影响深刻。当时为了解决兴办军事工业而需的资金则需要兴办民用工业来补给，客观上开启了近代中国工商业的发展。

从钱塘江流域的情况来看，由于具有良好的区位优势，西方工业技术和资本主义经济扩张迅速影响流域内经济社会发展，传统村落也已不再是封闭的单独系统，逐渐被卷入经济转型之中。工商业发展带来的另一个影响是非农产业在乡村经济总量中所占比重逐渐增多，乡村小农经济逐步瓦解。劳动力开始外流从事非农产业或在地转产，所谓“离土不离乡”的情形开始普遍出现。原有村落开始分化转型，随之大量业缘村落开始出现。总体来说，受西风东渐、近代工商业发展及农民运动等影响，流域内传统村落的生产生活方式以及本土文化价值呈现出不同程度的撕裂和不适，被动地接受了改变和解构，比如东部平原地区由于靠近城市和交通发达，受外来文化影响更深，传统村落受到强力冲击，传统文化解体、人居环境异化现象越发明显，大量传统村落被拆建或改造，或转型扩大为小城镇。从今天杭州北部、湖州、嘉兴等地传统村落留存的数量较少来看，便是明证。

2. 基于共时性结构的地域性特征建构

传统村落人居环境是一个空间聚合体，涉及具体的人、事、物、场、业，具有历史延续性和生活共时性的特点，不仅反映着历史发展中村落的衣、食、住、行、用等生活生产状态，而且承载着包括建筑、景观、器物等物质文化和民俗信仰、风俗习惯、道德观念、社会制度等非物质文化在内的地域文化特质。由于传统村落发源的年代囿于当时生产力水平、工程技术条件的限制，大多数村落的营建因地制宜、顺势而为，其空间格局、景观风貌呈现出独特的地域性和差异性。

---

① 胡彬彬．中国村落史 [M]. 北京：中信出版社，2021：702.

地域性是文化在传统村落人居环境上所显示的特征，还突出反映了村落的自然和文化多样性。传统村落人居环境的地域性特征兼具地理和文化双重属性，具体表现：其一区域有类似的地形地貌的自然地理单元，其二地域通常表现为一个相对完整的文化圈层。因此，可以从自然和文化两个维度，来建构传统村落人居环境的地域性特征。

地形和气候的差异直接影响人类生活环境和生产能力，进而制约人类活动和文明的空间拓展。从文化地理学的角度来看，由于自然环境和社会条件的不同，不同区域的文化特征也呈现一定的差异。钱塘江流域西部为中山丘陵区，中部为山间盆地区，东部为平原水乡区。西部山地丘陵区域空间局促、交通相对不便，生存环境恶劣，民风彪悍，山地文化具有封闭性和排他性特点；山间盆地区域具有天然的内聚性和隐蔽性特征，用地相对集中，交通便捷，商贸文化发达；平原地区水网密布，地形限制较小，交通条件优越，农耕文明发展成熟，文化富有开放性和创新性。这种差异性的自然地理环境，同时也奠定了文化差异的自然性格局，必然影响了传统村落整体发展与民居建筑特色，是传统村落人居环境变迁的重要物质基础。同时，从流域文化的发展过程来看，流域内一直受到外来文化的影响，其又具有包容性的特点。尤其是明清时期，钱塘江成为物资运输和徽商往来的主要通道，发达的商贸经济加强了流域内横向联系和与其他异质文化的融合，整个流域处于一种动态开放的状态。有学者归纳总结了浙江传统村落分布是从河畔的台地走向近海平原，又从平原顺溪而上，到山涧谷口、盆地，并从山脚逐渐向山上发展，再从山间平地到山坡、山腰梯田台地，这可称为浙江村落民居沿水顺序渐进枝状布局模式[①]。应该说，钱塘江流域独特的地形地貌、农业资源、气候条件等自然环境要素和众多特色文化资源，共同影响与参与了传统村落人居环境地域性建构历程。

（1）地理环境塑造区域文化特质

人地关系的理论和实践证明，在人类文明发展进程中，自然地理环境是历史演进的“大舞台”，在历史发展中有着重要的作用[②]。地理环境作为一种宏观的空间结构与边界，奠定了城乡建设发展的重要物质基础，且作用往往是决定性、本质性的。人类在适应现有地理环境的同时，不断对其进行改造，使其更符合人类的生活生产发展需求，并逐渐沉淀为一种根植于地域的生活世界和文化特质[③]。

---

① 丁俊清，杨新平. 浙江民居 [M]. 北京：中国建筑工业出版社，2009：59.

② 徐建春. 越国的自然环境变迁与人文事物演替 [J]. 学术月刊，2001（10）：87-90.

③ 黄源成. 多元文化交汇下漳州传统村落形态演变研究 [D]. 广州：华南理工大学，2018：32.

文献记载，先秦时期的钱塘江流域已属于亚热带湿润季风气候区和亚热带东部湿润常绿阔叶林地带，山脉骨架与主要河流也已塑造完备，山水格局成为钱塘江流域人居环境的空间基底。其后，经历多次的历史环境变迁，逐渐形成并强化了流域内的“山”“水”文化特质。比如临安区石门村位于两山对峙峡谷之间，周边山石资源丰富，村因“石”而得名，早期先民充分利用当地石材造房、铺路、造桥，并利用石材制作石质器物，满足生活之需。因而，石门村的石屋、石板路、石堰、石磨、石雕、石槽等“石元素”遍布于村内各个角落，穿越历史风雨，传递着石门的沧桑与幽雅。

钱塘江流域的传统村落主要位于干流和较大型支流沿岸的河道纵横、湖荡密布区域，水是传统村落的重要景观要素，村落大多因水而兴、临水而建，并形成独特的“水”文化景观。如《申屠氏宗谱》记载：“源出水流，或溪或澳，必经浦而入江也”，反映出村落中“溪”“澳”“浦”等水系景观分布集中，占比较高①，并体现在深澳村的村名上。类似这样以“潭”“澳”“溪”“堰”“塘”“渚”等命名的村落在钱塘江流域数量众多，如萧山区欢潭村、桐庐县深澳村、新昌县梅渚村、常山县金源村、柯城区双溪村、浦江县嵩溪村、金东区蒲塘村、兰溪市芝堰村、遂昌县淤溪村，等等。

（2）农业资源孕育多样环境形态

传统村落是农耕文明的产物，农业资源与生产是考察传统村落人居环境的一项变量指标。不同的田地、水文、耕作面积、生产作物类型等农业资源，以及留存的农业文化遗产和灌溉工程遗产，在一定程度上影响了当地的经济形态，从而进一步影响了传统村落人居环境的形态。

钱塘江流域自古以来就有种桑养蚕、纺纱织麻等产业基础，宋元之后，棉花、靛青、烟草等经济作物陆续引进和推广，纺织、造纸、制茶等生产技术也不断得到提高与改进，这从根本上推动了流域内产业格局的形成，进而促进人居环境形态的多样化发展。从相关文献记载可以看出，地势高爽而近水的下游平原地带，基本以蚕桑、水稻种植生产为主；中游金衢盆地的糖蔗、杂粮和豆类作物种植较为普遍，各式种类也繁多；上游山区各地自然条件差异较大，农业种植的内容较为多样，茶、竹等经济林木相对突出。另外，钱塘江流域内还有香菇栽培技术、桔槔灌溉工程等多处被列入全球重要农业文化遗产和世界灌溉工程遗产的农业资源，如龙泉、庆元一带的传统村落大多以香菇种植为主要经济收入，在历史发展进程中逐渐形成

---

① 李烨，何嘉丽，张蕊，王欣．钱塘江中游传统村落八景文化现象初探[J]. 园林，2020（11）：56-61.

居住、生产、祭祀一体的菇民建筑群；诸暨市赵家村、泉畈村等以“桔槔—水井—渠道”构成的古井桔槔灌溉工程是我国最早利用地下水资源的工程形式，历史最早可追溯至南宋，至今仍在使用，堪称灌溉文明的“活化石”。中华人民共和国成立前，泉畈村和周边村落最多有井 8000 多眼，形成“村中泉井、桔槔、渠道遍布”的人居环境景象。

由于自然地理和农业资源等因素的影响，不同农业生产经济地区，其传统村落人居环境形态和人的生活方式存在较大的差异。钱塘江流域传统村落的人居环境形态总体上呈现出多样化的发展格局。西南部开化、常山、淳安、龙游、遂昌等县区地处浙西中山丘陵，紧邻安徽、江西，村落主要以农耕经济为主，村落人居环境营建受徽、皖建筑风格影响较大；中部桐庐、建德、金东、东阳、兰溪、浦江等县区地处金衢盆地，村落经济兼营农耕与商贸，部分村落衍生出繁荣的商业街市和驿道，现存街巷型村落较多，村落人居环境形态相对混杂，表现出兼容并包的特质；而东部富阳、萧山、诸暨、柯桥、上虞等县区地处杭嘉湖平原、宁绍平原，交通发达、水网密布，村落经济发达，村落人居环境呈现江南水乡的空间意象较为明显。

（3）气候条件影响村落经济模式

传统农耕社会“日出而作、日落而息、凿井而饮，耕田而食”的生活生产方式和小农经济模式，与特定的自然环境和气候条件有着密切的关联。东汉以来，我国进入第二次小冰河时期，寒冷干旱的气候环境，一定程度上限制了农业的发展。钱塘江流域气候寒冷干旱加之人口增长，使得森林资源不断被破坏，水土流失趋于严重，水灾出现频率明显增加。气候异常引发的旱涝灾害及疫情，对钱塘江流域的开发和村落建设产生一定的影响。当然，随着人类和动植物逐渐对气候适应后，人口的增长和农业技术的进步，垦田面积逐步增加，寒冷干旱的气候反而显示出了优势。同时，北方大量人口迁移至南方人口相对稀少的地区，大大促进了钱塘江流域的中上游地区的经济发展，使之成为当时南方经济发达的经济区，进一步促进了钱塘江流域的开发和村落建设。

（4）地域文化夯筑村落发展基底

文化的发展既有时代的变迁，又有地域的差异。任何文化现象总伴随有地域的表现，并且都是特定历史的产物①。作为人类活动的产物，文化因人类所处地域差异而孕育与之相应的不同文化地理景观，并在人口迁徙下得以流动与传播②。因此，地域文化是影响传统村落分布与人居环境特质的重要原因。传统村落区别于一

① 罗昌智 . 浙江文化教程 [M]. 杭州：浙江工商大学出版社，2009：3.

② 黄源成 . 历史赋能下的空间进化：多元文化交汇与村落形态演变 [M]. 厦门：厦门大学出版社，2020：61.

般村落的最大特质在于其历史文化、宗族文化越深远，文化积淀越悠久的区域，村落传承的延续性和稳固性越强。

黑格尔《历史哲学》在对人类历史的地理性差异进行研究后指出，生活在水域环境的人通常极富勇敢、机智和为追求利益敢于冒险的品性。因为依水而生、傍水而居，千百年来，钱塘江流域的先民在长期的历史发展过程中，形成了具有奔放、兼容、灵动特征的“水”性文化特色[①]。钱塘江流域传统村落中世代传承着体现农耕生产生活智慧和地方传统基因特质的多样地域文化类型，如有春播、夏耕、秋收、冬藏的农耕文化；有长幼有序、尊卑有别的礼仪文化；有清明扫墓、冬至祭祖的祭祀文化；有端午龙舟、中秋赏月、重阳敬老的民俗文化，等等。这些地域文化无不体现了丰富深厚的文化内涵，成为流域内传统村落演进发展的重要基础底蕴。

钱塘江流域的历代人民在这片神奇的土地上，精耕细作、和谐相处、相互成长，依靠山水润泽、聪明智慧创造出异彩纷呈、内涵丰富的物质与非物质文化，这些文化就积淀在传统村落中、与村落融为一体。如临安区指南村拥有古姓（郄姓、郤姓）、古树、古塘、古宅、古墓、古井、古道“七古”文化资源，形成了深厚的历史文化底蕴和丰富的民俗文化形式，至今仍保护传承有“指南十八碗”和“指南太平灯”两项非物质文化遗产项目。

二、发生：必然性与客观性的释辨

讨论传统村落人居环境变迁问题，首先面临的是村落发生的问题。村落是人类基本聚居形式的重要类型之一，是对应于“城市”的社会单元。作为一种人居形式，村落历史比城市要悠久得多，形态也更为丰富多样。刘易斯·芒福德（Lewis Mumford，1895—1990）在《城市发展史：起源、演变和前景》一书中认为远古村落出现距今大约 15000 年的中石器时代，由于食物供应开始较为充足与稳定，逐渐形成具有延续性的居住特点，而且学会了长期的管理方法[②]。

1. 人类聚居的发生

考古发现，早在 10 万年前的旧石器时代，“建德人”就已在新安江支流寿昌江畔生活。至旧石器时代晚期，其分布更广。至新石器时代，原始人发明了弓箭，

---

① 罗昌智．浙江文化教程 [M]. 杭州：浙江工商大学出版社，2009：9.

② 刘易斯·芒福德．城市发展史：起源、演变和前景 [M]. 宋俊岭，倪文彦，译．北京：中国建筑工业出版社，2005：7.

能够获得更多的野兽作为生产资料，同时也具备了驯养牲畜、种植农作物的能力，这为人类定居提供了先决条件。早期人类聚居行为的发生，与原始农业的兴起和发展有着密切关系。人类起源后的很长一段时间完全过着采集和狩猎的经济生活，为了获取食物需要频繁迁徙，因此并未形成长期的、固定的、规模化的居住点。正如《易经·系辞下》所载："上古穴居而野处，后世圣人易之以宫室，上栋下宇，以待风雨。"《庄子·盗跖篇》中载："古者禽兽多而人少，于是民皆巢居以避之，昼拾橡栗，暮栖木上，故命之曰有巢氏之民。"中国原始农业大约发生在新石器时代中期，至新石器时代晚期，农业生产进一步发展，尤其与垦田结合起来的水利建设共同促进了农业生产的稳定性。随着农业生产技术的进步，一方面相对发达的农业为畜牧业提供更多的饲料，另一方面由于社会经济部门的重心由渔猎经济转向农业经济，反而促进了畜牧业的繁盛。畜牧业从农业中逐渐分离出来，完成了中国人类社会的第一次社会大分工，从而进一步提高了劳动生产率，农业与畜牧业都取得了重要进展。随着社会生产力的进一步发展和生产工具的不断改进，农业生产技术得到较大的进步，特别是轮制陶器技术的发明和铜器冷制法的相继出现，手工业从农业中分离出来，形成独立的行业，从而完成了中国人类社会的第二次社会大分工。人类真正开始从以采集和渔猎为特征的游弋生活转变为以农业生产为特征的定居生活，而农业的发展使人类的定居生活更加稳定，从而促进人口的增长。由于生存欲望的驱动，人类逐渐发展出共同防御、共同生存的族群观念，基于血缘的聚族而居由此发生。人类开始积极改造生存方式和生存环境，并创造出包括工具、衣物、建筑、技艺以及组织、制度、信仰、道德秩序等与生产生活有关的物质和非物质文化。

村落作为我国人类社会进入农耕文明的重要标志，是一种建立在血缘和地缘基础上的聚落形态和社会单元，具有血缘延续性和聚族群体性的特质，呈现为封闭性、保守性和地域性等特点，是有形的地域性物质实体空间与血缘性、地缘性乃至亲缘性非物质社会空间的高度重合[①]。聚族群体性和血缘延续性，是村落形成的一个基本要素，从而使人类群居行为具有了发生学的意义[②]。

纵观早、中期新石器时代遗址的地理环境，可见原始人群总是尽可能选择在地势平坦、气候适宜、水源充足、利于避灾的地方集聚，是为利于生存。早期聚落的起源与农业的兴起密切相关，聚落的形成和发展是由于社会生产力的发展而引起人类生存方式不断变化的结果，某种程度上也是农业生产发展的过程。农业的发展

① 胡彬彬，邓昶．中国村落的起源与早期发展 [J]. 求索，2019（1）：151-160.

② 胡彬彬．中国村落史 [M]. 北京：中信出版社，2021：37.

带来的食物充足，促进了流域内人口的繁衍，但人口的增长又带来了生产力的过剩。同时，劳动生产率的提高，剩余产品不断增加，社会交往的次数日益频繁。通过扩大生产规模开辟新的耕地成为化解人口压力的选择，随之带来的是宗族组织的分裂、冲突和重组，原始血缘村落开始衍生出地缘村落、业缘村落等类型，并呈规模化、群团化发展。有专家认为村落的分化及群团化不断发展的结果则是促进了城镇的出现和地缘一体化的形成，而地缘一体化的持续巩固和扩大则进一步导致了国家的产生[①]。因此，村落是中国历史上家国一体构建的重要载体与历史起点，是中国传统文化的根与源。这一观点较为新颖。《史记・五帝本纪》所载"一年而所居成聚，二年成邑，三年成都"，也形象地反映出当时一个小国的都城由村落演变而来，表明村落是认识中国远古文明历史的关键物证。

2. 钱塘江流域传统村落生成与发展

钱塘江流域早期聚落的形成，可追溯至7000年前的新石器时代。考古发现较典型的是位于宁绍平原上距今7000年的河姆渡文化和位于浙北平原距今5000年的良渚文化期，都表明了远祖先民开始有了以农业耕作为主的生产方式。余姚河姆渡文化遗址显示了较为完整的原始聚落的概貌，遗址发现的底下架空、四周带长廊的干阑式建筑，已能运用榫卯和企口技术。以大小木桩为基础，其上架设大小梁，铺上地板，做成高于地面的基座，然后立柱架梁、构建人字坡屋顶，完成屋架部分的建筑，最后用树皮做成围护设施。遗址出土了大量籼稻和蒿叶，以及用动物骨骼制成的耜、骨铲及木杵等农具。另外出土的木桨和以独木舟为原型的舟楫，表明渔业也有了发展。河姆渡遗址总体显示了早在7000多年前河姆渡已进入耜耕阶段，农业成为当时的主要经济，以定居生活为特征的早期村落开始萌芽。在浙江余杭所属良渚、安溪、长命、瓶窑四乡镇50公里范围内分布着54处聚落遗址[②]。从地理位置来看，这些遗址普遍位于自然条件优越、食物资源丰富之处，便于农耕、适宜居住，聚落遗址尤为密集，并留有丰富的农业遗存，见图3–3。然而，从新石器中期的聚落遗址来看，其文化层都很薄，均在1~2米。这说明新石器早中期人口数量可能较少，或人口在这些聚落中活动的时间并不长[③]。据农业史家研究，出现这种现象是由于农业起源后的很长一段时间内，农业耕作方式才逐步由刀耕火种过渡到耜

① 胡彬彬，邓昶．中国村落的起源与早期发展 [J]. 求索，2019（1）：151–160.

② 费国平．浙江余杭良渚文化遗址群考察报告 [J]. 东南文化，1995（2）：1–14.

③ 裴安平．中国史前聚落群聚形态研究 [M]. 北京：中华书局，2014：26–67.

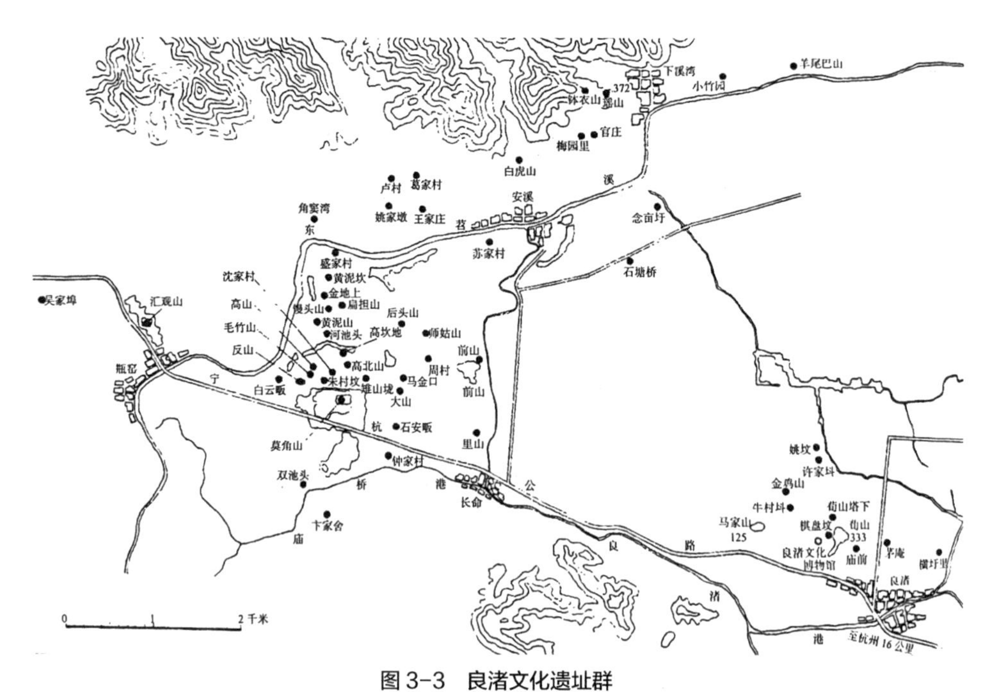

图 3-3　良渚文化遗址群

引自胡彬彬 . 中国村落史 [M]. 北京：中信出版社，2021：40.

耕农业[①]。这种耕作方式的转变反映了农业本质上仍是迁徙农业，人类的定居生活只是相对的。

在《越绝书》《吴越春秋》《国语》等古籍中，记载有许多钱塘江流域历史时期的聚落或聚落遗址。有的聚落在其后的岁月中仍有记载，部分聚落遗址至今可寻。①架台：《越绝书》卷八称该台“周六百步，今安城里”。安城里在今绍兴县马山镇安城村。②富阳里：《越绝书》卷八：“富阳里者，外越赐义也，处里门，美以练塘田。”这是一处富饶的平原水乡乡村聚落，是越国的粮食基地之一。③独山大冢：《越绝书》卷八曰：“独山大冢者，勾践自治以为冢。徙琅琊，冢不成。去县九里。”这是勾践为自己准备的大墓，属于陵墓聚落。④豕山：《越绝书》卷八：“鸡山、豕山者，句践以畜鸡豕，将伐吴，以食士也……豕山在民山西，去县六十三里。洹江以来属越，疑豕山在余暨界中。”豕山是越国的肉猪饲养基地。有人认为，今上虞区东关镇境内有猪山，地名、地望与里程与《越绝书》所载吻合。但《越绝书》却认为“疑豕山在余暨界中。”故豕山也可能在余暨（今萧山）境内。⑤官渎：《越绝书》卷八云：“官渎者，勾践工官也，去县十四里。”乾隆《绍兴府志》引嘉泰《会稽志》云：官渎在县西北一十里。今绍兴市西北约三华里处有一自然村，称

① 陈明远，金岷彬 . 从甲骨文看史前的种植与耕作 [J]. 中国社会科学，2014（8）：31-35.

为官渎弄。村南界杭甬铁路，三面均河道环绕。官渎弄与《越绝书》记载的官渎在方位、名称上均吻合，只是里程稍有出入。⑥涂山：又作塗山，相传为禹娶涂山氏及会诸侯处。《越绝书》卷八："涂山者，禹所娶妻之山也，去年五十里。"今绍兴市东南禹陵乡有涂山村，除地名一致，遗迹荡然无存。不过，涂山地望历来众说纷纭，至今尚无定论。⑦余暨：古治在今萧山西部。《汉书·地理志》："馀暨"应邵注："吴王阖闾弟夫暨之所邑。"意为夫（暨）的封地叫"余暨"。还有人认为"余暨"是一则越语地名，其义不得而详。但据《越绝书》记载，"余"的越语本义是盐。现在的萧山城远离海岸线，附近也没有产盐，但这是17世纪以后的事情。在17世纪末以前，钱塘江主要走南大门入海，其海口位置在今河口以南。《水经》卷40《渐江水注》："（浙江）又迳永兴县北，县在会稽东北二十里，故余暨县也……县滨浙江。"永兴是三国吴至唐代萧山城的名称，这就说明，钱塘江的岸线在南北朝时仍直薄萧山城下。同时，由于当时海潮从南大门出入，水道比现在顺直，潮势也相应增强，使河口区的盐度比现在要高，因此，应当是当时的一个制盐工场。而这个聚落最先可能设在平原的孤丘之上。⑧鄞：春秋时为越国之东部边境，《国语·越语上》："勾践之地……东至于鄞。"秦置鄞县，治所在鄞城（今奉化市东之白杜），属会稽郡。总体来看，钱塘江流域的先秦时期聚落的起源与发展，江南、北有不同的规律。宁绍地区等地聚落总体发展趋势是山地聚落—山麓冲积扇聚落—孤丘聚落—平原聚落—沿海聚落。而杭嘉湖平原的聚落则从平原的中心起源，然后向四周自然条件相对优越的地区扩散，最终布满整个平原。由于微地形的变化十分复杂，此规律有时也会被打破[①]。

总体而言，钱塘江流域的传统村落自先秦时期开始萌芽。至汉代，随着农耕文明的进步，村落迅速发展，村落规模虽较小但自成一体，有着自己的祭祀、信仰、宗法、血缘以及其他组织体系，成为社会的基本细胞[②]。西晋、唐中期、北宋末年历史上三次大规模人口迁徙，对钱塘江流域的经济、文化发展产生了深远的影响。公元4~5世纪晋代北人大规模南迁，开始砍山伐林、填淤湖泊，围田筑塘，使处于渔猎采集状态的地区逐渐纳入农耕社会体系之中，流域内村落大量形成。随着生产发展不断变迁与派生，尤其自东晋和南宋以后，钱塘江流域农业生产有了很大的提高，垦殖加速推进。北方世家大族南迁而至，村落空前发展派生，人口繁衍，村落栉比。明人记载"十树一村，五村一坞"。清人记载"湖田日辟，屋庐坟墓日稠，千村万聚，一望如屯也"。由于历史变迁和中国传统木构建筑材料所限等原因，

① 徐建春．浙江聚落：起源、发展与遗存 [J]. 浙江社会科学，2001（1）：31-37.

② 马新，齐涛．汉唐村落形态略论 [J]. 中国史研究，2016（2）：85-100.

宋代以前的村落民居建筑现已基本无存，我们只能通过一些绘画作品窥见一斑。如北宋画家王希孟《千里江山图》中其中一处描绘的村落景象，村庄被群山环抱，周边树木林立，前有江水绵延流过。一户竹林人家的主体建筑是一组“工”字形平面住宅，四边竹栅栏围挡，门屋进去是前堂，后面是寝室，连接前堂与后室的是廊屋，门屋旁边是耳房。除门屋和耳房是黄褐色的草屋顶，其余建筑均为青灰色瓦屋顶。主体建筑前有水榭，稍远处水边有四角亭，岸边泊有木舟，远处鸥鹭飞行，近处溪上木桥头一人一驴正要走过，整个村落呈现一派宁静祥和、恬然自适的氛围。画中大多数建筑形式简单且体量不大，大部分屋顶为悬山顶，这些民居通过一定的组合排列，形成“一”字形、“工”字形、三合院、四合院等多种平面住宅形式，见图 3–4。明清以降，因钱塘江流域的商贸兴起与繁荣，钱塘江及支流两岸逐渐形成诸多码头，并孕育形成了众多人文底蕴深厚、保存相对完整的传统村落。根据对地方志和相关姓氏的家谱文献查阅，钱塘江流域的传统村落大多可追溯至唐、宋时期，见图 3–5。

三、形态：多样性与同质性的探源

中国传统人居环境观念均蕴含着古代“天人合一”的哲学思想。“人法地，地法天，天法道，道法自然”“天地与我并生，而万物与我为一”。这种有机整体观是中国传统村落人居环境观念中最基本的哲学内涵。传统村落与山、水、林、田等自然环境有着和谐的依存关系，村落整体空间生成与拓展遵循自然规律，尊重人地和谐，村落空间结构长期顺从自然条件缓慢而连续生长而成，村落建筑也如同生命体新陈代谢般保持适度的更新与相似的生长，整体格局与风貌不会出现巨大的突变。传统村落是农耕社会的产物，带有浓郁、鲜明的农耕文明特质。由于农耕社会传统

图 3–4　王希孟《千里江山图》（局部）

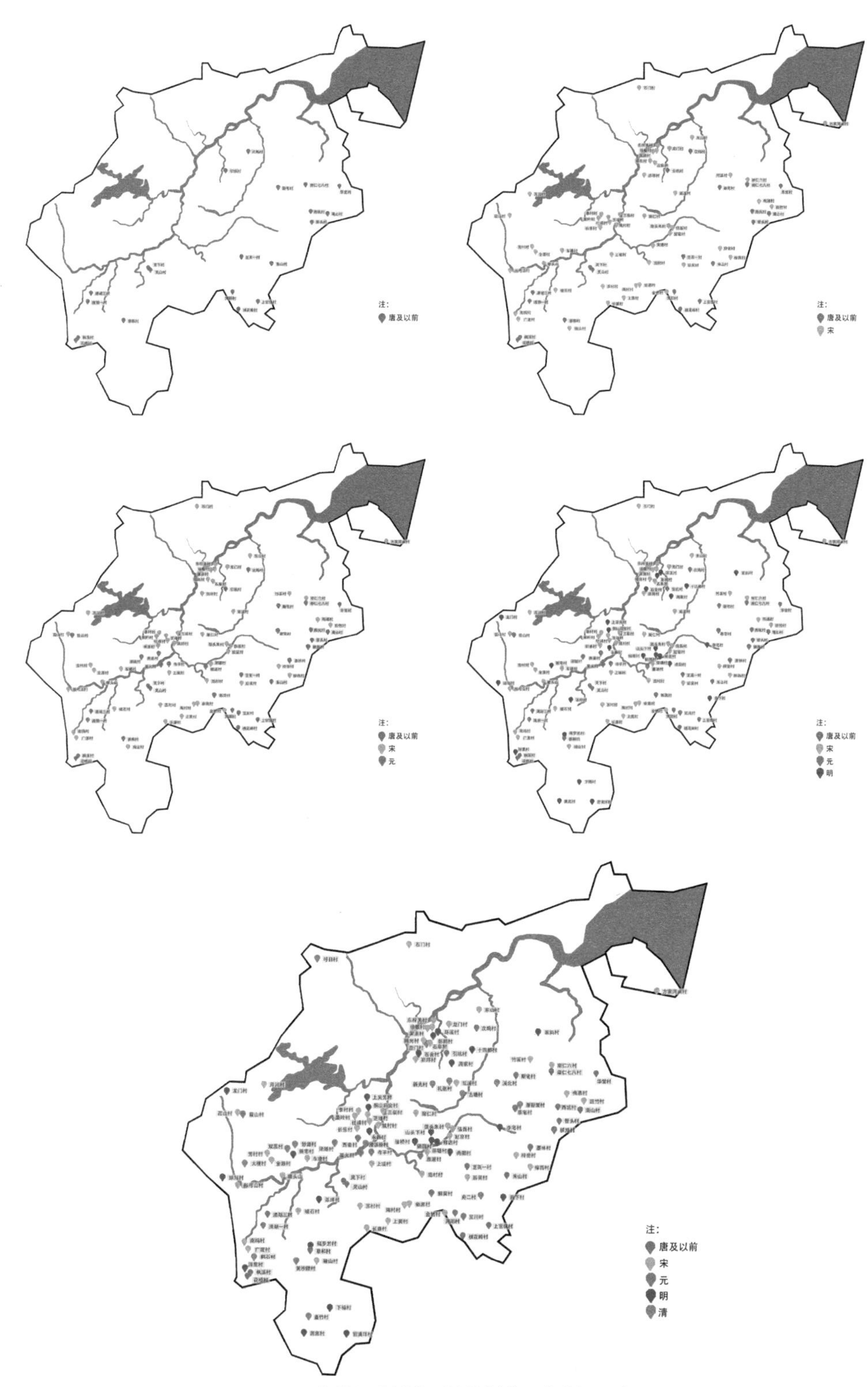

图 3-5　钱塘江流域典型传统村落历史变迁示意图

图片来源：作者自制

技术条件的限制，处于相同自然环境下的传统村落往往具有一些共性特征。同时，因地域、民族、族群等不同而又呈现出形态、文化的多样性。

1. 数量与空间分布

钱塘江流域历史悠久，文化底蕴深厚，地域类型丰富，乡村量大面广。不同地区的自然、人文条件差异相对较大，在漫长的历史时空演变过程中，孕育出众多空间类型多样、资源优势丰富、遗产价值深厚、地域特色明显的传统村落。根据数据统计，截至 2022 年，钱塘江流域共有中国历史文化名村 28 个，占全省总量的 63.6%；有中国传统村落 323 个，占全省总量的 50.8%，涵盖 32 个县（市、区）；有省级历史文化保护利用重点村 213 个，占全省总量的 54.6%。同时被被列入中国传统村落名录和浙江省历史文化（传统）村落保护利用重点村名录的“双录”村共计 120 个。

在前文论述的钱塘江流域传统村落数量情况的基础上，本节对其空间分布进行具体分析。钱塘江流域国土面积接近全省域面积一半，传统村落数量也占全省总量的一半还多，因此可以先结合全省域情况窥见流域内传统村落的分布规律。从浙江全域分布来看，传统村落主要集中在浙东、浙南和浙中西部三个区域，浙西中山丘陵地区为最，浙南山地、浙中盆地地区其次，杭嘉湖平原、宁绍平原和海岛地区相对较少。其中，市域以丽水为最，丽水市是保存传统村落数量最多的地区，约占全省总量的 40.4%；从县域层面看，以松阳为最，松阳是全国仅有的两个传统村落示范县之一，是华东地区传统村落数量最多、风格最完整的县域；而少数县、区各级各类传统村落数量几乎为零。浙东传统村落主要分布在宁海、天台、三门、仙居等地，呈线性分布。其中以宁海前童、天台张思、仙居高迁、皤滩为代表；浙南山区是传统村落保有量最多的地区，主要分布在永嘉、泰顺、松阳等地，以永嘉和泰顺为核心，呈带状分布。以永嘉的芙蓉村、苍坡村，苍南碗窑村，庆元大济村，松阳石仓村、官岭村等最有特色；浙中西部主要分布在兰溪、浦江、建德、武义、东阳、永康、江山、开化等地，以金华为中心，呈放射状分布。以武义郭洞村、俞源村，兰溪诸葛村、芝堰村，建德新叶村，开化霞山村，江山花桥村，东阳蔡宅村，永康厚吴村等为代表。浙北杭嘉湖平原由于经济、文化、交通较为发达，许多传统村落逐渐成长为繁华而具城镇功能的古镇[①]。

---

① 杨新平，等. 浙江古建筑 [M]. 北京：中国建筑工业出版社，2015：46，42–44.

本书通过实地调研结合利用 ArcGIS 软件，对钱塘江流域传统村落的地形图相叠加，能够呈现出其分布存在一定的规律性，即地域分布密度与自然地貌地形条件紧密关联。钱塘江流域传统村落的分布大体可分为金衢地区、浙南丽水地区、杭嘉湖地区、宁绍地区四个集聚区[①]。其中，截至2022年，金衢盆地、丘陵地区主要包括金华（104个）、衢州（54个）2市15县（市、区），共计有158个中国传统村落；浙南山地地区的丽水1市3县（市），共计有86个中国传统村落；杭嘉湖平原地区主要包括杭州（52个）、嘉兴（1个）2市7县（市、区），共计有53个中国传统村落；宁绍盆地、丘陵地区的宁波（1个）、绍兴（25个）2市7县（市、区），共计有26个。总体来看，金华、丽水数量最多，分布尤为集中。从县域层面看，拥有中国传统村落名录的村落龙泉数量最多，有49个；其次是兰溪20个，武义19个，建德17个。由此可见，钱塘江流域的传统村落多位于水草丰茂、土地肥沃、自然资源丰富、利于农业生产的山区半腹地和向平原过渡的地带，流域中上游的村落比下游的村落要更密集，传统村落的集群分布明显，有建德大慈岩镇、桐庐江南镇、兰溪黄店镇等多个传统村落集聚区。许多村落临水而建，区域内大多呈带状分布，空间形态取决于河道的走向、形状和宽窄变化，表现出生动的景观环境意象，如地处金衢盆地的武义县，地势南高北低，中部隆起，丘陵起伏，低山连绵。钱塘江（主要是武义江）和瓯江（主要是宣平溪）两大水系的支脉流经全境，全县总面积1568平方公里，其中丘陵占61%，山地占33%，平原占6%，全县1500余个自然村落主要分布在流经全域水系的大大小小的河谷冲积平原上。沿河上溯，明显发现分布在溪流旁的村落规模大小与河谷小平原成正比。总体而言，传统村落的分布受到地形、水源、耕地、交通条件等综合因素的影响，在山地和丘陵地区散居村落较多，而在平原、盆地和低山丘陵地区，大多呈聚居状态。

2. 类型与典型特征

（1）类型

传统村落是一个有机更新、不断生成、逐步演变的社会单位与空间载体，在漫长的历史长河中，村落的变迁并非沿着某一种类型垂直发展的，而是历经曲折复杂的过程在不同时期表现不同的类型特征。总体来说，传统村落因社会结构、区域环境等差异，呈现出千差万别的特征和千姿百态的形态，而根据不同的划分依据，又可分为不同的类型。

---

① 注：截至2022年，按钱塘江流域全域计，传统村落分布区域还包括徽州地区和闽北地区，其中徽州地区包括黄山（271）、宣城（31）、上饶（36）3市13县，共计338个中国传统村落；闽北地区主要是福建省南平市，共计7个。

基于浙江传统村落保护利用实情，结合钱塘江流域传统村落的基础条件和资源特色，大体可分为历史古建型、自然生态型和民俗风情型三种类型[①]。历史古建型村落是指现存古民宅、古祠堂、古戏台、古牌坊、古桥、古道、古渠、古堰坝、古井泉、古街巷、古会馆、古城堡等历史文化实物比较丰富和集中，能较完整地反映某一历史时期的传统风貌和地方特色，具有较高历史文化价值的村落，如全国重点文物保护单位婺城区寺平村、永康市厚吴村等；自然生态型村落是指古代以天人合一理念为基础，村落选址、布局、空间走向与山川地形相附会，村落建筑与自然生态相和谐，农民生产生活与山水环境相互交融，自然生态环境、特种树木以及相应村落建筑保护较好的村落，如淳安县芹川村、临安区石门村等；民俗风情型村落是指根据特定民间传统，形成有系统的婚嫁、祭典、节庆、饮食、风物、戏曲、民间音乐舞蹈、工艺等非物质文化遗产，传统的民俗文化类型丰富且延续至今，为当地群众所创作、共享、传承，并有约定俗成的民俗活动的村落，如拥有两项国家级非遗的遂昌县淤溪村、拥有二十四节气人类非物质文化遗产的柯城区妙源村等。虽然在现实中某一种类型的村落难以同时具有如此丰富的内涵，或者上述三种类型的内涵之间可能具有某些交叉，但是这样的分类有助于传统村落分类分级保护利用研究。

按照区域地形地貌特征来分，钱塘江流域传统村落大致可分为平原水乡型、山地丘陵型、山间盆地型三大类型。平原水乡型村落主要分布于浙北杭嘉湖平原和宁绍地区，村落规模较大，特色明显。周边水系密布，交通便捷，建筑临水而建，村落布局与港溇河网、桑基鱼塘有机结合，形成小桥流水人家的江南水乡风貌，典型的如吴兴区义皋村、南浔区荻港村等；山地丘陵型村落依山就势，建筑随地形起伏布置，对外交通相对单一，街巷蜿蜒曲折，村落景观有致，如龙泉市官埔垟村、开化县龙门村等；山间盆地型村落主要分布于群山谷地之间，由于建筑与道路相对集中，村落布局通常规整紧凑，田园山水风光优美，如缙云县河阳村、浦江县新光村等。

按照村落产生和发展特征来分，钱塘江流域传统村落大致可分为血缘聚居型、交通枢纽型、传统产业型、特色农业型四大类型。血缘聚居型是传统村落的主要类型，即基于血缘关系聚族而居的单姓村落，如斯氏聚居的诸暨市斯宅村、诸葛亮后裔聚居而成的兰溪市诸葛村等；交通枢纽型村落主要指过去位于古道驿站、水路码头等重要交通要道上形成发展起来的村落，如严婺古道上的兰溪市芝堰村，唐诗

① 注：参考《中共浙江省委关于加强历史文化村落保护利用的若干意见》（浙委办〔2012〕38 号）。

之路上的新昌县班竹村；传统产业型村落是因从事各种传统手工业或农业生产而聚集形成的村落，如窑工烧窑聚集的义乌市缸窑村，龙泉市下田村等；特色农业型指村落以长期历史传承拥有特色的农产品或加工农产品等，具有独特人文与自然结合的农业景观，包括农业文化遗产和灌溉工程遗产等，如诸暨市榧王村、吴兴区义皋村、南浔区获港村、诸暨市泉畈村等。

再有按照姓氏结构来划分村落类型的话，可以分为单姓村落、主姓村落（即以一二大姓为主，间以若干小姓的村落）、杂姓村落（即若干小姓杂处，而没有主姓的村落）三类。从钱塘江流域的传统村落统计数据来看，主要以单姓村落和主姓村落为主，反映了中国传统村落社会发展的有限性，村落更多承担着生产、生育、宗族繁衍和基于性别、年龄的劳动分工，而社会分工则不够明显。因此，从严格意义上讲，中国传统村落更多表现为一个血缘村落或地缘村落。

（2）典型特征

钱塘江流域传统村落数量大、类型多、质量好、分布广，承载着地区自然和历史人文风情。结合前文所述的数量、类型与分布区域分析，可以归纳出如下几点典型特征：

1）村落历史源远流长

从历史沿革角度来看，钱塘江流域传统村落普遍历史悠久，村落始建年代自唐、宋、元、明、清各个朝代都有，大多经历了数百年、上千年甚至更长时间的岁月沧桑。根据对地方志和“双录”村村志、家谱等文献的查阅，现存村落最早建于东汉，如江山市清湖一、三村建于东汉初平三年，另外有新昌县南山村、永康市芝英一村建于东晋，新昌县西坑村、磐安县管头村、磐安县朱山村、龙游县灵下村等都建于唐代。大多数村落可追溯至两宋时期，而现存最多、保存最完好的是宋、明时期的传统村落，见图 3–6、表 3–1。

2）村落人居环境形态多样

钱塘江流域传统村落大多分布在秀山丽水之间，生态自然环境优越、地理位置与空间格局良好。历史的变迁和时代的演进，形成了多样的传统村落人居环境形态，有依山而建、沿水（街）而建，或簇团或分片而筑等形式。通过对典型样本村落的实地考察，依据吴良镛先生人居环境科学理论对人类聚居形态的分类[①]，结合钱塘江流域的地理环境特征，以卫星图、航拍图及 CAD 地形图和调研实景图的测算分析，钱塘江流域传统村落人居环境形态特征大致可以分为带状、块状、

① 吴良镛. 人居环境科学导论 [M]. 北京：中国建筑工业出版社，2001：289.

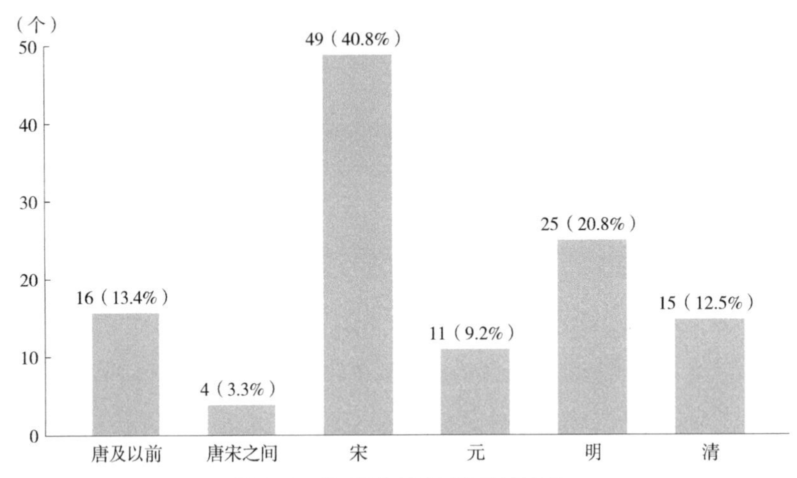

图 3-6 “双录”村建村年代统计图

图片来源：作者自绘

“双录”村建村历史一览表 **表3-1**

年代	村落名称	数量（个）	所占比例
唐及以前	桐庐县引坑村、嵊州市华堂村、嵊州市崇仁七八村、新昌县西坑村、新昌县南山村、磐安县管头村、磐安县朱山村、永康市芝英一村、龙游县灵下村、龙游县灵山村、江山市枫溪村、江山市花桥村、江山市清湖一村、江山市清湖三村、缙云县岩门村、缙云县桃花岭村	16	13.4%
唐宋之间	诸暨市斯宅村、诸暨市次坞村、缙云县河阳村、遂昌蔡和村	4	3.3%
宋	萧山区东山村、富阳区龙门村、富阳区东梓关村、桐庐县深澳村、桐庐县茆坪村、桐庐县翙岗村、桐庐县徐畈村、桐庐县石阜村、临安区石门村、淳安县芹川村、建德市李村村、建德市里叶村、慈溪方家河头村、新昌县班竹村、新昌县梅渚村、嵊州市竹溪村、嵊州市崇仁六村、婺城区上镜村、兰溪市姚村村、兰溪市长乐村、兰溪市社峰村、兰溪市芝堰村、兰溪市三泉村、兰溪市聚仁村、浦江县嵩溪村、金东区蒲塘村、义乌市缸窑村、义乌市倍磊村、义乌市陇头朱村、永康市厚吴村、武义县俞源村、武义县上黄村、武义县范村村、武义县陶村村、磐安县梓誉村、磐安县榉溪村、柯城区墩头村、衢江区破石村、衢江区车塘村、常山县金源村、常山县芳村村、常山县彤弓山村、开化县霞山村、江山市南坞村、江山市广渡村、缙云县金竹村、遂昌县独山村、遂昌县长濂村、遂昌县苏村村	49	40.8%
元	婺城区寺平村、金东区雅湖村、武义县郭洞村、东阳市蔡宅村、磐安县横路村、磐安县墨林村、兰溪市西姜村、开化县霞田村、龙游县泽随村、龙游县星火村、缙云县笕川村	11	9.2%
明	桐庐县石舍村、桐庐县环溪村、桐庐县彰坞村、建德市上吴方村、诸暨市十四都村、柯桥区冢斜村、金东区山头下村、金东区琐园村、金东区郑店村、金东区仙桥村、兰溪市永昌村、兰溪市桐山后金村、义乌市尚阳村、东阳市李宅村、浦江县潘周家村、柯城区新宅村、衢江区茶坪村、常山县球川村、开化县龙门村、江山市浔里村、龙泉市官埔垟村、龙泉市下樟村、龙泉市源底村、缙云县岩下村、遂昌县福罗淤村	25	20.8%

续表

年代	村落名称	数量（个）	所占比例
清	桐庐县梅蓉村、临安区呼日村、诸暨市溪北村、浦江县新光村、浦江县古塘村、浦江县礼张村、兰溪市潦溪桥村、东阳市厦程里村、永康市舟二村、柯城区双溪村、柯城区妙源村、常山县大埂村、江山市枫石村、龙泉市盖竹村、遂昌县黄沙腰村	15	12.5%

注：下划线标注的为 30 个典型样本村落。

表格来源：作者整理

组团式、分散式四种类型，见表 3–2。其中，块状类型数量最多，占比 46.7%，如桐庐县深澳村、兰溪市芝堰村、缙云县河阳村等依林田而聚，独立成团；其次为带状和分散式，各占比 20%，如淳安县芹川村、磐安县横路村、婺城区寺平村、金东区琐园村等，见表 3–3。另外，从现状风貌来看，钱塘江流域内大多数传统村落保存较为完整，体量适中，历史风貌核心区的新建建筑未对风貌产生较大破坏和影响；部分村落规模虽小，但传统建筑保护较好，如新昌县班竹村、开化县大陈村等都较具特色；少部分传统村落受历史原因，存在历史风貌环境不够完整，现代建筑与传统建筑混杂，房屋闲置等现象，如龙泉市官浦垟村。

典型样本村人居环境形态类型分析示意图　　表3–2

类型	特征描述	案例示意图（航拍图、CAD图）
带状	村落整体呈狭长带状分布，通常受地形的纵向空间影响，建筑沿街巷、水系布局	磐安县横路村
块状	村落整体呈集中式布局，呈现面状特征，村落有较明确的边界限定，建筑分布较为密集	永康市厚吴村

续表

类型	特征描述	案例示意图（航拍图、CAD图）
组团式	村落整体受山体、道路、水系等要素影响，呈现若干团块的既聚又离的格局	临安区石门村
分散式	村落整体受地形影响，平面形态较为散乱，建筑布置随地形变化而布置，布局较为灵活，没有明确的聚合关系	江山市南坞村

表格来源：作者自制

典型样本村人居环境形态类型统计表　　表3-3

类型	村落名称	数量（个）	比例
带状	富阳区东梓关村、淳安县芹川村、磐安县横路村、柯城区双溪村、缙云县岩下村、龙泉市官浦垟村	6	20%
块状	桐庐县深澳村、桐庐县茆坪村、建德市上吴方村、新昌县梅渚村、嵊州市华堂村、兰溪市芝堰村、浦江县嵩溪村、金东区琐园村、永康市厚吴村、东阳市蔡宅村、常山县金源村、开化县霞山村、缙云县河阳村、遂昌县独山村	14	46.7%
组团式	临安区石门村、诸暨市十四都村、诸暨市斯宅村、武义县俞源村	4	13.3%
分散式	柯桥区冢斜村、婺城区寺平村、金东区蒲塘村、义乌市缸窑村、龙游县泽随村、江山市南坞村	6	20%

表格来源：作者自制

3）文化遗产资源丰富

钱塘江流域传统村落文化底蕴深厚，历史印记厚重，物质文化遗产保存较好，大多有成片的传统建（构）筑物，类型丰富，形式多样、规模较大、等级较高。如兰溪市芝堰村、建德市新叶村、缙云县河阳村等村内古建筑依地势而建，连片分布，体量宏大，檐梁环绕，互为贯通。三雕艺术工艺精湛、题材丰富、装饰精美，是典型的徽州和婺州风格的结合，具有较高的艺术价值和研究价值。通过实地调研统计，323 个国家级传统村落中共拥有 32 处全国重点文物保护单位和 65 处省级文物保护单位，分别占全省总数的 11.4% 和 7.1%。大多数传统村落都以血缘聚居演化而来，村内保存有祠堂，如深澳村申屠氏宗祠、十四都村周氏宗祠、华堂村王氏宗祠、琐园村严氏宗祠、寺平村戴氏宗祠、金源村王氏宗祠、厚吴村吴氏宗祠等，留存有蔡希陶故居、宣侠父故居、王文典故居、晓窗故居等一批仁人志士故第，形成靓丽的名人景观。现存的传统建筑大多始建于宋、明、清及民国时期，较具代表性的单体建筑（占地面积超 1000 平方米）有诸暨市斯宅村的斯盛居（千柱屋）(6850 平方米)、十四都村藏绿建筑（8707 平方米)、武义县寺平村的崇厚堂（2000 平方米)、兰溪市诸葛村的大祠堂（1400 平方米)、江山市大陈村的汪氏宗祠（1500 平方米)、江山市南坞村的杨氏宗祠（外祠）(2000 平方米）等。总体来讲，这些传统建筑彰显了相地筑屋、轴线对称的秩序美，因地制宜、就地取材的自然美，错落有致、节奏有序的韵律美，反映出不同地域文化与历史积淀，包含着科学的建造理念、朴素的生态意识和高明的传统智慧，具有较高的科学价值、艺术价值等，见表 3–4、表 3–5。

钱塘江流域传统村落中非遗文化、民俗文化、宗族文化等传统文化形式丰富多样，具有浓郁的地域色彩。大多数传统村落非物质文化遗产种类丰富、等级较高。通过实地调研统计，30 个典型样本村拥有 6 项国家级非物质文化遗产名录、10 项省级非物质文化遗产名录，见表 3–6。同时，传承有婚丧嫁娶、节日庙会、迎神赛会、祈年求雨等民俗文化，有以“宁静致远，淡泊明志”为家族修养的宗族文化，有易学、理学、书法、绘画、诗词等耕读文化，等等。最具代表性的如江山市廿八都镇的枫溪村和花桥村，位于浙、闽、赣三省交界，这里曾为三省边境最繁华的商埠，是名副其实的“方言王国”和“百姓古镇”，移民、商贸、屯兵带来了多样文化的交融，镇上有 12 种方言和 130 余个姓氏，建筑风格汇集了徽派、浙派、赣式、西式等特征，且有钱庄、洋货店、米店等各种建筑功能形式。

典型样本村中各类文物保护单位名录一览表 表3–4

级别	序号	名称（批次）	所在村落	数量（个）
全国重点文物保护单位	1	斯氏古民居建筑群（千柱屋、华国公别墅、发祥居）(5)	诸暨市斯宅村	9
	2	华堂王氏宗祠（大祠堂、新祠堂）(7)	嵊州市华堂村	
	3	芝堰村建筑群（含孝思堂、衍德堂、济美堂、承显堂等）(6)	兰溪市芝堰村	
	4	寺平村乡土建筑（含五间花轩、崇厚堂、其顺堂、立本堂、戴经纬民宅等 32 处）(7)	婺城区寺平村	

续表

级别	序号	名称（批次）	所在村落	数量（个）
全国重点文物保护单位	5	厚吴村古建筑群（含吴氏宗祠、司马第、衍庆堂、南风拱秀宅、同仁堂药店等）(8)	永康市厚吴村	9
	6	俞源村古建筑群（含俞氏宗祠、李氏宗祠、洞主庙、敦厚堂等51幢）(5)	武义县俞源村	
	7	南坞杨氏宗祠（7）	江山市南坞村	
	8	独山石牌坊（8）	遂昌县独山村	
	9	河阳村乡土建筑（含朱大宗祠、文瀚公祠等27幢）(7)	缙云县河阳村	
省级文物保护单位	1	深澳建筑群（含攸叙堂、怀素堂、恭思堂、资善堂、前房厅、盛德堂、敬思堂、云德堂、孝思堂、州牧第砖雕门楼、青云桥、八亩塘等）(7)	桐庐县深澳村	16
	2	上吴方乡土建筑群（含衍庆堂、方正堂、三乐堂、世美堂等25幢）(6)	建德市上吴方村	
	3	上新居新、谭家民居（5）	诸暨市斯宅村	
	4	藏绿古建筑群（含周氏宗祠、霞塘庙、霞塘井、马鞍山古民居）(6)	诸暨市十四都村	
	5	嵩溪建筑群（徐氏宗祠、邵氏宗祠、四教堂、王姓门里、古三层楼等）(7)	浦江县嵩溪村	
	6	琐园村乡土建筑（润泽堂、尊三堂、显承堂、严家宗祠等）(6)	金东区琐园村	
	7	蒲塘王氏宗祠（6）	金东区蒲塘村	
	8	蔡希陶故居（7）	东阳市蔡宅村	
	9	底角王氏宗祠（含世美坊）(6)	常山县金源村	
	10	霞山汪氏宗祠（含启瑞堂）(5)	开化县霞山村	
	11	霞山永锡堂（郑氏宗祠）(6)	开化县霞山村	
	12	霞山爱敬堂（6）	开化县霞山村	
	13	泽随建筑群（含塘沿厅、徐汤奶民居、徐清元民居、陈树荣民居等）(7)	龙游县泽随村	
	14	岩下石头建筑群（7）	缙云县岩下村	
	15	王羲之墓（4）	嵊州市华堂村	
	16	嵩溪石灰窑群遗址（7）	浦江县嵩溪村	
市级文物保护单位	1	东梓许家大院	富阳区东梓关村	4
	2	越石庙	富阳区东梓关村	
	3	安雅堂	富阳区东梓关村	
	4	寺桥石拱桥	柯城区双溪村	

续表

级别	序号	名称（批次）	所在村落	数量（个）
县级文物保护单位	1~4	茆坪村胡氏宗祠、万福桥、文安楼、东山书院	桐庐县茆坪村	32
	5~10	百马图、摩崖石刻、斯宅大生精制茶厂、下门前畈台门、斯民小学、小洋房	诸暨市斯宅村	
	11~12	余氏宗祠、永兴公祠	柯桥区冢斜村	
	13	蒲塘文昌阁	金东区蒲塘村	
	14~17	蔡氏宗祠、蔡忠笏故居、蔡汝霖故居、永贞堂	东阳市蔡宅村	
	18~22	缸窑龙窑、谦受堂、陈秉中民居、十四间民居、十六间民居	义乌市缸窑村	
	23~24	八角井、峡山石塔	江山市南坞村	
	25~26	钟楼、烈士墓	开化县霞山村	
	27~32	叶氏宗祠、葆守祠、明代古井、明寨墙、财神庙、栖灵岩摩崖	遂昌县独山村	

表格来源：作者整理

典型样本村主要建（构）筑物年代数量统计表　　表3-5

序号	类别	始建年代				
		宋及之前	明	清	民国时期	其他
1	宗祠	4	14	10	1	—
2	民居建筑	1	20	518	403	19
3	公共建筑	10	34	245	119	52
4	构筑物	10	14	36	2	-
	合计（个）	25	82	809	525	71

表格来源：作者自制

典型样本村中各类非物质文化遗产项目名录一览表　　表3-6

级别	序号	名称（批次）	类别	年代	传承人（批次）	传承情况	所在村落
国家级	1	张氏骨伤疗法（3）	传统医药	清道光年间	张玉柱（4）	展示馆	富阳区东梓关村
	2	浦江剪纸（2）	传统美术	唐代	吴善增（3）	—	浦江县嵩溪村
	3	浦江板凳龙（1）	传统舞蹈	宋代	—	—	
	4	婺州窑陶瓷烧制技艺（4）	传统技艺	元代	陈新华（5）	—	婺城区寺平村
	5	俞源村古建筑群营造技艺（2）	传统技艺	明代	—	—	武义县俞源村
	6	开化香火草龙（3）	传统舞蹈	元代	—	—	开化县霞山村

续表

级别	序号	名称（批次）	类别	年代	传承人（批次）	传承情况	所在村落
省级	1	深澳高空狮子（3）	传统舞蹈	清代	申屠永清（3）、申屠振兴（4）	—	桐庐县深澳村
	2	江南时节（5）	民俗	宋末元初	—	—	
	3	桐庐传统建筑群营造技艺（4）	传统技艺	—	—	—	
	4	十里红妆（4）	民俗	南宋	骆健松（5）	民间艺术馆	诸暨市斯宅村
	5	新昌十番（5）	传统音乐	清代	石菊林（5）		新昌县梅渚村
	6	蔡宅高跷（4）	传统舞蹈	明代	蔡荣良（5）	展示馆	东阳市蔡宅村
	7	缙云剪纸（2）	传统美术	清代	麻义花（1）、朱松喜（1）、周雪莺（5）、刘夏英（5）	朱松喜剪纸展示馆	缙云县河阳村
	8	河阳古民居建筑艺术（2）	传统技艺	后唐	—	—	
	9	霞山高跷竹马（3）	传统舞蹈	唐代	郑利岳（5）	展示馆	开化县霞山村
	10	霞山古村落营建技艺（2）	传统技艺	明代	—	—	
市级	1	深澳灯彩制作技艺（5）	传统技艺	清代	申屠堂妹	—	桐庐县深澳村
	2	斯氏古民居建筑群营造技艺（3）	传统技艺	清嘉庆年间	—	—	诸暨市斯宅村
	3	越红工夫茶制作技艺（7）	传统技艺	20世纪50年代	斯根坤	生产传承基地	
	4	梅渚剪纸（1）	传统美术	明代	王菊香	剪纸馆	新昌县梅渚村
	5	梅渚糟烧酿造技艺（5）	传统技艺	明清	王桂明	糟烧馆	
	6	兰溪銮驾（1）	传统舞蹈	明代	芝堰村民	—	兰溪市芝堰村
	7	铜钱八卦制作工艺（8）	传统技艺	明代	严素茶	展示馆	金东区琐园村
	8	蒲塘五经拳（4）	传统体育、游艺与杂技	明代	王桂英	展示场所	金东区蒲塘村
	9	义亭陶缸制作技艺（4）	传统技艺	宋代	—	—	义乌市缸窑村
	10	厚吴祭祖（6）	民俗	明代	—	每年春冬举办	永康市厚吴村
	11	永康厚吴古民居建筑建造技艺（3）	传统技艺	宋代	—	—	
	12	罗氏黑膏药制作技艺（8）	传统技艺	—	—	—	武义县俞源村
	13	江山凤林三月三祭祀会（2）	民俗	宋代	—	—	江山市南坞村

续表

级别	序号	名称（批次）	类别	年代	传承人（批次）	传承情况	所在村落
市级	14	缙云清明祭祖（5）	民俗	清代	朱益清	每年举办	缙云县河阳村
县级	1	深澳木杆秤制作技艺（8）	传统技艺	—	申屠永新	手工作坊	桐庐县深澳村
	2	茆坪板龙（7）	传统舞蹈	北宋	—	—	桐庐县茆坪村
	3	建德民间剪纸	传统美术	—	方侃源、王介明	—	建德市上吴方村
	4	上吴方正月二十灯会（7）	民俗	中华人民共和国成立前	—	—	
	5	建德土酒酿制技艺	传统技艺	—	—	—	
	6	珠算技艺（7）	传统技艺	—	方涛烈		
	7	西施团圆饼烹饪技艺（7）	传统技艺	—	周谷亮	手工作坊	诸暨市十四都村
	8	永兴神行宫巡游	民俗	—	—	—	柯桥区冢斜村
	9	梅渚竹编工艺	传统技艺	—	刘毅	—	新昌县梅渚村
	10	少年同乐堂（7）	传统舞蹈	清代	—	定期举办活动	金东区琐园村
	11	什锦班	曲艺	—	—	—	东阳市蔡宅村
	12	木偶戏	传统戏剧	—	—	—	
	13	莲花落	传统戏剧	—	—	—	
	14	蒲塘白灯	民俗	—	—	—	金东区蒲塘村

表格来源：作者整理

4）村落规模大小适中

规模是传统村落人居环境特征的一个基本指标，是直观地反映村落外在形态大小和内在人口多寡的尺度特征。传统村落的生成和发展是一个动态的过程，人口与土地是决定村落规模的两大重要因素。通常随人口迁移增减、分家析户以及农宅土地使用政策的变化而变化[①]。因此，村落规模可从面积和人口两个维度进行辨析。村落规模是衡量地方社会经济水平、人文景观的重要因素，也是理解村落构成要素、结构与布局、建筑形式与构造等内容的前提条件。村落人口有两种计量方式，一是国家行政编制的户籍人口规模与分布，二是实际居住在村落的人口数量，即常

① 曹锦清，张乐天，陈中亚. 当代浙北乡村的社会文化变迁 [M]. 上海：上海人民出版社，2019：3.

住人口。由于常住人口有流动性，故本书采用户籍人口统计。

本书通过对钱塘江流域30个典型样本村进行地理与建筑矢量测度，利用Agisoft Photoscan软件进行航拍图片拼接和村落面积计算，并以此作为指标依据，可将村落规模分为小型（20万平方米及以下）、中型（20万~40万平方米）、大型（40万平方米及以上），小型村落有15个，中型村落有10个，大型村落有5个，中、小型村落占比75%。另外，通过对钱塘江流域30个典型样本村进行人口数据统计显示，人口规模1000户以上有7个，占比23.3%；800~1000户的有4个，500~800户的有7个，300~500户的有8个，300户以下的小村落有4个，占比13.3%；总体上以300~800户居多，大体平均规模为730户、2100人。可见，流域内传统村落规模与地理类型有一定关联，反映出平原、盆地地区由于地势平坦、视野开阔，村落规模相对较大，并且团聚性较强；山地村落由于地形限制发展，村落规模较小，且多分散布局；丘陵地区村落规模适中；总体来看，千户以上的大村相对较少，见表3–7。

典型样本村规模指数统计一览表　　表3–7

序号	村名	地理类型	村落面积（m^2）	建筑密度	户数（户）	人口数（人）	现有建筑数（幢）	古建筑数（幢）
1	桐庐县深澳村	丘陵（64m）	428020	37.1%	1176	4262	880	38
2	桐庐县茆坪村	山地（101m）	126150	23.6%	436	1272	230	14
3	富阳区东梓关村	平原（38m）	295210	33.2%	640	1818	452	25
4	临安区石门村	山地（220m）	128660	30%	435	1276	255	41
5	建德市上吴方村	丘陵（110m）	133770	33.5%	371	1236	403	47
6	淳安县芹川村	丘陵（136m）	168000	41.6%	530	1800	563	76
7	诸暨市斯宅村	山地（131m）	538350	30.3%	1002	2750	469	42
8	诸暨市十四都村	丘陵（80m）	434760	28.1%	998	2312	399	30
9	柯桥区冢斜村	丘陵（84m）	144240	32.5%	256	746	245	17
10	嵊州市华堂村	盆地（93m）	291270	55.4%	2132	5802	659	36
11	新昌县梅渚村	盆地（41m）	126960	53.7%	876	2130	580	39
12	兰溪市芝堰村	丘陵（104m）	131180	46.5%	460	1450	331	46
13	浦江县嵩溪村	丘陵（133m）	130040	52.2%	1053	2895	373	37
14	金东区琐园村	盆地（50m）	151770	36.4%	480	1280	397	19
15	金东区蒲塘村	丘陵（57m）	234580	30%	630	1505	362	37
16	东阳市蔡宅村	盆地（128m）	440370	40.7%	1286	3804	828	82
17	义乌市缸窑村	盆地（67m）	185130	37.5%	460	960	309	25

续表

序号	村名	地理类型	村落面积（m^2）	建筑密度	户数（户）	人口数（人）	现有建筑数（幢）	古建筑数（幢）
18	婺城区寺平村	盆地（63m）	345000	32.9%	749	1970	667	77
19	永康市厚吴村	丘陵（121m）	410860	42.7%	1078	3178	664	117
20	武义县俞源村	盆地（168m）	382570	34.3%	700	1830	302	62
21	磐安县横路村	山地（464m）	242060	33.9%	492	1304	85	42
22	江山市南坞村	丘陵（181m）	155310	24.8%	728	2668	311	40
23	柯城区双溪村	山地（270m）	83500	25.9%	475	1486	102	37
24	常山县金源村	丘陵（148m）	299830	41.4%	818	2395	525	41
25	开化县霞山村	丘陵（162m）	212690	45.9%	745	2343	575	68
26	龙游县泽随村	丘陵（80m）	303550	33%	986	3047	615	28
27	龙泉市官埔垟村	山地（627m）	112490	17.3%	253	779	104	55
28	遂昌县独山村	山地（267m）	174080	31%	262	720	96	66
29	缙云县河阳村	盆地（163m）	236200	44.3%	1200	3655	312	80
30	缙云县岩下村	山地（580m）	72456	30.5%	229	553	90	15

注：1. 建筑幢数以单体计算，古建筑为民国之前始建的；2. 村落面积指建筑物边界所围合范围的总占地面积；3. 建筑密度指各类建筑占地总面积与村落面积的比率，是衡量村落空间密集和规模的指标之一。

表格来源：作者自制

5）古建筑活化利用充分

钱塘江流域内活化利用较为成功的传统村落较多，如兰溪市诸葛村、婺城区寺平村、桐庐县深澳村、浦江县新光村等，这些传统村落整体格局完整，建筑保存完好，古建筑修缮后能引入文化展示、民宿休闲、工坊作坊等多样功能业态，结合乡村旅游发展，整体活化利用较为充分。大部分传统村落人居环境的历史文化与美学价值较高，古建筑保存完整，规模较大，且有较好的规划、活化利用与日常管理。

四、变迁：逻辑性与延续性的反思

传统村落人居环境变迁具有双重逻辑，除了有自然环境影响和人口增长、土地资源带来的人地关系矛盾推动外，还有经济形态、宗族关系、道德观念等因素的作用。因此，研究传统村落人居环境变迁，需要关注自然、经济、社会、政治、文化等诸多因素，需要在对传统的批判性继承的基础上，归纳总结传统村落人居环境变迁的特征与规律，重塑村落核心价值、重构村落人居环境。

1. 人居环境变迁的影响因素与条件

通过对钱塘江流域传统村落的空间分布、规模形态、文化遗产与特色差异进行剖析，自然环境、人口迁移、产业经济、历史事件、宗族意识等因素都不同程度地对传统村落人居环境变迁产生一定的影响。

（1）自然地理环境

自然地理环境是农业发展至关重要的先决条件，是传统村落人居环境变迁的外部推动力量，对村落的形成与发展有着重要的影响[①]。人类从游猎、穴居、巢居进化到定居生活，都是依托自然地理环境构建相应的社会经济结构并作出适当的选择[②]。从聚落地理学角度来看，自然地理环境即传统村落所处的“区位条件”，包含“地点”和“位置”两层含义。地点是自然地理环境绝对概念，指村落本身所拥有的地形、地貌、气候、水文、土壤、植被等自然条件；位置是相对的概念，指村落与整体区域环境的相对关系。通常，对村落的分布规律的探讨是基于对多个村落“位置”的考察。

钱塘江流域自然地理环境多样，涵盖平原、丘陵、盆地和山地等地形地貌。正如前文论述的村落人居环境形态受不同地域的自然地理环境影响，呈现出不同的空间环境特质。当人们在一定的地理和气候环境下聚族而居一定时间后，会逐渐形成具有当地环境特质的思维方式、价值观念和审美意识等地域文化，正所谓“一方水土养一方人”。不同的地理环境决定着人居环境和村落格局、建筑形态，也反映了村落原住民的文化理念，折射出以生产生活方式和民风习俗为主要内容的文化内涵。反之，这种文化特质也会影响传统村落人居环境的空间状态和发展，比如流域内传统村落的选址和建筑布局大多追求凭借自然、负阴抱阳、背山面水的理想人居环境意象，这既与中国传统哲学强调“天人合一”“师法自然”的人居环境思想紧密有关，更是流域内独特山水林田资源孕育形成的村落择址筑居的必然选择。流域内众多依山势地形、山坡海拔变化而建的村落，呈现出人与自然协调发展的良性循环态势，如柯城区双溪村为三国名将张良后裔族居地，整个村落落于山水之间，有七里源和张西源两条溪流穿村而过，民居建筑前沿街后伴溪，呈线形布置，体现出人与自然和谐共存的聚落生态。

另外，自然地理环境中海拔高程是自然的连续要素，与传统村落选址与人居环境变迁有着密切关联。基于钱塘江流域的地理地形特征分析，从 120 个“双录”村的统计数据来看，村落位于海拔 100 米以下的有 50 个，位于海拔 100~200 米的

① 胡彬彬，邓昶．中国村落的起源与早期发展 [J]. 求索，2019（1）：151-160.

② 李立．乡村聚落：形态、类型与演变 [M]. 南京：东南大学出版社，2007：29.

有35个，位于海拔200~300米的有13个，位于海拔300~400米的有10个，位于海拔400米以上的有12个。总体来看，大部分传统村落位于海拔200米以下，这一方面呈现出钱塘江流域地形主要以低山丘陵、平原盆地为主的特征，另一方面体现了低海拔地区的交通、经济、人口等要素适宜传统村落的形成与发展。但从村落保存的数量与完整度来看，却与海拔高程负相关。

（2）交通方式变迁

交通条件作为一个地区发展的重要条件，对传统村落人居环境变迁产生重要影响。通常，交通条件滞后，与外界联系不便的传统村落，因受外界客观条件干扰较少，保存有完整的传统建筑群和当地生活生产方式、习惯，如浙南丽水的龙（泉）、庆（元）、景（宁）地区山地传统村落，风貌与格局基本都较为完整，且表现出一定的聚类特征。而交通条件便捷，沟通方便的地区的传统村落，分布较为松散，原生态风貌有所破坏，且现存数量相对较少，比如浙北杭嘉湖地区。地处古时驿道、水路码头的传统村落，大多商贸业态发达，建筑风格多样，人居环境质量相对较高。

据史料记载，宋元时期严州有陆路、水路通过周边地区，至明初，水路是钱塘江流域的主要交通方式之一，如在北源淳安县境内就有“渡口一十六”，南源“浙东自常山至钱塘八面里水径入海不更”，都反映了当时的交通状况[①]。自宋代起，钱塘江流域的水路交通较为发达，流域内遍布的天然江河湖泊和人工河渠构成了稠密的水道网络，连接各个县乡村。历史上，兰溪、龙游、江山、常山都有重要的水路驿站，徐霞客曾多次涉游钱塘江沿岸等地，留下了《浙游日记》。内河水运和陆上交通的发展，促进了钱塘江流域与周边乃至更广阔区域的交流与合作，对经济繁荣和村落发展起了至关重要的作用。尤其是浙东运河的修建，自钱塘江口经萧山、上虞、余姚，直达海上贸易的重要港口明州（今宁波），这是一条极为繁忙的水运通道，与邻近河湖支流的连通，使水运通航足以覆盖广大乡村地区，促进了沿线镇村的快速发展。水上航运的货物到了码头需要分散运达各目的地，这就促进了陆上交通的建设和改善，流域内多条官道驿道在此时兴修成型，一定程度上对沿线传统村落起着串接沟通的作用，如江山仙霞古驿道串联起廿八都、三卿口、峡口、清湖等多个传统村镇，都拥有大片“闽赣浙”风格融合的建筑，形成独特的历史文化景观带，见图3-7。

① 陆小赛.16-18世纪钱塘江流域建筑构件及其装饰艺术[M].杭州：浙江大学出版社，2013：149-154.

（3）人口大量迁移

农业发展带来食物的充足，有力地促进了人口的繁衍和增长。由于传统村落耕种土地有限，当人口增长到一定程度时，便导致人地紧张，人口只能外迁开辟新的耕种土地，村落开始分化，宗族自然分异，衍生出新的村落，这些村落形成一定的地缘关系。正如美国人类学家摩尔根（Lewis Henry Morgan，1818—1881）所说，“当一个村落人口过多时，就有一批移民迁往同一条河流的上游或下游处，另建村落”，它们“几个村落共沿一条河流而彼此邻近，其居民往往出自同源”[1]。

图 3-7　仙霞古道图
图片来源：作者自摄

人口迁移对文化传播与发展产生积极作用，也是传统村落形成与人居环境变迁的主要动因。移民衍生下的文化传播与交融，推进了地域文化经济的发展，也促进了传统村落的生成与发展。钱塘江流域传统村落的形成与发展和多次北方人口南迁的社会背景密切相关。秦汉以前，强宗大族掌控国家，人口和村落主要分布在中原一带。秦始皇统一六国后，为加强管理开始将北方人口迁入浙江。汉唐以降，或因北方人口繁衍、土地兼并导致生存压力加剧，或因自然灾害、战乱动荡被迫避祸远遁，北方大量强宗大族避地江南。《晋书·王导传》“洛京倾覆，中州士女避乱江左者十六七”。西晋末年永嘉之乱，中原世族大宗携眷南迁，大规模的人口迁移促进了黄河流域文化和长江流域文化的南北文化大融合，促进了南朝时期江南文化的快速发展，尤其是北人带来的建筑技艺，孕育了诸如徽派、婺派建筑的原始形态。一些世家大族集群迁居后形成的村落，至今仍具有较大的影响力。唐代安史之乱之后，中原王朝剧烈震荡，经济重心逐渐南移。两宋靖康之乱，赵宋王室避祸南渡，进一步促进了江浙地区乡村聚落的爆发性增长，并形成一道“衣冠人物，萃于东南”的特殊人文景观[2]。尤其随着赵宋王室定都临安，大批士人举族南迁，屯田垦荒、筑屋建村，聚族而居、落地生根，不仅为钱塘江流域带来充足的劳动力和先进

① 路易斯·亨利·摩尔根. 古代社会 [M]. 杨东莼，马雍，马巨，译. 北京：商务印书馆，2012：119，124.

② 《乡愁与记忆——江苏村落遗产的特色与价值》编写组. 江苏省历史文化村落特色与价值研究 [J]. 中国名城，2018（10）: 42–51.

的农耕垦殖技术，还为区域传统村落形成和发展带来浓郁的中原文化基因。在南宋时期钱塘江流域形成一个建村的高潮，村落建设迅速发展。中原人口大规模南迁，播迁了传统村落的种子，孕育了一大批人文底蕴深厚、宗族印记鲜明、物质遗存丰富、建筑风格迥异的传统村落，如桐庐江南古村落群之深澳村，申屠氏为避王莽之乱自北方迁居富春江南，其后繁衍生息，成为江南望族。

（4）产业经济发展

钱塘江流域水土丰沛，农业经济历来较为发达，大部分传统村落以农业生产为主要经济方式。尤其是两宋时期，流域内垦田面积的扩大和水利的兴修，以及农业生产技术的提高，农业生产水平冠绝全国。农业发展的繁荣与昌盛，势必加强了传统村落的稳定性，促进了村落人居环境的发展。

钱塘江流域内多次大量北方人口的南迁，为流域内的经济发展注入了新的活力，也促进了流域内的农业经济开始呈现多样化发展，传统村落经济开始慢慢摆脱对土地资源的单纯依赖，手工业、商贸等经济形态逐渐兴起。流域内部分传统村落开始发展兼营手工业、商业，如纺织、酿酒、陶瓷、制茶、编席、造纸等快速发展，慢慢形成众多产业经济发展典型的业缘型村落。从对 30 个典型样本村的调研来看，大多数村落拥有传统技艺类非遗项目便是例证，这说明手工业在钱塘江流域的传统村落中早已萌芽发展，且已传承多代。如兼营手工业的村落以制瓷烧窑为主，其村落规模与空间布局具有产业特征，通常住宅和作坊混杂，满足制作生产工序的场地和设施较多，对村落格局和景观影响较大。手工业村落通常建有供奉行业神的庙宇，如烧窑的老君庙、造纸的蔡公庙，等等。

钱塘江流域水系发达，水文资源丰富，为流域内商业经济提供良好的交通条件，也促进了传统村落商业街市与码头商埠、驿道的开发，如富阳区东梓关村地处富春江畔，历史上水运交通发达，造就东梓关商贸兴旺，村内遗有的码头至今仍发挥着作用。另外，因地理位置特殊，那些处于水陆交通线路边的传统村落，逐渐发展成商贸街市型村落。这些村落通常围绕水路码头、官步驿道或集贸市场聚集而成，空间布局主要以街巷为主，住宅沿两侧布置，呈下店上屋、前店后屋、外敞内闭等布局，如临安区石门村、新昌县班竹村、兰溪市芝堰村地处古时交通要道，商贸往来较为发达，村内街巷商铺林立，至今仍保留有驿站、货站、茶铺、酒肆、药店、戏台等，形成传统村落人居环境的线性业态景观。

（5）民间信仰习俗

传统村落的乡土性特征主要体现在其拥有众多根植于乡间田头的民间信仰。民间信仰代代相传，对村民发挥着心理慰藉、道德教化、族群认同、社会整合等功能，在传统村落社会发展中具有重要意义[①]。按照人类学家罗伯特·雷德菲尔德提出的“大小传统”文化观，民间信仰属于“小传统”文化范畴[②]，可以归纳为地方性知识范畴，是影响传统村落人居环境变迁的重要因素，也是探源传统村落人居环境变迁的重要依据。

传统村落中民间信仰涉及的领域非常广，从生、婚、病、丧，到衣、食、住、行等各个方面，乃至日常劳动和言谈话语之间，无不有着民间信仰的体现。从钱塘江流域传统村落中祠庙宫观中供奉的对象来看，除了“祖先崇拜”作为根深蒂固的民间信仰外，主要包括自然神祇、历史人物神祇、佛道神祇三类。其中，自然神祇既包括天地、日月星辰、风云雷电等大自然物象及现象，又包括山岳、岩石、江河、泉井等，还包括动植物神祇等。历史人物神祇主要是历史上重要人物，由于生前功业卓著，为一方百姓所尊崇；另外有一些神话传说中的人物，也被民间建祠祭祀。佛道神祇大多为掌管功名利禄的文昌星、保佑平安的观音菩萨等神仙供奉，如丽水市龙（泉）庆（元）景（宁）三县是世界香菇之乡，千百年来菇民们形成了以“香菇”为核心的民俗文化和民间信仰。境内拥有 5 座菇神庙，供奉着五显大帝和受五显大帝点拨的制菇技术发明人吴三公，以纪念菇神的恩德。其中龙泉市下田村菇神庙作为龙南菇民建筑群代表，已被列为省级文物保护单位。再如柯桥区冢斜村是大禹之妻涂山氏墓葬地，历代朝廷均有派大臣来祭祀。冢斜自古就有“好淫祀”的民风习俗，对神灵无限敬畏，旧时村内建有多座庙宇、寺庵，道教佛教不断传入，深入生活生产、祭祖丧葬等习俗之中。冢斜村现存有始建于唐代的永兴公祠，大殿正中供奉着唐代名臣虞世南塑像。《冢斜余氏宗谱》记载：“唐虞世南，为南镇永兴神，天子岁遣大臣来祭，奠社稷，福苍生……里人虔修祀典，歌舞以奉之……”冢斜每年仍举办永兴庙会，祈福国泰民安，风调雨顺。另外，大部分传统村落的村口都有上百年树龄的古树，常被当地村民奉为认亲树，这也是传统村落的一大人文景观。

（6）历史事件演变

传统村落人居环境的变迁和战乱暴乱、天灾饥荒等特殊历史事件密切相关，其中战争就是引起人口消亡和迁移的最重要因素。历史上西晋永嘉之乱、唐末安史之乱、宋代靖康之难导致三次大规模的中原衣冠士族南迁，助推了中原文化与钱塘江流域吴越文化的交织、碰撞和融合，并融合了徽、闽、赣等地域文化，开启了钱塘江流域的经济和文化发展历程。钱塘江流域是北方人口的主要迁入地，尤其是南

① 胡彬彬. 中国村落史 [M]. 北京：中信出版社，2021：300.

② 徐杰舜，刘冰清. 乡村人类学 [M]. 银川：宁夏人民出版社，2012：364.

宋迁都临安（今杭州），带来了区域经济社会的繁荣和人口规模的增长，并为其后区域发展奠定了坚实的基础。可以说，钱塘江流域的社会大发展时期是在宋代以后[①]，到明清时期达到高峰，大批传统村落在此时期孕育、繁荣兴盛。

另外，历史上多次朝代更替、战乱和农民运动，加剧了社会动荡与人口流动，致使耕地荒置，乡村经济进一步衰败，甚至出现不少无人村，对传统村落人居环境变迁造成极大的影响。其中影响最大的当属清末太平天国运动，此次历时近 14 年的农民运动席卷大半个中国，对晚清社会的影响巨大且深远。由于太平天国拥有独特的政治思想主张，其所到之处，与文化传统相关联的，绝大多数被破坏损毁。从对流域内传统村落的实地调研来看，大量唐宋时期的历史遗存均在这一农民起义中被摧毁，部分传统村落的宗祠、私学等建（构）筑物被占用，甚至拆除，对钱塘江流域的传统村落人居环境和地域文化的破坏之大，令人咂舌。

（7）宗族意识影响

中国古代社会是一个典型的宗族社会。宗族最初产生于原始社会后期的父系氏族，以男性始祖为中心，由若干个家族公社结合而成的介于氏族公社和家庭公社之间的血缘共同体。宗法制度是中国封建社会独特的社会结构与制度，形成于西周，秦汉式微，唐宋以降得以重建，其后不断巩固强化，至明清时期走向平民化，并得以巨大发展。《白虎通义》云："族者，凑也，聚也，谓恩爱相依凑也；生相亲爱，死相哀痛，有会聚之道，故谓之族。"[②]"宗者，尊也。为先祖主者，宗人之所尊也。"自西周始，宗法制度在国家政权的特殊保护下迅速发展，成为村民行事规范的约束力量，并深刻影响了传统村落的社会结构与文化精神。传统村落历数百上千年，宗法制度对传统村落演变发展的稳固性起着重要的作用，同族有立族长、建祠堂、修族谱、兴族学、置家族庐墓，村民的血缘关系就是村内社会关系，宗族得以持续稳定的向前发展，如被誉为"江南第一家"的浦江郑氏家族，一度"九世合居、千人共食"，历宋、元、明三代共计 330 余年，以孝义、宗法持家，名冠天下，传扬至今，成为"和谐因子""人我共生"的典范。

农耕社会的先民为了抵抗天灾和社会压力，加强宗族内部凝聚力，往往同姓者至数十或数百家同宗聚居，形成了血缘聚居的宗族村落，具有独特的文化特质。通常，以宗族聚居形成的村落更为重视教育，历史上人才辈出，诗书礼仪，代代相传，人文风气浓郁。书院、私塾、功名牌坊、文昌阁、文峰塔等成为重要的标志性建筑，此类村落比较重视公共性的建设和村落整体风貌，大多有"十景""八景"

---

① 王建革 . 江南环境史研究 [M]. 北京：科学出版社，2016.

② 吕思勉 . 中国通史（上）[M]. 北京：中国文史出版社，2015：97.

之类的人文景观资源[①]，如建德市新叶村的里叶八景、淳安县芹川村的芹溪八景、桐庐江南镇荻浦八景、富春江芦茨十景、浦江嵩溪十景等均较为典型。

2. 人居环境变迁的特征与规律探讨

钱塘江流域传统村落人居环境在特定的区位地理环境、区域历史变迁、社会经济条件和文化背景等多元因素的共同影响下，不断演进发展，具有一定的内在规律，并逐渐呈现出“中心与边缘”“内生与外溢”“有序与无序”“开放与封闭”“协同与变异”等特征。

（1）中心与边缘

在文化学理论中，文化有中心和边缘的关系。文化中心为文化特质最集中的区域，占据主导地位，且具有辐射周边区域的功能；而文化边缘则处于次要的、受影响的地位。一般情况下，文化中心处于文化密集区，其经济、政治、制度等方面的信息流量大，对周边地区文化产生直接或间接的影响，带动文化整体的向前发展[②]。钱塘江流域的传统村落人居环境受地域文化影响，总体呈现出“中心与边缘”的结构关系。

从区域分布格局来看，由于地理特征的差异和受钱塘江干流走向的影响，流域内传统村落具有中心和边缘两个相对应的特征。钱塘江中游的金衢盆地分布的传统村落相对较为集中，数量较多，呈现出“中心”聚集态势。而上游和下游地区，尤其是下游杭州东北部和嘉兴地区则分布较为分散，数量也相对较少。在中心区域的传统村落分布呈现出明显的集聚效应，比如桐庐江南申屠家族的古村落群以深澳、荻浦形成的中心格局，周边散落的青源、环溪、徐畈、梅蓉等宗族村落，形成区域村落的中心与边缘关系；建德大慈岩镇新叶、里叶、李村等古村落群和兰溪诸葛、长乐、三泉、芝堰等地缘村落的分布也都是同理。

从传统村落个体来看，中心与边缘特征体现在传统村落人居环境形态上，形成宗祠主导村落风貌和空间格局的人居环境图式，宗祠在村落中的位置，见图 3-8、图 3-9。宗祠通常占据村落的中心区域或中轴线位置，成为村落人居环境的物质空间中心，也是体现礼乐尊卑秩序。民居建筑围绕祠堂而建，成团块分布，以一个房派的成员住宅簇拥在这个房派的宗祠或者“祖屋”的周围，再由这些团块组成村落，充分体现了血缘关系和宗族意识是传统村落维持聚居性的基本因素。这种按宗族及其下属各支派划分空间领域、组织空间秩序，突出以宗祠为中心

① 李烨，何嘉丽，张蕊，王欣．钱塘江中游传统村落八景文化现象初探 [J]. 园林，2020（11）：56–61.

② 陈华文．文化学概论新编（第四版）[M]. 北京：首都经济贸易大学出版社，2019：258–261.

图 3-8　常山金源村

图片来源：作者自制

图 3-9　浦江嵩溪村

图片来源：作者自制

的“向心内聚”的特点，即呈现出中心与边缘的空间关系。

另外，从生态学的视角来看，传统村落作为生态环境系统中的一种景观“斑块”①，会受到内部与周边环境的影响，形成边缘效应②。这种边缘效应体现在传统村落人居环境形态上，可以看出边缘的建筑单体间疏密关系与内部相比存在着波动和差异，通常在外界没有特殊界体对其制约或诱导时，边缘的建筑布局相对较为疏松，而当外界具有特殊界体时，建筑布局的密度就会聚集起来。一般情况下，村落人居环境的规模越大，边缘效应相对较小，呈现出村落规模与边缘效应呈反比的关系③。

（2）内生与外溢

“内生”一词是经济学术语，如内生增长理论认为经济能够不依赖外力推动实现持续增长，内生的技术进步是保证经济持续增长的决定因素。本书的“内生”指钱塘江流域内传统村落通过自身的自然资源、人口、经济、技术等因素影响作用而自我发展的人居环境状态。“外溢”则指钱塘江流域内由于人口增长带来人地矛盾的困境，而致使人口外迁并对外部区域产生一定影响，且逐渐与外部地区形成一种地缘延续。

从居住关系来看，血缘关系是维持传统村落人居环境秩序的主要因素。在对流域内 120 个“双录”村的实地调研中发现，单姓血缘村落共有 81 个，占总数的 67.5%，是流域内传统村落的主要类型。单姓村落中居民按血缘亲疏划分支系，各

---

① 张松 . 作为人居形式的传统村落及其整体性保护 [J]. 城市规划学刊，2017（2）：44–49.

② 时琴，刘茂松，宋瑾琦，徐驰，陈虹 . 城市化过程中聚落占地率的动态分析 [J]. 生态学杂志，2008（11）：1979–1984.

③ 浦欣成 . 传统乡村聚落平面形态的量化方法研究 [M]. 南京：东南大学出版社，2013：40.

据一片，形成组团，具有较强的内生规律。而对主姓或杂姓村落的调研中发现，通常主姓也主要居住于村落内部，而外来姓氏则居住于村落外侧。

从村落格局来看，由于受人口快速增长的影响，流域内传统村落人居环境开始呈现由具有规律性的内生发展开始向外延续的趋势。尤其是自宋以来，随着生产技术的发展，剩余劳动力开始增多，本土内生的农业经济不能满足生存需求，加之土地等资源紧缺，农业升级转型不足，人地矛盾逐渐凸显。部分原生宗族开始分化、重组、衍生出新的村落。这些村落在宗族派系上保持血缘关系，但在地缘上呈现分化状态，如龙游县泽随村、灵下村、灵山村都是西周徐偃王后裔徐氏分迁的地缘村落；桐庐县环溪村、诸暨市十四都村、磐安县横路村也是北宋理学家周敦颐后裔分迁聚居村落。

（3）有序与无序

有序与无序主要指传统村落人居环境形态变迁的稳定性和突异性特征，农耕社会的家族伦理秩序和族规祖训宗法是传统村落自治、发展生息的内在逻辑，是传统村落的基本社会结构。这种伦理关系不仅是一种文化传承，也影响了村落人居环境格局和发展。人口的迁移和村落的衍增，既意味着文化的有序传播与发展，也促进了一定地理单元范围内具有相似文化特征的传统村落的形成[①]。

从区域布局来看，由于受到传统交通、资源、人力及土地耕作半径的限制，决定了传统村落的分布要考虑与其发展相适应的基础条件，在一定层次和尺度上择优定位，从而避免资源浪费而形成相对稳定有序的空间结构。相邻村落之间既要有独立的区位资源，又要维持良好的可达性，通常以便于村民步行赶集（往返半天时间）为准，一般不超过 5 公里，这些村落之间通过功能的分化和秩序的重组形成一种相对有序的组织系统。

从村落单体来看，传统村落从始迁祖择址定居筑屋始，在相当长的一段时期内处于有序的自然生长状态，山势地形、河网水道是组织村落外部空间形态的主要因素，而祖屋、宗祠和主要街巷是控制村落内部空间形态的主要因素。正如前文所述，在宗法制度影响下，以体现血缘关系的宗祠为核心的村落布局是传统村落人居环境的普遍形式。传统村落人居环境的有序性通常体现为村落形成以宗祠为核心的团块状格局，具有明确的村落人居环境边界和空间秩序关系。建筑分布通常与宗族房派、支派的结构组织相对应，房派、支派成员的住宅以房祠、支祠和香火堂为中心组成团块，再以宗祠为核心形成整个村落的空间布局。水口、街巷、广场、义

① 胡彬彬．中国村落史 [M]. 北京：中信出版社，2021：44.

仓、牌坊、庙宇等也都基本安排有序。在有序的空间布局背后，实则隐藏着维系社会的宗法秩序。其后，随着人口繁衍增长，村落规模开始外扩，慢慢呈现出“外延内敛”的格局，即内层空间基本完整，外层空间开始突异，整体风貌呈现新、旧并存的特征。诸如柯桥区冢斜村四面环山，小舜江北溪自村北环绕村东而去，溪上有古永济桥。余氏先祖人工建造的古官道环绕村落南侧，形成了村落的自然边界。村前有水田数十亩，山绿水清，风景幽雅。村内街道、小巷相互交织，有东西向的冢斜南大路和南北向的牛过弄堂、上大院路等巷道。村内古建筑集中成片，以余氏宗祠为中心，逐步向四周扩散，大部分建筑的朝向均为坐北朝南。随着人口增多，村子分为南北两大部分，南部古村落形态保存完整，而北部和西侧已插入了较多的新建建筑，见图 3–10。

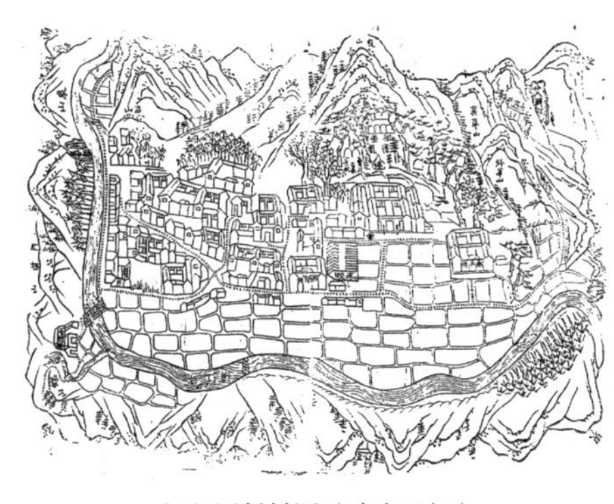

（1）冢斜村图（清末民初）

（2）冢斜村现状

图 3–10 柯桥区冢斜村

图片来源：作者自摄

从建筑形态来看，建筑与建筑之间布局较为紧凑，但建筑周边空地的边界呈现不确定的特征。由于农业劳作的生产方式和自给自足的生活特征使村民注重庭园种植或养殖，致使民居建筑的图底关系呈现一种无序状态。同时，建筑功能混合是传统村落生活中一种常态，诸如吃饭、休息、劳作等活动就经常发生在同一居室空间内，庙会集市、邻里交往、晾晒等在村落公共空间中的形成，模糊了建筑空间的边界和形象，也是传统村落人居环境呈现无序发展的典型特征。

（4）开放与封闭

在特定的地理和文化影响下，人类追求和谐人居环境的建构，最终形成一个个由“熟人”组成的村落，因熟络而信任，组成一个个近距离、不设防、不欺骗的封闭小社会。正如费孝通先生指出：“乡土社会的生活是富于地方性的。地方性指他们的活动范围有地域上的限制，在区域间接触少，生活隔离，各自保持着孤立的社会圈子。在乡土社会的地方性限制下成了生于斯、死于斯的社会。常态的生活是终老是乡。”[①]

传统村落大多以同姓（族）聚居，通常保持着一定的规模（百户为多），具有独立、不受资源冲突干扰的特征，呈现一定的封闭性。“大村住一族，同姓数千百家。小村住一族，同姓数十家及百余家不等”。偶也有异姓杂处村落，但也必定有一姓为主要占统治地位的家族。白居易在《朱陈村》一诗中生动地描绘了中国传统村落的形象：“徐州古丰县，有村曰朱陈。去县百馀里，桑麻青氛氲。机梭声札札，牛驴走纭纭。女汲涧中水，男采山上薪。县远官事少，山深人俗淳。有财不行商，有丁不入军。家家守村业，头白不出门。生为村之民，死为村之尘。田中老与幼，相见何欣欣。一村唯两姓，世世为婚姻。亲疏居有族，少长游有群。黄鸡与白酒，欢会不隔旬。生者不远别，嫁娶先近邻。死者不远葬，坟墓多绕村。”这是一个典型的基于血缘关系封闭式的聚族而居的村落。

土地是传统村落最重要的生产资料，衣食住行用等生产资料都直接或间接取诸土地。土地的不可搬迁性和农业的分散性决定了传统村落布局的稳定性和散居性，这是农业社会最具特点的村落区位分布特点[②]。以农耕经济为主的传统村落，依托以土地为中心的生产方式，在农耕文化的影响下，秉承“耕读传家”理念，由此形成相对稳定、封闭的村落人居环境布局与形态。通常，传统村落的规模大小主要取决于村落拥有可耕土地的数量。

随着时代发展，同族聚居的观念逐渐淡化，村落分布和人居环境的风貌与格局开始呈现开放态势，如东阳市蔡宅村最早的居址坐落于村内后街一带，随着人口繁衍，后以忠爱堂（后名聚奎堂）为中心向四周拓展，巷弄呈辐射状延伸，形成七纵四横的街巷格局。村内古民居多以三合院、四合院为基本单位，形成“十三间头”“廿四间头”。公共建筑有蔡氏宗祠、兴隆庙、振修庵等，民居建筑有润德堂、玉树堂、居易堂等。

（5）协同与变异

协同现象是传统村落人居环境形态演变所遵循的基本规律，也是地域文化对传统村落约制功能的具体表现。协同的规律赋予了传统村落人居环境的风貌整体特征，具有“地方性”的特质得以形成和复制。基于钱塘江流域传统村落的血缘性和地缘性特征，一方面村落的群团性质突出，体现为统一的规划和严密的布局，居住区、祭祀区、墓葬区等区划明显，房屋以宗祠、祖屋为中心环绕布局，具有较强的

---

① 费孝通．乡土中国 [M]. 北京：北京大学出版社，2012：13.

② 吴必虎，等．中国传统村落概论 [M]. 深圳：海天出版社，2020：61.

向心力；另一方面村落的防御性功能进一步加强，具有浓郁的地缘关系。这些特征虽然因早期人类在生存生活诉求上的一致性而在宏观面貌上呈现出一定的相似性，但在某种微观层面也有着较为明显的差异。“五里不同风，十里不同俗”，每个传统村落都有自己不可替代的特色。传统村落中的传统建筑同样经历了千百年的历史变迁，在不断地修复、重建中，接受传统与外来文化的支配与影响、同化与融合，在民间工匠自主规划、设计、建造的模式中，形成风格各异的样貌形式，显示出独具特色的文化景观特质。

本章小结

本章立足时空观念，从自然、文化、历史等视角剖析传统村落人居环境变迁的基础，进而从发生、形态、变迁三个层面阐释钱塘江流域传统村落人居环境的基本特征和规律。以历史和文化为牵引，阐述自先秦至民国的几个典型时期钱塘江流域传统村落人居环境历时性演变的时代性特征；以自然和文化为基础，阐释地理环境、农业资源、气候条件、地域文化影响下的传统村落人居环境共时性结构的地域性特征。

钱塘江流域是吴越文化的重要发源地，先秦时期就具有较强的区域文化特质。秦汉时期，随着国家的统一，钱塘江流域因偏居东南一隅，处于缓慢发展的低谷状态。东汉末年，北方战乱频发，大量北人为避战祸而南迁，先进的中原文化由此进入南方。尤其自两晋时期，大批北方士人南迁后人口繁衍，钱塘江流域人多地少的矛盾逐渐凸显，精耕细作的生产方式开始催生出众多能工巧匠和文人。唐宋时期，流域内人文荟萃、文风鼎盛，创造了云蒸霞蔚、灿烂悠久的地域历史文化。唐代以后相当长一段时间钱塘江流域成为江南地区经济、文化活力最大的区域之一。随着历史上多次人口迁移和文化融合，钱塘江流域在某种程度上受中原文化的影响呈现出变异性，同时又保持着地缘特色呈现出与中原文化的差异性。钱塘江流域传统村落数量众多、类型多样、空间分布均匀，具有历史沿革源远流长、人居环境形态多样、文化遗产资源丰富、村落规模大小适中等特征，其人居环境形成与发展受自然地理环境、交通方式变迁、人口大量迁移、产业经济发展、历史事件演变、民间信仰习俗、宗族意识等多重因素的影响。部分村落因所处区域的自然地理特征、社会经济发展和宗族人口的关联性，其价值与特色也具有一定的相似性。总体而言，钱塘江流域传统村落人居环境总体呈现中心与边缘、内生与外溢、有序与无序、封闭与开放、协同与变异等规律和特征。

第四章　钱塘江流域传统村落人居环境系统与价值评价

传统村落人居环境是村民生产生活所需物质和非物质要素的有机结合体，是一个动态的复杂系统，可分为自然生态环境系统、社会文化环境系统和地域空间环境系统三大子系统，支持和满足村落生产、生活、生态功能[①]。应该说，传统村落人居环境是建筑、景观等物质实体和历史、文化等非物质要素共同营构的历史物化。因此，我们在辨析人居环境变迁过程中，既要考察其现状、辨识其原型，还要追溯其历史发展进程，更要揭示出其发展规律和个性特点。

一、原型辨识

1. 传统村落人居环境的层级

传统村落是一个有机更新、接续生成、逐步演变、扬弃发展的人居环境载体，承接自然空间、社会空间、物质空间等多个空间层级的人居环境空间综合体[②]，见图 4–1。结合钱塘江流域的传统村落人居环境实情，确定人居环境的层级，包括宏观层面的文化区、中观层面的传统村落集群、微观层面的村落和家庭三个层级。

（1）宏观层面：文化区

“文化区”的概念最早由美国人类学家奥蒂斯・梅森（Otis Mason）于 1895 年提出，指由相似的文化特质构成的地理区域，在同一文化区中，诸如语言、宗教信仰、生活习惯、道德观念等主要文化现象具有一致性。同一文化区中文化特质在其中心地或起源地最为明显，向外逐渐减弱，直至与另一文化区之间形成过渡带[③]。1922 年，美国人类学家克拉克・威斯勒（Clark Wissler，1870—1947）重新阐释了

---

① 李伯华，曾灿，窦银娣，刘沛林，陈驰．基于“三生”空间的传统村落人居环境演变及驱动机制——以湖南江永县兰溪村为例 [J]. 地理科学进展，2018（5）：677–687.

② 杨小军，丁继军．传统村落保护利用的差异化路径——以浙江五个村落为例 [J]. 创意与设计，2020（3）：18–24.

③ 郑度．地理区划与规划词典 [M]. 北京：中国水利水电出版社，2012：204.

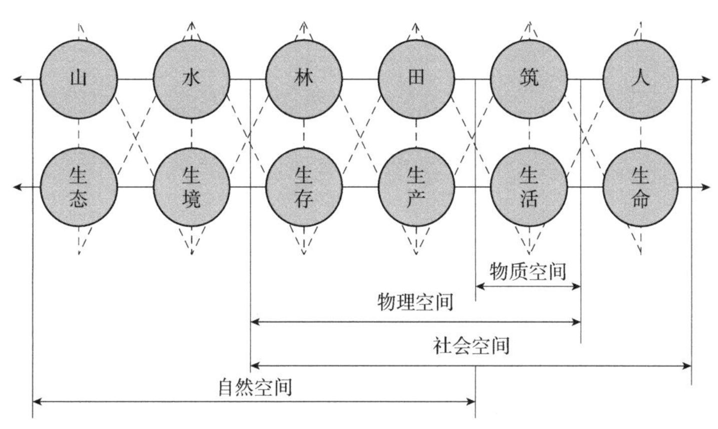

图 4-1　传统村落人居环境空间层级

图片来源：作者自制

文化区的概念，指居住在同一地区中不同人群之间相关联的文化特质，反映了文化是基于时间和空间的同构，并以同构文化特质的空间分布来重建文化历史顺序和不同人群之间关系[①]。文化区划是了解区域特征的一种方式，透过建筑和村落的特质进行区域性的比对与整理和区域性空间的分布研究，可以发现并阐释村落和建筑的差异与关系[②]。

针对传统村落人居环境研究，文化区划定和村落类型学的建立是基础[③]。有学者提出要把传统村落划分为若干自然生态区，在此基础上再划分若干文化生态区，然后在各个自然文化生态区内选择典型村落，进行个案调查研究，最后把各个案调查结果加以分析、比较，才能建立起村落系统研究（理论）。另外也有学者将中国传统村落的文化区划分为汉族片区、民族片区、民系片区、混合片区[④]。同时，有学者根据文化传播和分布特征，将浙江传统村落分布的文化圈划为钱塘江流域吴文化圈、瓯江流域的瓯越文化圈和东南沿海的闽越海洋文化圈三个圈层[⑤]；也有学者根据浙江文化和地形地理环境特征，将浙江分为浙北、浙东、浙南、浙西、浙中五个历史文化区域，相对应于浙江历史上的吴、越、姑蔑、东瓯四国和八婺之地。其中，浙北概指杭州、嘉兴、湖州三地，春秋战国时属吴；浙东概指绍兴、宁波、舟山全部及台州大部，春秋战国时属越；浙南概指温州地区、台州小部、丽水小

① 黄源成．历史赋能下的空间进化——多元文化交汇与村落形态演变 [M]. 厦门：厦门大学出版社，2020：3，29.

② 蔡凌．建筑－村落－建筑文化区——中国传统民居研究的层次与架构探讨 [J]. 新建筑，2005，4：6-8.

③ 徐杰舜，刘冰清．乡村人类学 [M]. 银川：宁夏人民出版社，2012：1-14.

④ 罗德胤．中国传统村落谱系建立刍议 [J]. 世界建筑，2014（6）：104-107.

⑤ 梁伟．浙江传统村落保护与发展研究 [M]// 中国城市规划学会．共享与品质——2018 中国城市规划年会论文集．北京：中国建筑工业出版社，2018：704-712.

部，春秋时属东瓯国；浙西概指衢州地区，建德（古称严州）和金华兰溪、松阳、遂昌；浙中概指金华大部和丽水东北部一带①。这些具有自然格局差异的文化区域，是浙江传统村落生成发展与地域文化建构的重要基底。钱塘江流域涵盖了吴、越、东瓯四国和八婺之地四个历史文化区，区域文化特征明显，资源类别丰富多样，为传统村落的区系化研究打下坚实的基础，也为传统村落人居环境宏观层面的原型辨识提供依据。

通常，位于同一个文化区内的传统村落会产生并形成高度一致的民俗风情、民间信仰、各种方言等，可称之为“方言区”“习俗圈”“信仰圈”。处于这些圈层的传统村落，由于人口迁徙、流动、交往，相互影响逐渐形成同一的风俗习惯和文化，比如浦江舞板凳龙习俗、龙（泉）庆（元）景（宁）地区村村举办的菇神节，都是同一区域内基于农耕文化体现和传承的敬天顺人的地方文化形式。正是这种共同的民间习俗信仰，不仅加强了同一地域村落社会的日常治理，同时也维系了村内不同家族或同宗同族间的和谐稳定，最终在村落的人居环境格局中得以具体体现。

（2）中观层面：传统村落集群

集群是一个生态概念，是指在一定的区域或环境里各种生物物种群有规律地结合在一起的结构单元，这种单元具有整体大于个体之和的优势②。根据传统村落在地理区位条件、景观风貌特色、文化遗存特征以及宗族血缘关系等方面的关联性，合理划定传统村落集聚区，是研究传统村落人居环境系统的一个创新思路。

传统村落集群是一个相对整体和独立的村落集聚单元，无论在文化景观还是空间环境上，均具有很强的联系性。从单个基于血缘聚居的村落逐渐衍生发展形成基于地缘的村落集群，这一现象在钱塘江流域较为普遍，比如桐庐东北部的深澳、荻浦、环溪、青源等村落形成的江南古村落群，建德上吴方、新叶、里叶、李村等村落形成的明清古村落集群，桐庐西南部茆坪、石舍、芦茨等村落形成的富春江古村落群等。这些传统村落集群总体分布呈现出“大杂居、小聚居”的特征，空间分布簇聚明显，历史文化关联度高，宗族演变脉络一致。在自然经济条件下，传统村落集群基本就是一个生活圈、文化圈，又是一个完整的经济圈③。因而，传统村落集群研究与发展有利于区域文化遗产保护、传承和发展，有利于资源整合互补和各类基础服务设施共建共享，有利于产业优势辐射，形成区域集聚效益。

---

① 丁俊清，杨新平．浙江民居 [M]. 北京：中国建筑工业出版社，2009：120.

② 曹昌智，等．黔东南州传统村落保护发展战略规划研究 [M]. 北京：中国建筑工业出版社，2017：219.

③ 吴必虎，等．中华传统村落概论 [M]. 深圳：海天出版社，2020：53-54.

（3）微观层面：村落与家庭

微观层面的传统村落层级包括村落和家庭两个层级。其中，村落可以有行政区划、面积和人口三个方面。传统村落在行政区划上有行政村、自然村之分，一个行政村可由几个自然村组成，少数地区一个自然村也可分为几个行政村。从村落面积来看，传统村落通常又有村域范围和村落范围两个层级，村落范围主要指以具有明确空间坐标的各类建筑为主体的边界限定范围；而村域范围指除村落建筑群落以外的田地、山林等自然区域，共同构成形成的边界范围。传统村落面积主要受地理区位、土地面积和人口数量等因素影响，通常与人们的耕种土地面积和距离正相关。从村落人口来看，也有两种计量方式，一是国家行政编制的户籍人口规模与分布，二是实际居住在村落的人口数量，即常住人口。

家庭的产生和发展是由婚姻与生育所决定的。人类的婚姻形态经历了血族群婚、亚血族群婚、对偶群婚和一夫一妻制的个体婚姻四个阶段，与此对应的是血缘家庭、亚血缘家庭、对偶家庭和个体家庭四种形态[①]。家庭是最小的居住单元，是传统村落的基本细胞，也是传统文化得以延承的基础。农耕社会的生产模式，决定了家庭规模，形成以家庭为单位的村落“细胞”，逐步形成家族和村落。家庭与家庭形成的邻里关系，在一定程度上影响了传统村落人居环境的发展。所谓“远亲不如近邻”，邻里和睦聚集，促进传统村落社会和文化环境的成型与发展。

2. 传统村落人居环境的维度

传统村落人居环境是一个动态历时的空间载体，其变迁过程通常受到地形、地貌、水文、气候等自然地理环境因素和血缘、宗族、人口、习俗等社会文化因素的影响。因此，需要从生态自然环境（或静态空间）和社会文化环境（或动态时间）两个维度辨析传统村落人居环境的特征，其中，空间维度主要包括村落形态和村落空间；时间维度主要包括村落历史和文化特征。

（1）空间维度

1）村落形态

村落形态涉及边界和风貌。边界指对物质实体领域界定后所形成外围的一种限定，对传统村落人居环境而言通常有自然边界和人工边界之分。自然边界指对村落原生自然环境作为村落环境背景的界定，一般以村域范围为依据；人工边界指对村落建设发展过程中人为营筑的各类物质形态的界定，一般以村落范围为依据。传

---

① 陈桂秋，丁俊清，余建忠，程红波．宗族文化与浙江传统村落 [M]. 北京：中国建筑工业出版社，2019：11.

统村落边界不是一成不变的，会受到社会发展和自然环境变迁的影响，呈现出一定的生长、停滞或消解等变化。有学者归纳了传统村落的自然边界有无边界、山型边界、水型边界、田型边界、山水型边界等类型[①]。也有实体边界与非实体边界、简单边界与复杂边界等之分[②]。村落风貌包括村落人居环境的外在形状、色彩等。正如前文所述，村落外在形状有线、面、组团、分散等类型；传统村落的色彩包括自然环境色彩、建筑色彩、田园景观色彩等。

2）村落空间

村落空间由物质实体空间和社会文化空间构成，物质实体空间分为公共空间和私密空间，私密空间主要指建筑单体的内部空间，公共空间指建筑单体外部围合的空间。其中，公共空间复杂而多义，成为传统村落人居环境变迁研究的主要内容。对村落物质实体空间的探讨要建立在对建筑、道路、广场、水系等物质要素的解析上，这些要素是构成传统村落人居环境的实质结构，空间要素的异同，反映了村落人居环境结构的异同，并会影响村落社会空间的形成；对村落社会文化空间的分析，主要通过观察人在空间和领域中的群体事件和社会行为，探讨物质空间与社会行为的互动关系，加强对传统村落空间结构的理解。

本书着重分析传统村落人居环境的的物质实体空间，具体内容在下节构成要素中给予详细阐述。

3）人居环境空间系统分析

总体来说，传统村落人居环境的空间维度主要包括区域环境、风貌格局、空间形态、建筑群落、建筑单体等内容，见表 4–1。通常，对单个传统村落人居环境的空间演变过程只能以现存形态为直接对象，借助文字、图像等资料来复观其变化过程。可以运用“形态分析为基础的减法原则”[③④]，即先确定村落中各建筑物、构筑物等的兴建年代，然后用减法对现有村落人居环境形态逐层上推，复原各历史时期的基本样貌，见表 4–2。由于宋代及之前的建筑遗存现已基本不存在了，同时考虑钱塘江流域传统村落大多始建于宋及明清时期，因此本书以明代及之前、清代至民国、现代三个历史时段为依据，来还原传统村落人居环境的形态演变过程，判断其变迁特征与规律。

---

① 黄源成 . 历史赋能下的空间进化：多元文化交汇与村落形态演变 [M]. 厦门：厦门大学出版社，2020：95–98.

② 浦欣成 . 传统乡村聚落平面形态的量化方法研究 [M]. 南京：东南大学出版社，2013：37.

③ 刘康宏 . 乡土建筑研究视域的建构 [D]. 杭州：浙江大学，1999：29.

④ 蔡凌 . 建筑—村落—建筑文化区：中国传统民居研究的层次与架构探讨 [J]. 新建筑，2005（4）：4–6.

钱塘江流域典型样本村落人居环境概览表　　表4-1

序号	村名	总体布局	空间风貌	图底关系	3D空间肌理
1	桐庐县 深澳村				
2	桐庐县 茆坪村				
3	富阳区 东梓关村				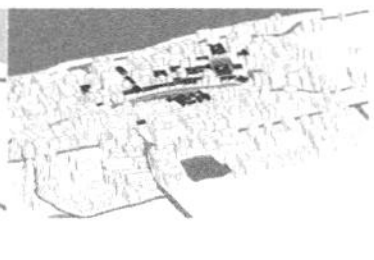
4	临安区 石门村				
5	建德市 上吴方村				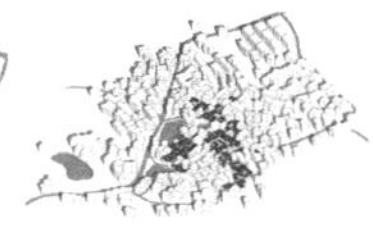
6	淳安县 芹川村				
7	诸暨市 斯宅村				
8	诸暨市 十四都村				
9	柯桥区 冢斜村				
10	嵊州市 华堂村				

续表

序号	村名	总体布局	空间风貌	图底关系	3D空间肌理
11	新昌县 梅渚村				
12	兰溪市 芝堰村				
13	浦江县 嵩溪村				
14	金东区 琐园村				
15	金东区 蒲塘村				
16	东阳市 蔡宅村				
17	义乌市 缸窑村				
18	婺城区 寺平村				
19	永康市 厚吴村				
20	武义县 俞源村				

续表

序号	村名	总体布局	空间风貌	图底关系	3D空间肌理
21	磐安县 横路村	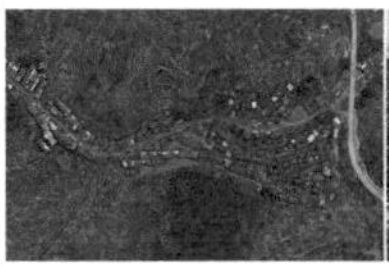			
22	江山市 南坞村				
23	柯城区 双溪村	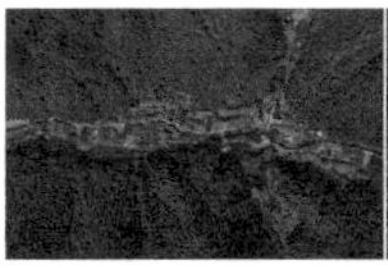			
24	常山县 金源村				
25	开化县 霞山村				
26	龙游县 泽随村				
27	龙泉市 官埔垟村	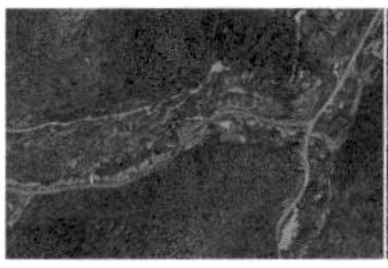			
28	遂昌县 独山村				
29	缙云县 河阳村				
30	缙云县 岩下村				

表格来源：作者自制

钱塘江流域代表性传统村落人居环境形态演变示意表　　　表4-2

序号	村名	阶段一（明代及之前）	阶段二（清代至民国）	阶段三（现代）
1	建德市 上吴方村		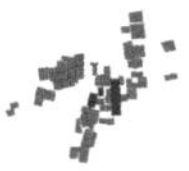	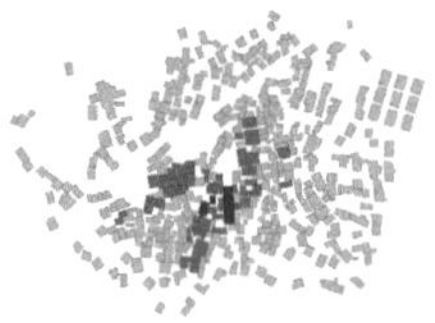
2	嵊州市 华堂村			
3	兰溪市 芝堰村			
4	柯桥区 冢斜村			
5	东阳市 蔡宅村			
6	婺城区 寺平村			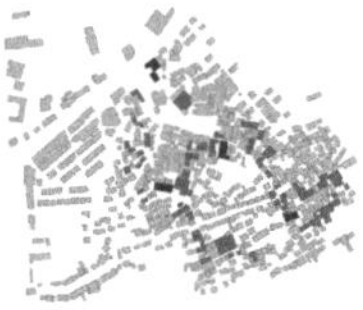
7	武义县 俞源村			
8	江山市 南坞村			

表格来源：作者自制

（2）时间维度

1）村落历史

梳理传统村落历史沿革，就是要弄清“从哪里来，怎么来”的问题。通过对传统村落历史的梳理与还原，可以更好地审视和理解传统村落的文化、社会与生态系统①。从历史角度来看，钱塘江流域传统村落普遍历史演变脉络清晰，源远流长，村落始建年代自唐、宋、元、明、清各个朝代都有，大多经历了数百年、上千年甚至更长时间的岁月沧桑，建有一定体量规模的宗祠，部分拥有完整的宗谱、家谱。流域内传统村落有历史名人故里或后裔聚居地，如禹帝后裔聚居、舜妃禹妃墓所在地绍兴柯桥区的冢斜村，西周徐国国君徐偃王后裔聚居地的衢州龙游县泽随村，三国吴王孙权后裔聚居地的富阳区龙门村，三国诸葛亮后裔聚居的兰溪诸葛村，三国大将张良后裔聚居的衢州柯城区双溪村，明代戏曲家、文学家、遂昌知县汤显祖生活过的独山村等；有进士村如衢州常山县金源村、丽水庆元县大济村，将军村如衢州柯城区将军叶村等；也有因特色产业而成的村落，如金华义乌市缸窑村、丽水龙泉市溪头村等。

2）文化特征

传统村落作为一个封闭的、独立的、功能完备的基本社会单元，是一个地理概念，同时也是一个文化概念，其不仅有着明显的地域边界，而且会基于这一地域范围形成典型的文化特征。在传统村落发展中形成不同的经济、历史、信仰和文化形式，便构成了村落文化特征。钱塘江流域优越的山水环境，良好的自然生态，便捷的交通条件，为万千乡村尤其是传统村落的生成和发展提供了先天条件和基础，并孕育出了众多文化内涵丰厚的传统村落。这些村落或依山傍水谋局布篇，或民居建筑古色古香，或文化传承历经千年，或风俗传统纯厚质朴，大多建筑风格迥异、筑造工艺精湛、人与自然和谐，既有完整的历史风貌，又有深厚的文化积淀，是形神合一的人居综合体，独一无二，不可复制。

耕读是中国传统农业社会的生存形态，耕读文化则是中国传统村落的典型文化特征，其不仅是祖祖辈辈繁衍生息的物质动力，而且在更高层面加强村落系统的复杂性和稳定性，具有极强的精神价值和文化意义，如缙云县河阳朱氏自卜居河阳以来，世代传承耕读家风，其村落发展史就是一部耕读文化史，是缙云传统文化的重要溯源，这从村中遗存的众多门额楹联中可以窥见。村内建于清乾隆年间的“循规映月”宅入口大门上有四个自创的会意文字，见图 4-2，上“牛”下“田”为

① 胡彬彬 . 中国村落史 [M]. 北京：中信出版社，2021：168.

耕；上“口”下“心”为读；宝盖头下有“人”，且必须是男人，“人”下加了一点，会意为“家”；在“云”上画着流动的线条即云动为“风”，联起来为“耕读家风”，巧妙地将书法与绘画相结合，反映了河阳耕读传家的传统文化特征。

图 4-2 河阳村“耕读家风”
图片来源：作者自摄

农耕社会中传统村落是村民生于斯、长于斯、终丧于斯的场所，是人一生活动的主要舞台。给与人类相关的任何事物命名，是人类活动的一个重要特征。故而村落命名反映了传统村落村民的价值追求、希望、忌讳和祈求、习惯和观念等文化特征。通过对村落命名的归纳研究，有助于理解传统村落生成发展的文化内涵，揭示出村落的文化特征和乡村文化中的深层结构。对钱塘江流域传统村落的村名进行分类研究，大体可分为六类：一是以姓氏来命名，如兰溪市诸葛村、东阳市蔡宅村、李宅村、永康市厚吴村、建德市新叶村等，此类村落属于血缘聚居型村落，也是古代社会村落发展的重要特征；二是以嘉名来命名，以达趋利避害、求吉纳福之意，是人类最为朴素的情感愿望，如兰溪市长乐村、兰溪市永昌村、磐安县梓誉村等；三是以山水江湖地理特色来命名，如桐庐县深澳村、柯城区双溪村、浦江县嵩溪村、淳安县芹川村、遂昌县独山村、开化县霞山村等，此类村落具有典型的村落生态格局与自然风貌；四是以物产特色来命名，如义乌市缸窑村、余姚市柿林村、缙云县岩下村等；五是以历史人物或重要事件来命，如安吉县鄣吴村、桐乡市马鸣村、江山市勤俭村、临安区呼日村等；六是以故邑、故址来命名，如柯桥区冢斜村、诸暨市十四都村、吴兴区菰城村等。

二、构成要素

传统村落人居环境是由物质环境要素和非物质文化要素的组合而扩展为村落整体意象，其价值普遍体现在乡土生态环境、乡土建筑景观、乡村文化遗产、传统生产生活模式等方面。具体来讲，物质环境要素主要满足村落生态、生产、生活功能，可分为自然要素和人工要素。自然要素主要包括地形、地貌、土壤、水文、气候、生物等原生环境；人工要素包括建筑物、构筑物、道路、水系、公共设施等人为营建物。非物质文化要素主要包括非遗文化、传统文化、红色文化等，见表 4–3、表 4–4。厘清传统村落人居环境的物质要素和非物质要素，是认知传统村落人居环境变迁的核心内容，也是设计学范畴内的一种基础研究，具有重要的学术价值与应用价值。

传统村落人居环境构成要素分类表 表4–3

物质环境要素	自然要素	山水林地、地形地貌、生物、土壤、水文气候等
	人工要素	居住——民居建筑 公共活动——公共建筑、街巷、道路、水系、广场等 信仰——宗祠、庙宇、祖坟等
		工坊、码头、农田等；农业遗产、灌溉工程等
非物质文化要素	非遗文化	民俗、传统技艺、传统戏曲等
	传统文化	耕读文化、宗族文化、民俗文化、宗教文化等
	红色文化	革命事件、红色史迹、革命人物等

表格来源：作者自制

钱塘江流域代表性传统村落人居环境构成要素表 表4–4

序号	村名	宗祠（外、内）	主要建筑	公共空间	环境要素
1	桐庐县 深澳村				
2	淳安县 芹川村				
3	诸暨市 十四都村				
4	嵊州市 华堂村				
5	金东区 蒲塘村				
6	东阳市 蔡宅村				

续表

序号	村名	宗祠（外、内）		主要建筑	公共空间	环境要素
7	武义县 俞源村					
8	江山市 南坞村					
9	龙游县 泽随村					
10	缙云县 河阳村					

表格来源：作者自制

传统村落人居环境并不是松散、无规律的，而是由各个构成要素相互依托共同建构成一个完整的系统。因此，准确界定传统村落人居环境构成要素是开展研究的先决条件。基于传统村落人居环境的构成内容与载体，本节将从自然环境与村落选址、村落格局与整体风貌、传统建筑与环境要素、公共空间、文化网络五个方面进行分析。

1. 自然环境与村落选址

传统村落历经了千百年的岁月沧桑，形成与自然生态环境的有机和谐共生。山水林地、地形地貌、水文气候、土地质量、水源丰歉、耕地面积等自然环境状况既是传统村落择址营建的地理背景和先决条件，也是构成并制约村落人居环境布局、边界、规模、方位特征等的基本要素。《汉书·沟洫志》记载贾让的奏疏：“（黄河）时至而去，则填淤肥美，民耕田之。或久无害，稍筑室宅，遂成聚落”。自然环境的稳定性制约并决定着村落的生存方式的持存性[①]，影响着传统村落风貌格局、规模大小、建筑形式、民俗风情、组织制度、经济文化水平及生产方式等方面。不同的自然环境条件，体现出传统村落选址的差异性。

自然环境是传统村落选址的首要考虑因素，尤其是水源与地形对人们获取生产、生活资源的重要性，使其成为传统村落形成与发展的主要限制因素，这也是

① 曹锦清，张乐天，陈中亚．当代浙北乡村的社会文化变迁 [M]. 上海：上海人民出版社，2019：1.

钱塘江流域大部分村落分布于依山、临水、近田地区的主要原因。传统村落选址对地形地势、经纬变化、海拔高度、水文地理、日照风向、景观迎取等一系列自然地理环境因素作出评价与抉择，这与农耕时代生活生产模式密切有关，也证明了传统村落形成和人居环境发展与土地资源和自然物产的依赖关系，并在其后相当长的一段历史时期，形成一套基于生存要求和文化理念结合的成熟选址思想，即顺势而为、因地制宜、涵养水脉是传统村落选址的法则。“势”是中国传统文化的一个重要概念，形势、趋势皆须自然。所谓顺势而为，即村落选址布局讲究顺应地形地势，村落背山可屏挡冬日寒流，面水可迎来夏日凉风，朝阳可争取充足日照，近水便于水运、生活及灌溉，缓坡可避免淹涝之灾，植被保持水土与调节小气候。这些都体现了中国先民将山、水、林、田、筑、人视为一个有机体，注重生态、生境、生存、生产、生活、生命的系统规划，形成对自然环境、物理环境、社会环境等多维环境的建构。

水系是传统村落选址布局的重要考量因素，也是传统村落人居环境的重要组成部分和生态要素。依据水系形态，传统村落中水系通常分为线状、面状、点状三种形态。线状水系主要有河流、溪水等自然水系和人工修建的水渠等人工水系，常与村落形成“水绕村”“村枕水”的空间形态；面状水系多为湖泊、池塘等水域面积较大的水域，通常成为传统村落人居环境的主导景观；点状水系多为人工修建的水井、水池，常散落于村中，提供村民日常生活生产之用。传统村落布局往往根据水系的特点形成周围临水、引水入村、围绕河汊布局等形式，使村落街巷与水系走向平行，形成前朝街后枕河的空间格局，如新昌县梅渚村以水为脉，贯穿全村，砩水由西至东沿街而流，上塘、下塘、宅前塘、方塘头、菜园塘、荷花塘、泮石塘七口水塘分布各段，皆通砩水，似七星宿排列，俗称“七星塘”。再如嵊州市华堂村内保存有“九曲水圳”和“内外双塘”水景观，水圳水流引自村东曹娥江支流平溪江，自东向西贯穿全村，经大祠堂北侧墙角曲折西流，历经九曲十弯，穿越四座台门、几十个大大小小的埠头，最终流入村西农田。水圳集洗涤、消防、灌溉等多种功能于一体，串起华堂村的过往今昔。“内外双塘”犹如一对长青之树，静默地守护和涵养着村庄。外双塘位于村入口，紧挨着“书圣牌坊”和“进士牌坊”，左莲右荷，塘中锦鲤嬉戏其间，集结了古人对美好生活的向往；里双塘位于王氏宗祠内，环扣孝子殿，左为墨池、右为鹅池。王羲之爱鹅，曾言鹅是“禽中豪杰，白如雪，洁如玉，一尘不染”。他曾建造一口池塘养鹅，取名“鹅池”。另外，相传墨池是王羲之洗笔砚之处，积年累月，池水尽黑如墨。后人在建王氏宗祠时，以双塘致敬先祖，见图 4–3。

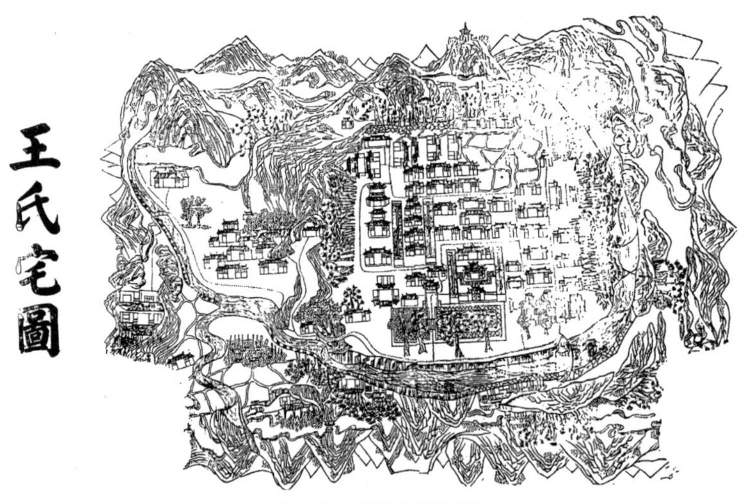

图 4-3　华堂王氏宅图

图片来源：作者自摄

2. 村落格局与整体风貌

传统村落的形成与发展是历时性的，其人居环境变迁受到自然、人文和家族变迁的影响，反映出人对物质与精神需求的追求以及人与自然、人与社会的生产、生活、生态的关系与结果，并最终体现在物质的村落风貌与格局上。传统村落的风貌格局一般具有传统文化特质和乡土景观特色，正如《后汉书・仲长统传》载仲长统对理想人居环境的要求是："使居有良田广宅，背山临流，沟池环匝，竹木周布，场圃筑前，果园树后。"通过文献资料和实地调研，钱塘江流域传统村落的风貌与格局总体呈现出三大特征：

（1）聚族而居、宗族意识影响下的空间格局

聚族而居是中国传统村落的典型特征，具有血缘延续性和地缘稳定性特征。宗族往往是传统村落的社会组织力量，村民的宗族观念很强，因而村落的空间格局便打上了鲜明的宗族关系烙印。在宗族组织的控制下，村落布局和规划体系呈现出一种与之契合的对应关系。

钱塘江流域传统村落大多是有着宗族体系的血缘聚居村落，宗族伦理观念深刻地影响着村落布局和建筑形态，村落格局、建筑形制均反映了一定的宗族关系。村落发展的主体是房派，宗祠则是房派的象征，村落形成以房派为脉、以宗祠为核心、民居建筑围绕祠堂自由布置的生长式发展图式。从某种意义上讲，宗祠成为村落建筑的重要部分，主导着村落风貌与格局，如兰溪市诸葛村为三国蜀相诸葛亮后裔聚居地，村落按照九宫八卦而营建，保存完整的村落格局与建筑风貌，是典型的江南聚族而居的血缘村落。诸葛亮后裔自元代中叶迁居于此，繁衍生息，明初分为

孟、仲、季三房。长房孟分按例围住在大公堂大宗祠（丞相祠堂）周边，房祠叫崇信堂；仲分聚居在村北部，房祠叫雍睦堂；季分则大多住在西南部，房祠叫尚礼堂。在相当长的时间里，三大房的团块有序布置，古街巷道整齐完整，随着人口大增后村落格局才逐渐被突破，见图 4-4；再如建德市上吴方村历经数百年沧桑，村落格局至今保持完整，村落肌理较为清晰，核心区仍然基本保存着原有的历史风貌，是浙江省内保存最完整的聚族而居血缘聚落之一。村落处于四面环山的盆地之中，地势西北高东南低，地形相对封闭，有明确的自然边界，由玉华山流下的两条溪水穿村而过，前塘、后塘、吴塘和新塘等十几口池塘宛如绿宝石镶嵌其中，体现了中国传统乡土聚落融合自然的选址思想，正所谓“夹溪两岸共一方，流水人家同一村”。整个村落以总祠方正堂为核心，各个房派祠堂分布于方正堂南北两侧。方姓迁入上吴方后第四世，家族分为孟、仲、季三大房。其后仲房与季房人丁兴旺，成为村中两大房派。两房以村中大厅方正堂为界，仲房居南，季房居北，分界明确。村落选址与布局既体现了古人崇尚自然，追求“天人合一”的传统理念，又反映了古人讲究风水，对家族兴旺，子孙发达的殷盼，见图 4-5。

（2）因地制宜、山水资源介入下的环境风貌

传统村落人居环境布局讲究因地制宜，所谓“地”就是实际的地理环境，“制宜”就是找到适宜的选址和空间布局，巧用地势，分散布局，组织自由开放的空间形式，如山地村落多依山构建高低错落的多层次竖向空间，充分营造自然通风、

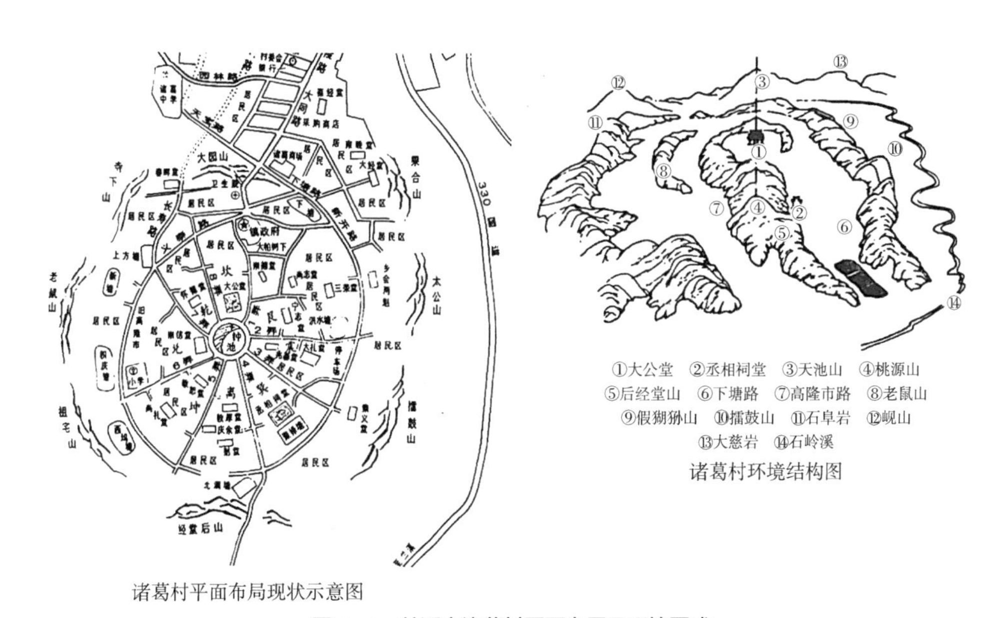

图 4-4　兰溪市诸葛村平面布局及环境图式

图片来源：引自丁俊清，杨新平 . 浙江民居 [M]. 北京：中国建筑工业出版社，2009：62.

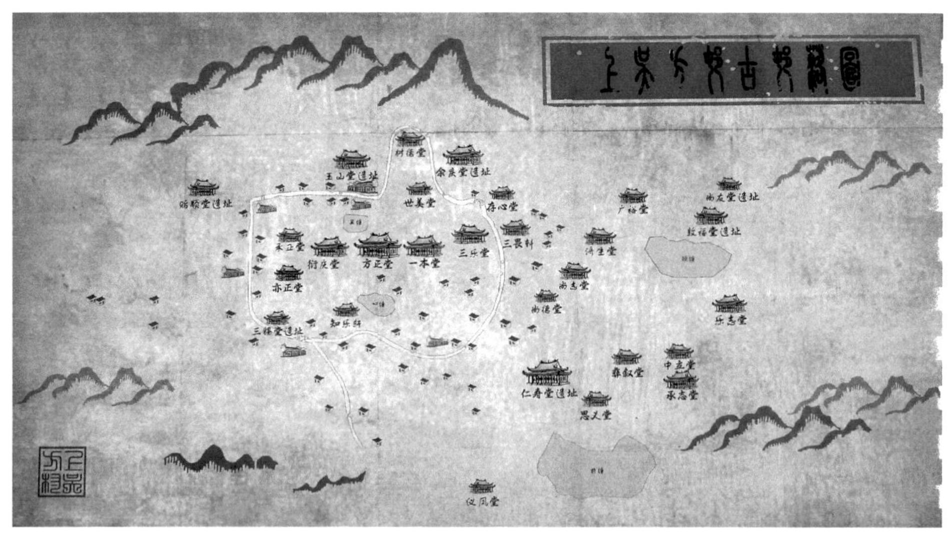

图 4-5　建德市上吴方村旧图

图片来源：作者自摄

采光、日照、观景等空间效果；平原村落则多采用内向型集中式布局，以节约用地、方便生活。

钱塘江流域传统村落的自然生态基底以山、水、林、田为主。通常，山、林为空间背景，水为动脉，田为基底，与村落有机融合形成适宜的人居环境风貌。钱塘江流域历史上的基本生产方式是农业耕作生产方式，农业范式辐射出了传统村落格局与建筑形制的特征。村落人居环境的发展是和水系、耕地的发展、分布同步同构的，山水格局决定了农田分布格局，村落择址筑居自然地跟着山水走，跟着田地走[①]。

通过实地考察可以发现，钱塘江流域的传统村落（建筑）与山林、田地、河流之间的关系在自然地理环境的影响下，其人居环境布局大致可归纳为五类：一是村在田与水之间。典型如富阳区东梓关村，周边有富春江、壶源溪、瓜桥江等多条大小江河，水系发达，水网密布，整个村落沿西北侧的富春江水岸呈带状分布，东南侧大片农田，村内池塘遍布，水系贯通，形成典型的平原地区村落风貌和格局。二是村被田、林环绕。典型如东阳市蔡宅村处于东白山脉缓坡台田之中，村落因地就势发展。村落形似卧龟，俗有大龟孵子之说。三是村于山水之间，林、田居上（下）。典型如诸暨市斯宅村坐落于山水之间，群山环抱，层峦叠嶂，上林溪由东向西蜿蜒而上，穿村而过，构筑了斯宅的山水格局。村落整体布局呈带状分布，浬斯

① 丁俊清，杨新平. 浙江民居 [M]. 北京：中国建筑工业出版社，2009：32，56.

线与上林溪贯穿村落各个建筑，建筑坐山面水，随山形水势，空间发展格局形成了山地、植被、溪流等自然景观廊道。四是村于山田之间，水居上（下）。典型如常山县金源村群山环绕，农田相依，周边自然环境优越，西侧山脚下金源溪自北向南畔村而过，汇入常山江，与场地形成两山夹水的地形布局，具有“村倚山田、村中见溪、出门见山”的格局。五是村为两山所夹，田、水居于两侧。典型如淳安县芹川村坐落于两山所夹的谷地之间，村落整体呈“王”字形格局，“S”形芹溪伴村而过，三十余座小桥跨溪而架，古民居隔溪而筑，毗连通幽，形成一幅小桥、流水、人家的世外桃源般美景，见表 4–5。

典型样本村风貌与格局类型一览表　　　　**表4–5**

风貌与格局类型	村落
村于田水之间	富阳区东梓关村、义乌市缸窑村、新昌县梅渚村、永康市厚吴村
村被田、林环绕	建德市上吴方村、金东区蒲塘村、金东区琐园村、婺城区寺平村、东阳市蔡宅村、龙游县泽随村
村于山水之间，林、田居上（下）	桐庐县茆坪村、诸暨市斯宅村、嵊州市华堂村、开化县霞山村
村于山田之间，水居上（下）	桐庐县深澳村、诸暨市十四都村、柯桥区冢斜村、武义县俞源村、浦江县嵩溪村、磐安县横路村、江山市南坞村、缙云县河阳村、常山县金源村
村为两山所夹，田、水居于两侧	淳安县芹川村、临安区石门村、兰溪市芝堰村、柯城区双溪村、缙云县岩下村、遂昌县独山村、龙泉市官浦垟村

表格来源：作者自制

（3）顺应自然、风水理念主导下的人文意涵

风水观念是一种中国传统宇宙观、自然观、环境观、美学观在人居环境意象上的真实反映，实则注重的是村落周边自然地理条件，顺应自然、巧借地形地势，以达到趋利避凶的心理需求，营造理想的人居空间。在风水理念中，山为骨、水是脉，山有安定、靠山的意义，山势高低、起伏与走向具有独特的环境意象；水有财富、生命的意义，缓慢、平稳、弯曲的水流具有丰富的人文意涵。自然山林作为村落的风水林可藏风聚气，拥村入怀；自然水系既有划分边界、输送水源功能，又具有重要的“水”文化内涵。因此，“风水观”是兼具自然环境观和社会人文观于一体的传统文化形态，对传统村落人居环境风貌与格局产生重要的影响。典型如建德新叶村遵循阴阳五行布局，兰溪诸葛村用九宫八卦布局，兰溪长乐村、婺城区寺平村运用星座学北斗七星布局。

传统村落的选址布局深受“风水”理念影响，注重“负阴抱阳、背山面水、聚气藏风、以水带财”的风水格局，根据自然中山、水、方位三要素进行分析评估，采取“觅龙”“察砂”“观水”“点穴”“择向”五种方法择优选址[①]。同时，在祠堂、民居建筑的堪舆以及建筑艺术风格上对风水学有极大的依赖性，体现了人类对自然山水环境的敬畏和对美好人居环境的追求。《阳宅十书·论室外形第一》云：“凡室左有流水谓之青龙，右有长道谓之白虎，前有污池谓之朱雀，后有丘陵谓之玄武。”村落基址背后有主峰来龙山，左右有次峰或岗阜的左辅右弼，或称青龙、白虎山，山上植被丰茂，前面有月牙形的池塘或弯曲的水流，水的对面还有一个对景的案山[②]。村落处在山水环抱之中，地势平坦且有一定的坡度，总体保持轴线对称的景观格局，具有较好的生态和局部小气候，见图 4-6。如兰溪市芝堰村坐落在长长的山谷之口，东、西、北为低山环抱，芝溪自村落西侧纵贯流过。村落坐北朝南，青山环抱，绿水碧波，地势平整。村落东首，桃峰耸峙，芝山起伏，如一条青龙腾跃而来；村落西南，青峰壁立，山峦逶迤，有形神兼备的狮、虎两山雄踞村西；北面的陈陀山，背倚千峰万峦，像一把“金交椅”，把整座村落环抱其中，加上南面村落象征“朱雀”的半月塘，使整座村落形成了一个以“左青龙、右白虎、前朱雀、后玄武”为格局的典型风水生态环境。再如武义县郭洞村，《何氏宗谱》记载：始祖何寿之“相阴阳，观清泉，正方位”，巧妙利用自然山川形势营建村落。村落三面山环如障，背面一片田畈，左右青山相拥，两条溪流在村南汇合。村民筑墙形成水口，修回龙桥聚气藏风，植树于村四周以改善环境，俨然一派安详之居。

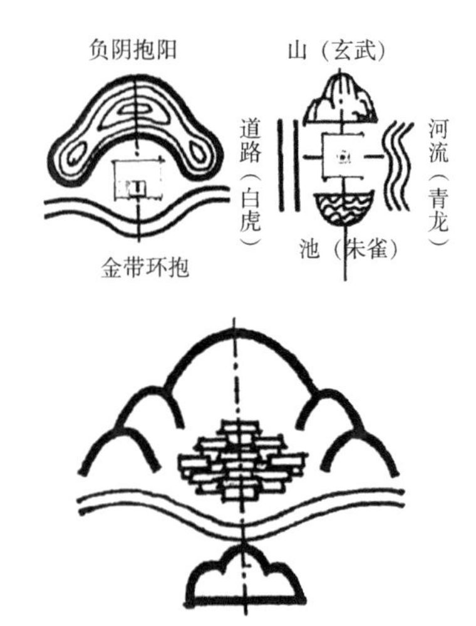

图 4-6　古代最佳村（宅）址示意图

图片来源：丁俊清，杨新平. 浙江民居[M]. 北京：中国建筑工业出版社，2009.

3. 传统建筑与环境要素

传统村落中传统建（构）筑物是体现人居环境风貌特征的关键要素，具有丰富的价值和独特的情趣。传统建筑为人所建，供人所居，不断地修缮乃至更新，因而传统村落内的建筑群呈现出动态嬗变的特征。同时，因不同地域、文化、年代等因素展现出不同的价值。梳理传统建筑的建筑类型、结构形制、功能形式、材料工艺、装修装饰等特征，是了解和探析传统村落社会经济、生活方式的关键线索。钱塘江流域传统村落的传统建筑大致可分为文物保护单位、历史建筑、保护建筑等

① 浙江省住房和城乡建设厅. 留住乡愁：中国传统村落浙江图经 [M]. 杭州：浙江摄影出版社，2016：9.

② 于希贤，于洪，于涌. 中国传统村落的风水地理特征 [J]. 旅游规划与设计，2015（3）：132-139.

类型。按照使用功能也可分为公共建筑和民居建筑两类，数量以民居建筑为多。公共建筑一般包括宗祠、教育、商贸、活动、宗教等建筑，见表 4–6。

典型样本村落主要建筑功能配置表　　表4–6

序号	村名	祠堂	展示	教育	宗教	活动	商贸
1	桐庐县深澳村	▲	▲	—	—	▲	▲
2	桐庐县荻坪村	▲	△	▲	▲	—	—
3	富阳区东梓关村	—	▲	—	▲	▲	▲
4	临安区石门村	—	▲	—	—	▲	▲
5	建德市上吴方村	▲	▲	▲	—	△	—
6	淳安县芹川村	▲	▲	▲	▲	△	△
7	诸暨市斯宅村	—	▲	▲	—	▲	△
8	诸暨市十四都村	▲	▲	—	▲	△	—
9	柯桥区冢斜村	▲	▲	—	▲	▲	—
10	嵊州市华堂村	▲	▲	△	▲	▲	△
11	新昌县梅渚村	▲	▲	—	▲	▲	△
12	兰溪市芝堰村	▲	△	—	—	△	△
13	浦江县嵩溪村	▲	▲	—	▲	▲	▲
14	金东区琐园村	▲	▲	—	▲	▲	△
15	金东区蒲塘村	▲	▲	▲	▲	▲	—
16	东阳市蔡宅村	▲	▲	—	—	△	△
17	义乌市缸窑村	▲	▲	—	—	▲	▲
18	婺城区寺平村	▲	▲	—	▲	▲	—
19	永康市厚吴村	▲	▲	—	—	△	—
20	武义县俞源村	▲	△	—	▲	△	▲
21	磐安县横路村	▲	—	—	—	▲	—
22	江山市南坞村	▲	△	—	▲	△	—
23	柯城区双溪村	—	▲	—	▲	▲	—
24	常山县金源村	▲	△	—	—	△	△
25	开化县霞山村	▲	▲	—	—	△	—
26	龙游县泽随村	▲	▲	—	—	▲	—
27	龙泉市官埔垟村	—	—	—	▲	▲	—
28	遂昌县独山村	▲	—	▲	▲	▲	—
29	缙云县河阳村	▲	▲	—	▲	▲	▲
30	缙云县岩下村	▲	△	—	—	△	—

注：▲指独立的功能空间；△指与其他功能空间并置。

表格来源：作者自制

（1）公共建筑

古人云："君子将营宫室，以宗庙为先，盖不欲使宗祖之灵无所凭依也。""百代祠堂古，千村世族和""聚族成村到处同，尊卑有序见淳风"，宗族传统历来被重视，主要体现在宗祠的物质环境营造上。宗祠习惯上多被称为祠堂，是宗族权威和传统精神的载体，也是供奉祖先神位进行祭祀活动的重要场所，被称为宗族的象征。基于血缘观念和祖先崇拜而建的宗庙、祠堂维系了宗族团结和增强了宗族的凝聚力。散落在各个传统村落中的宗祠是家族历史的见证，镌刻着家族的年轮，国家的历史，更以一种无形的家族文化理念影响着世代族人。有族聚居则必有祠，以其凝心藏魄，收族敬天缅祀先祖焉。若无宗祠则昭穆次序何依，支派亲疏奚辨，故承先灵启后裔，重本源而笃亲近，乃祠堂之旨也。

宗祠的规模和等级反映出传统村落人居环境的历史演变和空间形态，宗祠往往是村中保护最完好、建造最精美、规模最宏大的建筑。宗祠有供全族共同祭祀的总祠（大宗祠）和每个房派的分祠（支祠）之分。作为礼制建筑，宗祠的形制和外观比较保守、定型和封闭。民国《歙县志·舆地志·风土》载："邑俗旧重宗法，聚族而居，每村一姓或数姓；姓各有祠，支分派别，复为支祠，堂皇闳丽，与居室相间。"钱塘江流域传统村落中的宗祠式样有独立正厅式、纵向合院式、门屋式、浅院式、前廊轩后天井式，部分建有戏台，造型精致典雅，如永康市后吴村吴氏宗祠、澄一公祠、向阳公祠、丽山公祠等形成了村落的主要空间节点；缙云县河阳村朱氏大宗祠、文瀚公祠、荷公特祠、圭二公祠、虚竹公祠等，记录着村落的历史演变与宗族兴衰；江山市南坞村杨氏内、外双祠，构成独特的村落格局和人文景观，见图 4-7；开化县霞山郑氏共有祠堂四座，总祠堂为裕昆堂，三个分祠堂为永

（a）杨氏外祠

（b）杨氏内祠

图 4-7　江山市南坞村杨氏宗祠

图片来源：作者自摄

图 4-8　开化县霞山村（霞峰里居图）

图片来源：作者自摄

言堂、永锡堂和爱敬堂，见图 4-8。通常，为表彰科举登科的族人，往往还会在村落宗祠前树立旗杆石，旗杆石越多代表族人辈出，这既是表达对祖先的敬意和感恩，又是对宗族后辈的激励和促进宗族认同。

钱塘江流域传统村落耕读文化盛行，部分村落曾有兴办私学、私塾，如诸暨市斯宅村华国公别墅内的私塾和近现代兴办的斯民小学，都是斯氏崇学尊教的直接体现。

（2）民居建筑

民居建筑是传统村落人居环境的主要载体和建筑类型。中国汉民族喜好平地建屋，一直以单层建筑为理想，建筑主要是在平面上延伸，而不着意向高空发展[①]。这与传统木建筑材料性能和人口无显著变动有直接关系，综合反映了审美及精神需求的转变。钱塘江流域的传统民居建筑一般由大门、院墙、门房、正屋、厢房、天井、厨房、厕所、畜圈等组成，平面布局反映一定的等级秩序观念，大多是三合院、四合院，以一至二层砖木结构为主。二层一般不住人，常用于堆放粮食、农具、杂物之用，这与传统社会“人要接地气”的观念有关。在实地调研

① 过伟敏，罗晶．南通近代“中西合璧”建筑 [M]. 南京：东南大学出版社，2015：145.

中发现，当地人普遍认为人接地气才有生机与活力，传统时代女子居住在平屋才会促进生育，故家族才能子孙绵延。三合院主要由正房、两厢和天井组成，多为二层建筑。正房为三开间，厢房多为一间，两厢进深比次间开间略小，正好让出次间开门的位置。明间敞开，为厅或香火堂，设太师壁。其后为楼梯弄，皆为单跑木楼梯。正房对面用高墙封闭起来，形成三面建筑夹一个天井的封闭式院落，这种天井也被称为“吸壁天井”。四合院主要有“回”字形和“日”字形。“回”字形民居则是“一”字形民居与三合院的组合，即将三合院民居的“吸壁天井”换成一个“一”字形三开间的上房或上厅，二者以廊相连，组合成“回”字形。“日”字形民居主要由两个三合院按中线纵向排列两进，中间隔以天井，天井两侧以廊相连，两进前低后高，利于通风、排水。四合院楼梯多布置在天井两侧或厅堂后面。

钱塘江流域的传统民居建筑的风貌和文化精神可用“因山采形、就水取势、随类赋彩、藏而不露、和而不同”二十个字概括之[①]，整体呈现风格交融的特征，如临安、桐庐、建德等地还遗存着大量徽派民居，余杭的村落建筑融杭、嘉、湖三地建筑风格为一体，而钱塘江南岸的萧山地区不少民居深受宁绍地区建筑风格影响，浙西南地区的民居建筑受闽、赣、皖建造工艺和风格影响，建筑营造技艺独特，厅堂梁架大多采用抬梁和穿斗混合式结构，先起屋架后封墙，木结构运用平衡压力，全部用榫头相连，不用一个木钉或竹钉。高大的厅堂往往采用减柱法，把均衡承重改为周边承重，四周用三道檐柱，中间金柱间距特别开阔，木柱柱脚一般用石墩相垫，既用以传递房屋上部荷载，又可避潮防腐减震。总体来讲，流域内民居建筑在选址、布局、结构和用材等方面，都体现了因地制宜、因材施建、相地筑屋的营建思想和生活智慧，富有地域文化特色，具有审美、科研、人文价值，如开化县霞山村，现保存有明、清、民国初期的徽派古建筑 360 余幢，总建筑面积达 29000 平方米，规模宏大。霞山自古盛产木材，民居建筑屋梁柱架、牛腿雀替等木构件雕刻精细、形象生动、内容丰富，雕刻工艺和艺术品位均为上乘，堪称浙西民居建筑文化之奇葩，令人叹服，见图 4-9。再如兰溪市诸葛村至今保存着“青砖灰瓦马头墙，肥梁胖柱小闺房”的徽派明清古建筑群，其结构精美、布局奇巧，被国家文物局专家组称为“传统民居古建筑的富金矿”。“十八厅堂显门第，十八塘伴十八井”，兰溪诸葛村内现保存完整的元、明、清古建筑有 200 多幢，古道、古巷、古街依在，十八厅、十八堂、十八井犹存，村落古风浓厚，古貌依然。1996 年

---

① 丁俊清，杨新平 . 浙江民居 [M]. 北京：中国建筑工业出版社，2009：113.

图 4-9　开化县霞山村牛腿木雕

图片来源：作者自摄

11 月，诸葛村与长乐村一起被国务院列为第四批全国重点文物保护单位，成为全国首例以整体村落为保护对象的全国重点文物保护单位。

（3）历史环境要素

牌坊、古桥、水口、路亭、古墓等历史环境要素，是传统村落人居环境的重要组成部分和村民日常生活据点，其形式和营造技艺体现文化意涵和地域特色。

牌坊又名牌楼，是门洞式建筑，是中国古代封建社会统治阶层用于褒功、赞贤、旌表孝节等所立的建筑物，包括节孝贞烈坊、功名科第坊、百岁坊、陵墓坊等，如遂昌县独山村石牌坊，坐东南朝西北，花岗石质，三间四柱五楼，立抹角方柱，柱两边夹抱鼓石。歇山顶，飞檐翘角，脊顶龙鱼纹饰，额坊浮雕龙凤瑞兽，工艺精湛，实属罕见。明间额枋刻"洊膺天寵"四字，意指叶以蕃于明嘉靖四十一年（1562 年）考中第二甲十九名进士，官至工部员外郎，后因病去世。隆庆帝即位后，叶以蕃之父叶弘渊依然享有子贵所受诰封。隆庆三年（1569 年），遂昌知县池浴德建牌坊，以示叶氏再受天子宠任之意。牌坊下部穿枋上从右至左刻有"封工部营缮司署员外郎事主事叶弘渊由子以蕃贵立"22 字。上下及两边额枋浮雕有双龙戏珠、双狮抢球、凤凰牡丹及麒麟、鹿等瑞兽图案，工艺精良，栩栩如生。额枋上部楼间，正面刻两人劳作图，上方有一小匾额题"槐荫裕后"四字，后面刻仕人游园图，上方有一小匾额题"兰玉承先"四字。明楼下立一碑石，碑顶刻铺首，边刻莲瓣波纹，中刻"敕音"两字。

古桥是古代为满足河道交通通行而兴建的建筑物，留存至今仍发挥着作用，比如庆元县月山村是名副其实的"廊桥之乡"，据记载村首尾约二华里（1 公里）的举溪上，曾分布着十座处州古廊桥，每座桥的间隔只有二三十米，故有"二里十桥"的美誉。村内现存古廊桥有 5 座，最具典型的是步蟾桥、如龙桥、来凤桥，集楼、桥、亭、阁于一体，功能完备，造型巧夺天工，结构复杂，工艺精湛，具有很高的历史、艺术和科学价值。步蟾桥、如龙桥、来凤桥都已被国务院公布为全国重点文物保护单位。古廊桥静守着岁月的流逝，传递着浓郁的历史信息，诉说着美妙的神话故事。

水口通常位于传统村落的村口或村尾，即：一为村之水流入口处；一为村之水流出口出。水自山上或地势高处流来，因而村落选址设置水口时常与水流出口方向一致。中国传统文化中赋予水深刻的象征性意义，具有“聚止内气”“集福纳财”等寓意。因而，除选择优越的村落水口位置外，通常还借助楼、塔、桥、台等建（构）筑物增加锁匙的气势，辅以树、亭、堤、塘等，扼住关口，形成水口景观组合。钱塘江流域地形复杂，山多而不大，水多而短小，所以造就了众多形式的水口，如遂昌县独山村将皇帝赐建的牌坊立在村尾水口处，便是例证。

4. 公共空间

传统村落的公共空间是村民日常生产、生活活动的主要场所，也是村落文化精神体现的最佳载体。传统村落人居环境大多采用小尺度体系，村落围绕街道、广场、公共建筑、节点等公共空间有机发展。从空间形态来说，可以分成点状空间、面状空间和线状空间三类；从空间功能来说，有满足生产与生活的功能性空间和举行祭祀、典礼等活动定的仪式性空间；从空间类别来说，可分为街巷空间、广场空间、节点空间三类。

（1）街巷空间

街巷空间是传统村落人居环境重要的组成部分，除了满足交通功能外，兼具休憩、活动、交往、商贸、集会等其他多种功能，是一种多义的复合空间，一般表现为线性形态。街巷是村落空间形态的骨架和结构，是组织村民行为活动的主要动态网络。街巷是一种基于内部秩序的外部空间，与两边建筑、广场等彼此相互交织渗透。通常，街巷依据交通需求随地形地势、水系走向而展开，构成主次分明、纵横有序的村落交通空间。传统村落中街巷空间具有丰富的景观效果，带状街巷给予人明确的方向引导，网状街巷错落变化，层次多样；曲折迂回和空间宽窄的变化具有空间透视深度；同时街巷两侧被建筑入口空间分割成段落，呈现出节奏的韵律，增强了村落空间体验的多样性，如缙云县河阳村至今保留着宋、元时期“一溪两坑、一街五巷”的布局。现存街道格局较为完整，具有代表性的是村落元代重建时定为中轴线和古街，现有长度 150 多米，宽 3 米左右，街巷两侧多为店铺，其左、右侧各有五条横巷与之错位相交，由而形成几块完整的居住街坊，各街坊中的古建筑集明、清、民国初期各个历史时期的风格为一体。再如临安区石门史称“锦北石门”，是古时临安、横畈、高陆一带通往安吉孝丰以至湖州、苏州、无锡的重要商埠要道，中苕溪源头——猷溪流经村庄。村内外石门老街和猷溪同向，长达1公里，两侧老宅、店铺云集，呈横街竖巷格局，横街面石板铺设，小巷多以雨花石铺砌而成，形成石板路为经、雨花石巷为纬的街巷里弄景象。

（2）广场空间

村落广场作为公共活动场所，其布局表现出极大的随机性和功能性，既有交通引流、集散之用，又兼具农作物晾晒和劳作、教化民风等多种功能。随着村落手工业发展，逐渐形成一些以商品交换为主要内容的集市。传统村落中分布着大小不一的广场空间，有些以宗祠为背景，满足祭祀、集会等公共活动之用；有些被民居建筑围合，满足村民日常自发休闲活动；有些呈开敞式，辅以牌坊、廊坊等建筑，构成村落空间的景观节点，如建德市新叶村在有序堂及西侧永锡堂之间形成比较大的梯形广场，位于南塘南岸，北望道峰山，视野开阔，是村民每年举办庙会的主要活动场地，也是村内红白喜事举办场所。

（3）节点空间

传统村落中大树、桥梁、牌坊、凉亭、水边、坛庙等环境设施构成了众多形态各异、功能互补，富有文化标志意蕴的节点空间，这些节点空间往往是历史演进过程中留存下的，与自然环境紧密融合，除了满足具体的功能外，还是村落人居环境的重要景观要素。钱塘江流域传统村落中的节点空间主要有以大树为中心、以桥头水口为中心、以水塘为中心几类。“水口”源于中国古代最朴素的天文地理观，意即水流出入的地方。“出”谓之下水口，可幻化为“天门”；“入”则为上水口，可幻化为“地户”。水口通常作为村落的门户，在空间环境上属于“门”的范畴，也常与亭、桥、塘、树等环境要素组合，作为重要的景观节点承担空间转承、导向等作用，如淳安县芹川村村头水口狭紧，左侧为狮山，右侧为象山，两山对峙把守，一方水塘鱼虾游乐，两株连理古樟参天葱郁，构成“狮象把守”的人文景观和村口节点空间。

5. 文化网络

传统村落存在有地域空间、生活共同体、人口及其互动关系、文化维系力四个基本要素，其中文化维系力是村落得以延续的根本，囊括历史传统、村规民约、生活方式、家庭伦理等众多优秀乡村文化传统[1]。钱塘江流域的传统村落在千百年

---

① 朱启臻，芦晓春．论村落存在的价值[J]. 南京农业大学学报（社会科学版），2011（11）：7-12.

的历史演变过程中，留下了宗族文化、农耕文化、红色文化、民俗文化、非遗文化等富有先祖智慧和文化信息的传统文化遗产，是村落文化“基因”。根据数据统计，浙江 1333 项国家级、省级非物质文化遗产主要在传统村落里，少数民族的非物质文化遗产基本上在村落中。可以说，传统村落是非遗的载体。钱塘江流域传统村落中拥有世界级、国家级、省级、市县级等多级非物质文化遗产项目，涉及传统技艺、传统音乐、传统舞蹈、传统戏剧、传统美术、传统医药、传统体育游艺与杂技、民间文学、曲艺、民俗共十个门类。同时，还传承有乡约民规、俚语方言、人文典故、生产方式等民俗文化类型，共同构成了传统村落的文化网络，记载着传统村落人居环境动态而立体的演变历程。

三、谱系建构

1. 环境透视：“三间”因子

传统村落作为人类生产、生活、聚居、繁衍的地域空间和相对稳定的乡村社会单元，至少包括三个维度的内容：一是空间维度，即其首先是物质实体空间，具有一定的地域范围，是由村落选址、格局、风貌、建筑、街巷、田园等自然要素和人工要素形成的地域聚合体，体现村落的真实性和地缘性；二是时间维度，即村落形成年代、历史沿革和现存状态，是保存完整、至今活态的村落，体现村落的血缘延续性和族群聚合性；三是“人”间维度，即作为村落社会行为活动的利益主体——人与人群，在时间和空间的支撑下建构环境、组织活动、记录历史，体现村落的活态性和完整性。正如美国学者欧文·劳斯指出：“聚落形态是指一群人的文化活动与社会机构在地面上的分布方式。这个形态包含了文化的、社会的与生态的三个系统，并提供了它们空间关系的记录。”①

时间维度和空间维度在前文有所论述，本节将着重对“人”间维度进行剖析。在历史演进和社会转型中，传统村落的功能会发生深刻变化，从原先单一的以居住为主的功能向集人居、文化、生态、旅游和研究等多功能转变。因而，其利益主体也逐渐从村民这一单一主体扩大到政府、社会企业、旅游者等多元利益主体。西方学者弗瑞曼（Freeman）这样定义利益主体：它是指任何可以影响组织目标实现或被该目标影响的群体或个人。利益主体可以单一主体或多元主体的形式存在于具体的事物中②。应该说，在传统村落保护发展过程中，利益主体主要可归纳为

① 欧文·劳斯．考古学中的聚落形态 [J]. 潘艳，陈洪波，译．陈淳，校．南方文物，2007（3）：94-98+93.

② 冯淑华．基于共生理论的古村落共生演化模式探讨 [J]. 经济地理，2013（11）：155-162.

“官”“商”“民”“客”。“官”，即政府部门，为传统村落提供政策、规划、社会福利等支持和保障，利用政策方针、法律法规等调控手段，为企业提供必要的基础设施建设条件和村落发展运营保障，其收益主要体现在政治和社会效益；“商”，即社会企业，通过经济、技术投入为传统村落及区域经济发展和产业运营作出贡献，为村民提供就业机会，增加村集体和村民的经济收入，其收益主要是投资回报；“民”，即村民，是传统村落的主人，通常以基层组织形式贯彻落实政府的政策与规划，参与到传统村落保护与产业发展中，为社会企业提供村落资源和人力资源，其收益主要体现在政府补贴和旅游效益提成等；“客”，即旅游者和新农人等群体，是其他利益主体共同服务的对象，是传统村落发展的主要参与者，对当地的社会、经济和文化发展产生影响，其利益主要为体验品质，与其他利益主体的建管水平、产品质量及村民态度等密切相关。

总体来讲，应理顺空间、时间、“人”间三个维度的基本构成和特性，建构可以透视传统村落人居环境系统的坐标，见图 4–10。不同维度之间形成类似“模块”的关系，即三个轴线交叉，形成“四面体”研究母体。其中，四个基点为：血缘、地缘、业缘、情缘；四个面为：族群构成、建筑环境、文化基因、产业基础；六条线为：自然、历史、环境、经济、社会、文化，见图 4–11。

2. 特性辨析：“四性”原则

1964 年 5 月，第二届历史古迹建筑师及技师国际会议通过的《威尼斯宪章》，强调了历史古迹保护和修复的真实性、完整性原则，成为世界遗产保护的两大关

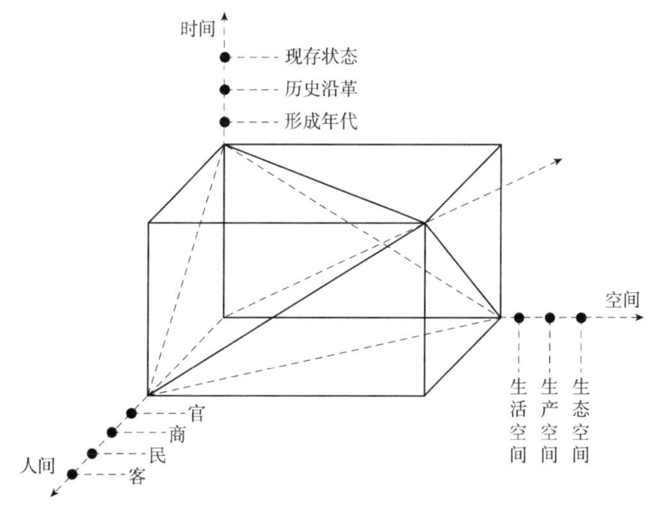

图 4–10　环境透视坐标示意图

图片来源：作者自制

键准则①。传统村落区别于单体文物，是“整体大于部分之和”的文化遗产，其功能延续并与当代生活保持密切联系，具有活态遗产的属性和典型的复合生态系统特征。因此，延续性和宜居性也应成为传统村落保护发展的基本原则。本书认为，地情真实性、风貌完整性、历史延续性、生活宜居性是传统村落保护发展的基准，也是研究传统村落人居环境变迁及活态传承的基本原则。

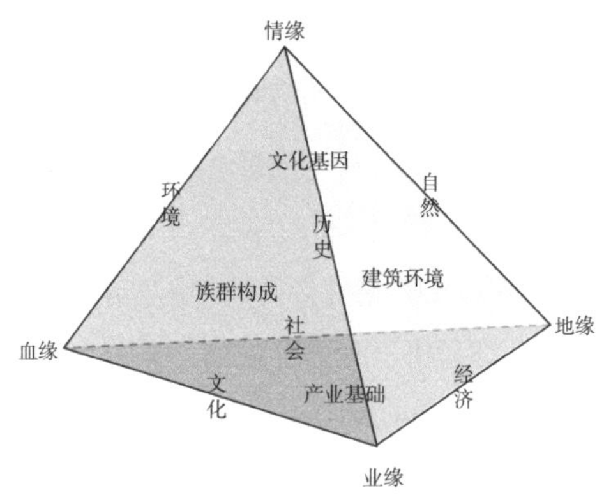

图 4-11 “四面体”研究母体示意图

图片来源：作者自制

（1）真实性

真实性是国际上评估遗产的重要标准之一，随着历史文化遗产保护对象的不断丰富，真实性的内涵在不断深化。传统村落的真实性包括功能空间的真实性、内涵价值的真实性、环境形态的真实性和村民生产生活的真实性。具体来讲，需注重功能空间的真实性，保持宗祠、文教、生产等既有功能，加强空间修复和适宜业态引入；注重内涵价值的真实性，坚持村落历史演变脉络的梳理，杜绝无中生有、仿照杜撰等现象；注重环境形态的真实性，村落内各类建筑布局、街巷路网布局大体保持着传统的空间结构、空间肌理和空间形态，建筑的形式、材料、高度、体量、屋顶、墙体、门窗、色彩等基本保持着传统地方风格和风貌特色，禁止没有依据的重建和仿制；注重村民生产生活的真实性，严禁以商业开发为由将村民全部迁出，要将村民生产生活方式和文化传统纳入常态的保护计划中。只有留住村民，保护他们原有的生产及生活场所，才能保持传统村落的原真活力。

（2）完整性

完整性是衡量遗产的另一重要因素，涉及空间环境、社会环境及经济环境等，体现传统村落历史与现在、有形与无形、个体与整体、内在与外部等多方面的相互关系。传统村落的完整性具体包括村落风貌的完整性、村落历史的完整性和村落价值的完整性。注重村落风貌的完整性，保持传统建筑、历史环境要素、街巷水系等完整，保持村落以及周边环境的整体空间形态和内在关系，避免“插花”混建和新旧村不协调。核心保护区内拥有一定规模和数量的传统建筑，用地面积达到保护区内建筑总用地面积的 70% 以上；注重村落历史的完整性，保护传统村落各个历史

① 国家文物局，等 . 国际文化遗产保护文件选编 [M]. 北京：文物出版社，2007：52.

时期的历史文化记忆，体现对当今时代需求所作出的适宜适度的变化，防止盲目塑造特定时期的风貌；注重村落价值的完整性，充分挖掘和保护传统村落的历史、文化、艺术、科学、经济、社会等价值，防止片面追求经济价值。

（3）延续性

延续性是体现传统村落作为活态遗产类型的重要因素，每个传统村落都有自然形成的历史过程，体现先人的智慧，弥足珍贵。传统村落的延续性具体包括传统文化的延续性、生态环境的延续性和经济发展的延续性。注重传统文化的延续性，保护传承优秀的传统习俗、传统技艺等传统文化，使优秀传统价值观得以在当代延续与发展，保持传承在历代生息繁衍中创造的以声音、形象、技艺为表现手段，并以身口相传作为文化链而得以延续的各种口头、体形、造型和综合等文化形态；注重生态环境的延续性，村落演变和发展基本延续了始建年代的堪舆选址特征，体现着人与自然和谐共生关系，要尊重人与自然和谐共处的生产生活方式，严禁以牺牲生态环境为代价过度开发；注重产业发展的延续性，发挥既有特色产业基础，发展适应经济、社会和空间等需求的产业发展模式，提高村落经济社会发展的适应性，提高村集体和村民的造血能力。

（4）宜居性

传统村落保护利用要在保护好传统村落真实性、完整性和延续性的基础上，提高居住其中的人的生活质量，让他们享受到现代文明带来的舒适与便捷，实现安居乐业即宜居性。传统村落的主体是村民，只有传统村落中村民的生活质量得到提高，宜于人居，传统村落才能真正持续活态传承下去。传统村落的自然环境和空间格局是人类理想的聚居地，但传统建筑的内部功能已不能满足现代人居的需求，在修缮、延续传统建筑原有功能和使用方式的同时，赋予其适宜的当代功能和使用方式，实现传统建筑“外面五百年、里面五星级”的宜居状态。一方面要面向现代社会发展需求，要将现代科技与文明融入村落的保护发展中，改善和提升人居环境质量，合理配置公共服务设施、基础设施，更好地适应村民的现代生活方式；另一方面要发展生产，增加生产资源与收益。要充分发挥村落的社会和经济价值，利用资源优势发展特色产业，增强村落内生发展动力，增加村民和村集体经济收入，提高村民生活品质。

3. 属性解读：“四缘”基因

辨析传统村落人居环境变迁的规律与价值，可借用生物学上“基因”的概念。“基因”是控制生物个体性状的基本遗传单位。研究传统村落人居环境变迁的

“基因”，即发掘人居环境所携带的遗传信息，总结其控制性状的基本遗传单位。中国传统乡土社会强调的伦理关系，即是人人、人地、人物、人事之间等社会关系，大体可归纳为血缘、地缘、业缘和情缘[①②]，这些“缘”际关系构成传统村落的“基因”。

（1）血缘

血缘关系是指由婚姻或生育而产生的人际关系，它在人类社会产生之初就已存在，是最早形成的一种社会关系，其基本形式是家庭、家族、宗族、村落。人类从“游居”转变到“定居”的过程中，血缘起到稳定而关键的维系作用。

在中国传统社会，小农经济生产模式和土地局限性决定了血缘关系在传统社会尤其在传统村落中起着不可替代的作用。以血缘关系和宗族关系为纽带而建立的村落，通常以单姓为主聚族而居，形成宗族制度下传统村落的根本特征。中国传统社会实行“皇权不下县”制度，即县以下的乡村治理依赖于民间自治，而民间自治方式就在于宗族治理，这便是血缘社会关系的重要体现。中原大族南迁至钱塘江流域，为了安全考虑聚族而居，形成以宗祠为核心的“一村一姓、一大宗族”式血缘村落。随着社会发展和人口流动，以及乡村“一户一宅”政策制度的推行，乡村“分户”的客观需求，传统村落原有的血缘关系逐渐被削弱。而在乡村未来社区营造和自治中，血缘文化修复仍可以发挥重要的作用。

（2）地缘

地缘关系是指在一定的地理范围内共同生活、活动而交往产生的人际社会关系。其基本形式是杂姓家庭、家族所组成的聚居地，如同乡关系、邻里关系、故土观念、乡亲观念就是这种关系的反映。地缘关系是一个村落最为基本、最为稳定的属性，对村落业缘、情缘也有着深刻的影响，是村落发展的基础。

地缘关系在千百年的农耕文明发展中被不断地强化和放大，形成强烈的地缘价值观，并在不同地域空间上形成和发展出不同的地域文化特征，成为传统村落产生和发展的客观条件和影响因素。不同地域自然环境影响不同的聚落空间和建筑形态，构成村落风貌与格局特色，同时人们的生活生产方式也因地理环境的不同而不同。正所谓“靠山吃山、靠水吃水”，就是客观反映了地缘对人的生产生活方式的影响。

地缘村落即是以宗族衍生为基础而建立的村落，在一定地理位置形成的特定

---

① 张倩．家国情怀的传统构建与当代传承——基于血缘、地缘、业缘、趣缘的文化考察 [J]. 学习与实践，2018：129-134.

② 郭海鞍．文化与乡村营建 [M]. 北京：中国建筑工业出版社，2020：114-115.

关系而建立的村落。日本学者清水盛光曾把中国农村社会的村落形态分为血缘性村落和地缘性村落两种，并认为地缘性村落是在血缘性村落解体的基础上出现的，由单一姓氏村落演变成的异姓混居村落。费孝通先生也用“血缘”和“地缘”这对概念来描述地方性社群的建构方式，认为“血缘是身份社会的基础，地缘是契约社会的基础”，“从血缘结合转变到地缘结合是社会性质的转变，也是社会史上的一大转变”[①]。随着人口繁衍，以血缘为纽带的族人逐渐脱离血亲的家庭结构，外迁聚而成村，血缘认同逐渐发展出地缘认同，以仁民爱物、行义守信为核心的村规民约和公共领域的规范，成为地缘认同的一种表现，地缘村落随之形成。地缘村落大多为异姓杂居村落，村落宗族势力较弱。与血缘村落以祠堂为核心不同，杂姓村落通常多设社或庙宇，并以此为村落的公共中心。随着新型城镇化和城乡融合发展，一种新的地缘关系正影响着传统村落的发展，从空间位置上反映出离城市越近的村落，传统风貌的改变和破坏越大，而相对偏远的村落，其传统风貌和文化保存相对较完整。

（3）业缘

业缘关系指因社会分工，人们由职业或行业的活动需要而结成的人际关系。与地缘关系相比，业缘关系在人际关系中所占的比例更大。与血缘、地缘关系不同，业缘关系不是人类社会与生俱来的，它是在血缘或地缘关系的基础上，由于广泛社会分工所结成的复杂社会关系，是血缘或地缘关系的高级形式[②]。分工是人类社会发展的基础，以社会分工为基础所形成的职业差异，是业缘认同的前提。随着乡村生产方式由传统家庭化生产转变为社会化大生产，形成以产业为纽带的业缘关系。

业缘村落即以一定职业活动形成的特定关系而建立的村落。传统村落的社会系统变动最为直接的是集市的兴起与发育，当农业社会村落中出现商业之后，封建宗法制度和自然经济的村落结构就发生了裂变，村落空间系统由分散化走向有限的结构化，逐渐由农业的血缘村落演化为商业的业缘村落，如兰溪市诸葛村自元代选址建村至今，遵循着诸葛亮“不为良相，便为良医”的遗训，真实地记录了整个历史演变的过程。尤其是明末清初后，村落人丁兴旺，家族发展达到鼎盛，村民从农耕为主逐渐转型为中草药经营为主。清代中期，诸葛家族在各地开药店的有400多家，至民国时期上塘已成为方圆几十里的重要商业区，吸引大量外姓人投资经营，血缘村落逐渐向业缘村落转型，农耕文化逐渐向商贸市井文化转型。

---

① 费孝通. 乡土社会[M]. 北京：中华书局，2013：88.

② 刘磊. 中原地区传统村落历史演变研究[D]. 南京：南京林业大学，2016：102.

中国人讲究“安居乐业”，村落的基本是满足安居，而乐业是确保村落存在和发展的关键。因此，业缘也是中国传统村落的重要社会关系。近年来随着城镇化推进，农村富余劳动力开始向城市转移，或城市部分产业注入乡村，以往传统村落依靠农耕为主的产业发生改变。传统村落保护利用的导向，实则是乡村业缘的健康发展。适合适宜的产业注入可以增强村落产业规模和竞争力，推动村落可持续发展，反之将会给村落生态、文化和风貌带来破坏。

（4）情缘

情缘关系是乡土“熟人社会”的构成基础，是乡土文化核心价值所在，也是传统村落构建的重要社会关系。情缘村落多存在于杂性或多姓村落中，大家为共同的目标或理想聚居而成，如军屯、戍卫、守陵、宗教、交通运输等类型村落。

在中国传统文化中，“以友辅仁”作为情缘认同的表达，可以弥补血缘、地缘、业缘认同中顾及不到的内容，是新的文化认同、情感认同的基础。随着新型城镇化和乡村振兴的实施，乡村社区营造和外来人口进入乡村，传统村落的人际空间界限，以及单纯的血、地、业缘社会形态和文化脉络被打破，情缘认同成为传统村落发展的一个重要支撑。情缘在传统村落发展中很好地弥补了其他三缘逐渐衰微的不足，尤其是在乡村社区营造中，是一种重要的社会关系。“网络虚拟社区中的趣缘群体既是传统社区在互联网空间中的延伸，也充分反映了现代社会结构性变迁中的‘社区化’动向。当传统的以血缘、地缘为纽带的社区走向没落，趣缘关系便成了人们在现代异质社会中寻求聚合的重要路径。网络虚拟社区中的趣缘文化传播正是人们在现代社会中寻找联结纽带的一种尝试，由此促成了以文化身份为基础的亲密共同体的重建”[①]。

（5）小结

基于以上对传统村落“四缘”基因的解读，根据对钱塘江流域传统村落的史料研究和实地调研，这些村落主要有以宗族关系为联结纽带的血缘村落、以产业活动为牵引发展的业缘村落、以宗族衍生为地理基础的地缘村落、以关系建构为价值目标的情缘村落四种类型。传统村落人居环境的变迁同时经历着家庭个体和村落整体双重维度的拓展。其中，在个体维度的拓展中，受到分家机制的调节作用，原生家族分化重组，衍生新的村落；在整体维度的拓展中，受到社会纽带的维系作用，相继出现了血缘、地缘和业缘、情缘的基本性质差异，见表 4-7、表 4-8。

① 蔡骐．网络虚拟社区中的趣缘文化传播 [J]. 新闻与传播研究，2014，21（9）：5-23+126.

典型样本村“四缘”类型一览表 表4-7

类型	村落
以宗族关系为联结纽带的血缘型村落	桐庐县深澳村、建德市上吴方村、淳安县芹川村、诸暨市斯宅村、嵊州市华堂村、兰溪市芝堰村、金东区蒲塘村、金东区琐园村、婺城区寺平村、永康市厚吴村、江山市南坞村、常山县金源村、缙云县岩下村、缙云县河阳村
以产业活动为牵引发展的业缘型村落	桐庐县茆坪村、义乌市缸窑村、浦江县嵩溪村
以宗族衍生为地理基础的地缘型村落	临安区石门村、诸暨市十四都村、东阳市蔡宅村、武义县俞源村、柯城区双溪村、开化县霞山村、龙游县泽随村、遂昌县独山村
以关系建构为价值目标的情缘型村落	富阳区东梓关村、柯桥区冢斜村、新昌县梅渚村、磐安县横路村、龙泉市官埔垟村

表格来源：作者自制

典型样本村落“四缘”特征分析 表4-8

序号	村落	血缘（族群构成）	地缘（地域空间）	业缘（产业经济）	文缘（文化基因）
1	桐庐县深澳村	申屠（西汉丞相申屠嘉后裔）、徐	深澳、荻浦等江南古村落群	加工业，旅游业	高空狮子、灯彩制作等非遗
2	桐庐县茆坪村	胡（文安郡开国男胡国瑞后裔）、方、邵等	石舍、芦茨等富春江古村落群	水稻、油茶种植，旅游业	茆坪板龙非遗
3	富阳区东梓关村	许、王、朱、申屠等	富春江畔	水稻种植，旅游业	中医药文化非遗
4	临安区石门村	盛为主（盛氏后裔），汪、潘等	自横山迁入，商埠古道	茶叶、山核桃种植	—
5	建德市上吴方村	方（东汉洛阳令方储后裔）	吴方联姻，新叶、李村等大慈岩镇古村落群	柑橘种植，旅游业	正月二十灯会、民间剪纸等非遗
6	淳安县芹川村	王（东晋宰相王导后裔）	王氏南渡，自月山迁入	玉米、毛竹种植，旅游业	—
7	诸暨市斯宅村	斯，全国斯姓最大聚居地	自东阳迁入	香榧、茶叶种植，旅游业	十里红妆民俗、越红功夫茶制作等非遗
8	诸暨市十四都村	周为主（周敦颐后裔），赵	自余姚迁入	粟米种植，针织手工业，旅游业	西施团圆饼制作等非遗
9	柯桥区冢斜村	余为主（大禹后裔聚居地），李、张	自山阴县迁此	茶叶、水稻种植	永兴神行宫巡游
10	嵊州市华堂村	王（王羲之后裔）	自金庭观迁此	荷花、苗木、桃形李、水稻种植，旅游业	—

续表

序号	村落	血缘（族群构成）	地缘（地域空间）	业缘（产业经济）	文缘（文化基因）
11	新昌县梅渚村	黄、俞、蔡（宋代名臣黄度后裔聚居地）	自县城北门迁此	蚕桑业	新昌十番、梅渚剪纸、糟烧等非遗
12	兰溪市芝堰村	陈（睦州郡守陈大经后裔）	自安吉北渚迁入	油菜、玳玳、李子种植，旅游业	兰溪銮驾等非遗
13	浦江县嵩溪村	徐（宋太宰徐处仁后裔）、邵、王、柳等	多姓自诸暨、桐庐等地迁此	荷花种植，旅游业	板凳龙、剪纸等非遗
14	金东区琐园村	严（汉代名士严子陵后裔）	自孝顺镇严店村迁入	花卉、苗木种植，养殖业	铜钱八卦、少年同乐堂等非遗
15	金东区蒲塘村	王（宋初大将王彦超后裔）	自义乌下强迁此	荷花、苗木、水果种植	五经拳等非遗
16	东阳市蔡宅村	蔡为主（东汉文学家蔡邕后裔），张、楼、周等	自温州平阳迁此	玉米、香榧、茶叶种植	高跷、什锦班、木偶戏等非遗
17	义乌市缸窑村	陈、冯、李、贾等	周边杭畴村村民迁此	粗陶器制作、黄酒生产	义亭陶缸制作技艺
18	婺城区寺平村	戴（南宋进士戴可守后裔）	—	水稻、柑橘、竹笋种植，旅游业	婺州窑陶瓷烧制技艺，宗族文化
19	永康市厚吴村	吴（吴氏聚居）	自仙居迁此	刺绣手工业	祭祖等非遗
20	武义县俞源村	俞（全国较大的俞氏聚居地）、李	古时商埠集散之地	水稻、茶叶种植	—
21	磐安县横路村	周（周敦颐后裔聚居地）	磐安、新昌交通要道	—	—
22	江山市南坞村	杨（宋河南监察御史杨尹中后裔）	自河南迁入	白菇、莲子种植	三月三祭祀会等非遗
23	柯城区双溪村	张（西汉留侯张良故里）、郑、赖、王	自闽上杭县迁入	毛竹、茶叶、柑橘种植，民宿、农家乐	—
24	常山县金源村	王（北宋进士王言故里）	自章舍迁入	胡柚、油茶种植	—
25	开化县霞山村	郑为主（三国东吴大将郑平后裔），汪	自开化音坑乡迁此	香榧种植	香火草龙、高跷竹马等非遗
26	龙游县泽随村	徐为主（西周徐偃王后裔），陈、王等	峡口后山迁此	养殖业	—
27	龙泉市官埔垟村	张、杨	—	茶叶、毛竹种植	古时驿站得名

续表

序号	村落	血缘（族群构成）	地缘（地域空间）	业缘（产业经济）	文缘（文化基因）
28	遂昌县独山村	叶为主，朱、周等	—	茶叶种植	—
29	缙云县河阳村	朱（吴越国掌书记朱清源后裔聚居地）	为避五季之乱迁此	养殖业，来料加工，旅游业	剪纸、清明祭祖等非遗
30	缙云县岩下村	朱（宋温州刺史朱国器后裔）	自温州永嘉迁此	高山蔬菜、水果种植，旅游业	—

表格来源：作者整理

四、价值研判

传统村落是人类智慧和自然环境的结晶，以其优美的自然环境、古朴的村落风貌、独特的建筑景观、悠久的文化遗产和多样的民俗风情，承载着丰富的文化和自然资源，凝聚着人类生存智慧，具有丰富的价值。它们分布于不同地域，形制不一，各具特色，是中华文化遗产尤其是非物质文化遗产的重要载体。传统村落的价值与特色，具有共性与特性。从区域的宏观角度和多元的价值维度，研判传统村落价值特色，对促进传统村落区域性保护与突出村落活态传承发展具有重要意义。

1. 传统村落多元价值基础

1931 年国际古迹遗址理事会（ICOMOS）通过的《关于历史性纪念物修复的雅典宪章》提出文化遗产的历史、艺术、科学价值[①]，1972 年联合国教科文组织《保护世界文化和自然遗产公约》重申文化遗产的三大价值因素[②]。1994 年，《实施世界遗产公约操作指南》修订，将文化价值纳入文化遗产保护范畴。2008 年，世界遗产委员会强调了遗产保护的社会性价值。从不断变化的国际宪章表述来看，文化遗产的价值内涵一直发生着扩展。

传统村落是区别于物质文化遗产和非物质文化遗产的第三类遗产，是一种活态的文化景观遗产，是独特的人居形式，也是一个综合社会系统。因其地域差异明显、空间类型多样、传统资源独特、遗产价值深厚，不仅具有一般文化遗产所具有

① 国家文物局，等. 国际文化遗产保护文件选编 [M]. 北京：文物出版社，2007：1.
② 国家文物局，等. 国际文化遗产保护文件选编 [M]. 北京：文物出版社，2007：70.

的历史价值、艺术价值、文化价值、科学价值、社会价值，还具有农业生产、生态价值，以及作为构成人类文化多样性重要体现的生活方式所具有的未来价值。

（1）历史价值

传统村落是农耕文明遗留下来的人居遗产，其人居环境的形成与发展需要经历漫长历史的积累才能逐渐形成，深刻留存和记录了各个历史时期不同地域、民族的不同建筑环境遗存、生活生产方式、风俗习惯、思想观念及价值体系，记录与反映了历史时空的发展进程。由于村落主体的多元属性，传统村落的历史价值是诸多方面的综合体现，体现在空间分布与演变、地缘特征与建筑形态以及民俗传统的形成与传承等方面[①]。因此，分析评估传统村落中各级文物保护单位、历史建筑、传统建筑和历史环境要素的等级、规模、完整性、典型性等，以及村落历史沿革、历史事件、非物质文化遗产等重要性、稀缺度、真实度方面，均具有重要的历史价值。

（2）艺术价值

传统村落内留存有数量众多、类型丰富的传统建（构）筑物，其构成方式、营建技艺和建筑装饰等蕴含了较高的审美理念和丰富的民间智慧，体现出极高的艺术水平和价值，是优秀传统建筑艺术集萃。同时，传统村落在历史时空下形成的传统技艺、民俗风情、节庆礼仪、音乐、舞蹈、戏剧、美术等众多活态非物质文化遗产，体现了较高的民间文化艺术审美价值。因此，分析评估传统村落的建筑、景观、造型艺术的年代、类型、工艺，以及非物质文化遗产的题材、形式、文化类型的代表性或独特性，是挖掘、传承和展现地域文化的重要手段。

（3）科学价值

传统村落的择址营建通常选择交通便捷、环境优美且生态安全之地，强调村落生产生活与自然环境和谐共处，讲究尊长秩序和儒家文化习俗的建筑布局，均体现了天人合一、师法自然的中国传统哲学理念，也是具有科学性表现的人居环境观，蕴含着先民在长期实践过程中积累的经验与智慧。传统村落的先祖为追求“耕读传家”的理想生活模式，在适应地理环境、满足生存需要、营造空间氛围诸方面，采用的规划选址、空间格局、建筑布局以及营造规制与技术，具有较高的科学价值，对现代人居环境营建的理论和方法研究具有一定的启示作用。因此，分析评估传统村落在选址、规划、营造、维护、使用等方面所体现的科学价值，对科学实验、学术研究等具有重要的科学价值。

① 黄源成．历史赋能下的空间进化：多元文化交汇与村落形态演变 [M]. 厦门：厦门大学出版社，2020：201.

（4）文化价值

文明趋同，文化求异。“一种文化的活力不是抛弃传统，而是能在何种程度上吸取传统、再铸传统。”[①] 文化的发展首先在于对优秀传统文化的继承。我国传统文化中诸如天人合一、师法自然、孝悌为先、耕读传家、崇宗敬祖等众多优秀文化基因，都是千百年来先人的生活经验与智慧。与自然和谐共处的地缘观念，维系宗族稳定的血缘关系，为安居乐业形成的业缘发展和情缘升华，都是农耕社会传统村落固本培元的基本法则。传统村落区别于城市或一般村落的重要特征在于其文化多样性，村落人居环境是历史、文化、记忆的空间载体，是留住乡愁的根，假若村落消失了，文化便无根无源，难以传承和延续了。因此，分析评估传统村落因其体现民族、地域、宗教等特色文化所具有的价值，以及自然、景观等历史文化资源要素被赋予文化内涵所具有的价值十分必要。不同村落的历史文化资源的类型、多少有差别，因此文化价值的大小可作为传统村落类型划分的一项依据。

（5）社会价值

传统村落承载着成百上千年的历史文化，保存着中国乡土社会的历史记忆，是中国乡村的基本社会单元。传统村落不仅给社会提供农业产品等基本物质保障，而且在社会稳定和社会转型中发挥重要作用，是中国社会进入新时代新阶段社会价值塑造的重要支撑。同时，传统村落的自然景观、历史文化资源具有不可再生性特征，使其具有独特的旅游、文创和商业功能，对传统村落的自然、景观、历史和文化资源要素进行适当的活化利用，可以带动村落产业转型与升级，拉动村民当地就业，提升村民经济收入。因此，分析评估传统村落在社会凝聚力、精神文化传承、地方性知识记录与传播以及产业经济提升等方面所具有的社会效应与价值，以及稳定的传统制度使得村民能够安居乐业。

（6）生态价值

传统村落拥有良好的生态自然环境和独特的农业资源，是区别于城市人居环境的重要特征。传统村落营建追求人与自然和谐共生，即体现可持续发展理念，为现代人居环境营建提供一种参考范式。近年来，在逆城市化现象的出现和生态环境保护呼声日甚的背景下，国际学术界不断对乡村赋予更多的内涵，乡村生态功能受到前所未有的关注，乡村生态价值越来越受到人们的重视，成为国际学术界研究的热点。传统村落独特的生态理念和自然的生活方式，正是一种融自然、社会、经济

① 陈先达．当代中国文化研究的一个重大问题[J]. 中国人民大学学报，2009（6）：2-6.

等方面的综合系统，其生态价值对中国生态文明建设具有重要的启示意义。不同的传统村落由于自然地理条件不同，其生态价值大小也会不一。

（7）农业生产价值

农业生产体现了自然生命的过程，有利于生物多样性的保育和维护，农民长期在土地上耕作可以被理解为人们培育多样性生命的过程。以农业生产为主的传统村落，其生物多样性是维持和修复良好生态环境的重要构成和有利条件。由于农业生产在空间范围内和时间过程中具有不稳定性和差异性，以及具有农忙和农闲之分的特点，要求农民近地而居，而决定了村落存在的必然①。农业生产价值主要体现在农业生产特点和规律的制约下，而形成的传统村落生活、生产模式，反映出适宜的人地关系。

（8）未来价值

传统村落的价值不仅是历史价值，更重要的是它的当代及未来价值。因此，传统村落的未来价值可以从三个层面解析：首先是精神性的，传统村落是文化、情感、乡愁的载体，将遗存的物质和非物质文化资源视为历史见证和文化财富，坚持发展的前提是保护的理念，尊重乡土，形成常识；其次是生活性的，传统村落的生态、文化、空间有着不可替代性，是诗意的家园，是未来宜居、宜业、宜游的去处；最后是经济性的，通过科学规划，充分论证，坚守底线，建立机制，建构品牌，形成良性发展。适度发展旅游产业，增强村落内生动力，提升村民文化自觉，使村民成为真正的受益者。

2. 价值评价体系及其运用

（1）价值评价体系构建

基于以上对传统村落多元价值基础的辨析，结合近年来国家有关部门相继出台的传统村落评价体系②和浙江省历史文化村落建设绩效评价体系③，以及从有关学者研究成果来看，主要包括以定量为主的多层次价值评价体系研究④，以定性为

---

① 朱启臻，芦晓春. 论村落存在的价值 [J]. 南京农业大学学报（社会科学版），2011，11：7-12.

② 注：住房和城乡建设部、国家文物局印发的《中国历史文化名镇（村）评价指标体系》（建规〔2010〕220 号）；住房和城乡建设部等部门印发的《传统村落评价认定指标体系（试行）》（建村〔2012〕125 号）。

③ 杨小军，顾宏圆，丁继军. 浙江省历史文化村落保护利用建设绩效评价及运用 [J]. 创意与设计，2022（1）：43-55.

④ 刘声，李王鸣，方园. 生态位视角下都市区村落养老价值评价体系研究 [J]. 浙江大学学报（理学版），2019，46（4）：503-510.

主的综合价值评价方法及发展模式与策略研究[①]，以定性与定量评估相结合的实证研究[②]，基于价值要素对传统村落综合评价的特征和方法进行研究[③]，利用地理信息系统分析评价村落资源[④]，运用AHP层次分析法、模糊综合评价法[⑤]等分析方法提高评价技术的准确性。由此可见，构建多层次、多维度、多方法、多指标的价值评价体系成为研究趋势。

本节基于相关文献研究中的热点和广泛使用的高频指标，结合钱塘江流域传统村落特征进行筛选，综合村民受众、人居环境提升、文化传承发展为基础的评价视角，采用了文献研究、实地考察、专家征询三种研究方法和多指标综合评价体系[⑥]借鉴，针对流域内传统村落的实情与特殊性，系统整合指标内容、权重分配，最终建构了传统村落价值评价体系。

指标体系与标准包括人居环境价值、历史文化价值和资源集聚配置3个一级指标，其中，人居环境价值由风貌与格局、建筑（群）与景观营造2个二级指标构成，细分为格局完整性、风貌协调性、环境宜居性、村落规模、历史久远度、空间丰富度等8个测量指标；历史文化价值由建筑（群）与景观营造、文化挖掘与传承2个二级指标构成，细分为传统文化类型、非遗数量等级、历史事件人物、宗族延续、文化传承载体等10个测量指标；资源集聚配置主要由产业基础与发展、保护利用规划与设计、建设实施与成效3个二级指标构成，细分为传统产业基础、旅游资源要素、规划定位、规划布局、效果评价、效益反馈等12个测量指标。评价体系以定量测度与定性分析相结合的方式，评价指标体系各项量化指标设计，偏重于调查数据的综合演绎，极力避免以感性、主观判断作为单一依据，以凸显指标设定的科学性、合理化和客观化。该价值评价体系的运用，既可以对既有传统村落进行回溯性评估，也可以指导村落循证式规划设计实践，可作为优化方案的反馈依据，见图4–12、表4–9。

---

① 李智，张小林，李红波，范琳芸．基于村域尺度的乡村性评价及乡村发展模式研究——以江苏省金坛市为例[J]. 地理科学，2017，37（8）：1194–1202.

② 卢松，陈思屹，潘蕙．古村落旅游可持续性评估的初步研究——以世界文化遗产地宏村为例[J]. 旅游学刊，2010，25（1）：17–25.

③ 邵甬，付娟娟．以价值为基础的历史文化村镇综合评价研究[J]. 城市规划，2012，36（2）：82–88.

④ 李涛，陶卓民，李在军，魏鸿雁，琚胜利，王泽云．基于GIS技术的江苏省乡村旅游景点类型与时空特征研究[J]. 经济地理，2014，34（11）：179–184.

⑤ 唐黎，刘茜．基于AHP的乡村旅游资源评价——以福建长泰山重村为例[J]. 中南林业科技大学学报，2014，34（11）：155–160.

⑥ 杜栋，庞庆华，吴炎．现代综合评价方法与案例精选[M]. 北京：清华大学出版社，2008.

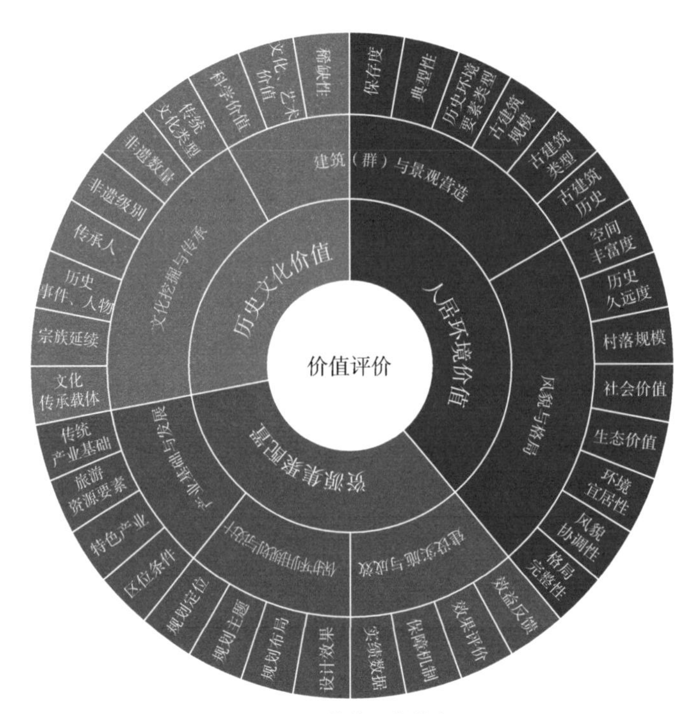

图 4–12　价值评价维度图

图片来源：作者自制

传统村落价值评价体系　　　　表4–9

内容与维度				权重与取值	
目标层	准则层	获取方法	评价因子层	指标释义	分值
A1 人居环境价值	B1 风貌与格局	定性	C1 格局完整性	块状、带状、组团式、分散式等形态与边界完整	3
			C2 风貌协调性	生态环境优越、历史风貌完整	3
			C3 环境宜居性	公共服务设施、基础设施配套齐全	2
			C4 生态价值	山、水、林、田、湖等资源	3
			C5 社会价值	入选国家级、省级、市县级各级名录	2
		定量	C6 村落规模	村落面积、人口数	2
			C7 历史久远度	唐及以前，宋元、明清、民国时期	4
			C8 空间丰富度	广场、街巷、节点、水系等	3
	B2 建筑（群）与景观营造	定量	C9 古建筑历史	宋及之前、明、清、民国时期	4
			C10 古建筑类型	文保单位、历史建筑、传统建筑等	3
			C11 古建筑规模	1 万平方米、0.5 万 ~1 万、0.5 万以下	3
			C12 历史环境要素类型	古桥、古道、牌坊、亭廊、古井等	3

续表

内容与维度				权重与取值	
目标层	准则层	获取方法	评价因子层	指标释义	分值
A1 人居环境价值	B2 建筑（群）与景观营造	定性	C13 典型性	宗祠等重要建筑规模、体量	2
			C14 保存度	传统建筑质量、合理使用	3
A2 历史文化价值			C15 稀缺性	国家级、省级、市县级	4
			C16 文化、艺术价值	三雕题材、建筑工艺、艺术品位	4
			C17 科学价值	建筑选址、布局	3
	B3 文化挖掘与传承	定量	C18 传统文化类型	3 种及以上、2 种、1 种、无	3
			C19 非遗数量	3 项及以上、2 项、1 项、无	3
			C20 非遗级别	国家（际）级、省级、市县级、无	3
			C21 传承人	国家级、省级、市级、县级、无	4
		定性	C22 历史事件、人物	知名度、影响度	3
			C23 宗族延续	宗谱、家谱，宗族演变历史脉络清晰	4
			C24 文化传承载体	展示空间、传承方式、连续性	4
A3 资源集聚配置	B4 产业基础与发展	定量	C25 传统产业基础	主体产业	2
			C26 旅游资源要素	景区、景区周边、周边无其他景点	3
		定性	C27 特色产业	有、无	2
			C28 区位条件	交通状况、旅游资源类型、影响力	2
	B5 保护利用规划与设计	定性	C29 规划定位	准确性	2
			C30 规划主题	识别性	2
		定量	C31 规划布局	可行性	2
			C32 设计效果	还原度、乡土性	2
	B6 建设实施与成效	定量	C33 实绩数据	经济提升指标、建设数量	2
			C34 保障机制	建设、管理规范，台账条目清晰	2
		定性	C35 效果评价	人居环境质量、产业经济发展	2
			C36 效益反馈	社会评价、村民评价	2
3 层	6 项	—	36 项	—	100 分

表格来源：作者自制

（2）价值评价方法与结果分析

1）价值评价方法——K-modes 聚类评估

归纳整理现有研究数据，采用能够进一步系统处理离散属性数据集、分类型属性数据的 K-modes 聚类算法[①]进行价值分析和分类评价。K-modes 聚类算法是

① Huang Z.Extensions to the K-means Alogorithm for Clustering Large Data Sets with Categorical Values[J].Data Mining Knowledge Discovery，1998，2（3）：283-304.

一种众数聚类，采用差异度计算两个不同属性数值之间的距离，以数据聚类中的 mode 众数作为聚类中心。将一个样本的属性与聚类中心的属性进行分别比较，它们的差异度就是不同属性值的个数，即样本点与簇中心的距离。样本点与聚类中心差异度越小，则表示距离越小；反之，距离越大。所有样本点被聚类到离自己最近的，也就是差距度最小的聚类中心。

2）聚类划分及特征分析

本节依据价值评价体系，在对钱塘江流域 30 个典型样本村落的各项评价指标进行具体测评的基础上，借助 K–modes 聚类分析以及数据可视化的方法进行定量测度，形成分类评价结论。

结合马蒂亚等人（Mardia，et al.）提及采用经验法则[①]，即 $k \approx \sqrt{\frac{n}{2}}$ 建议分类型数量参考总样本数，其中 n 是待分类的样本数，k 为聚类的类别个数[②③]。通过系统地梳理与整合，既定有 36 个价值要素需要进行聚类（传统村落价值评价体系中评价因子有 36 项），$k \approx \sqrt{\frac{36}{2}} \approx 4.242$，经过要素校核，最终确定将典型样本村落的价值要素划分为 5 类，即 5 种类型中心的典型特征，从而得出 30 个传统村落价值评估的聚类结果，见表 4–10。

基于 K–modes 的聚类结果和数据可视化校核分析，客观地反映了 30 个典型样本村落所具有的三大价值维度构成的情况，见图 4–13、图 4–14，根据钱塘江流域

传统村落价值评价体系　　表4–10

目标层	准则层	第一类	第二类	第三类	第四类	第五类
人居环境价值	风貌与格局	好	好	一般	一般	好
历史文化价值	建筑（群）与景观营造	好	好	一般	一般	好
	文化挖掘与传承	一般	一般	好	好	一般
资源集聚配置	产业基础与发展	好	一般	一般	好	好
	保护利用规划与设计	好	好	好	一般	好
	建设实施与成效	一般	好	一般	好	好

① Mardia，et al. Multivariate Analysis[M]. New York：Academic Press，1979.

② 李霄鹤，兰思仁．基于 K–modes 的福建传统村落景观类型及其保护策略 [J]. 中国农业资源与区划，2016（8）：142–149.

③ 黎洋佟，田靓，赵亮，单彦名．基于 K–modes 的北京传统村落价值评估及其保护策略研究 [J]. 小城镇建设，2019（7）：22–29.

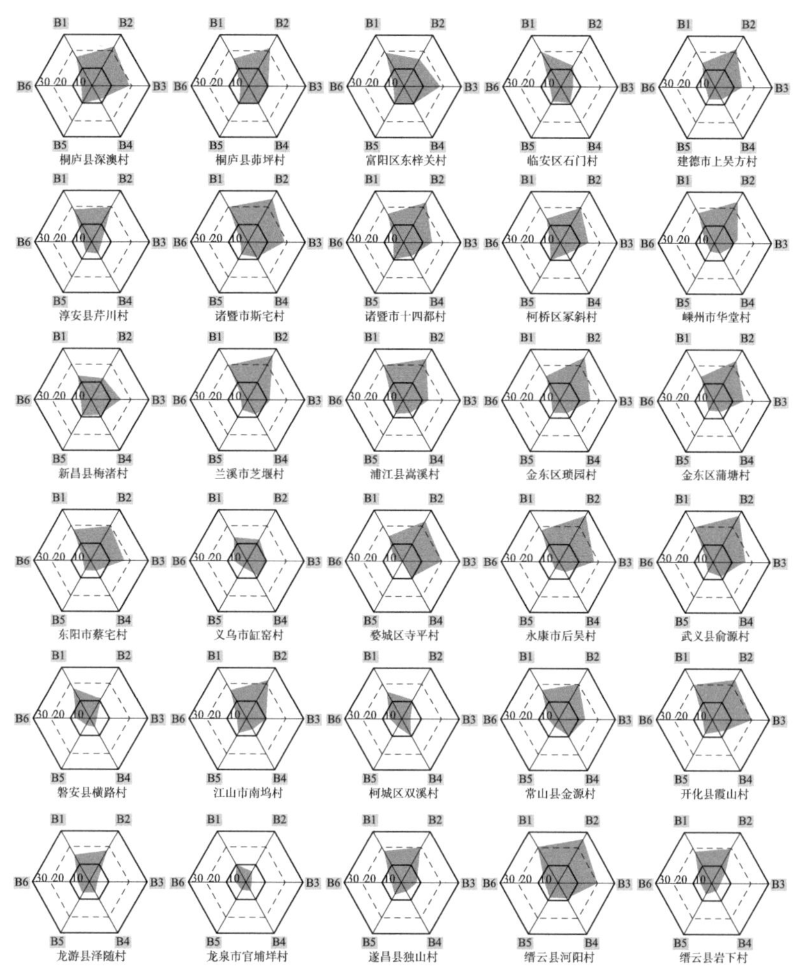

图 4-13　综合评价雷达图

图片来源：作者自制

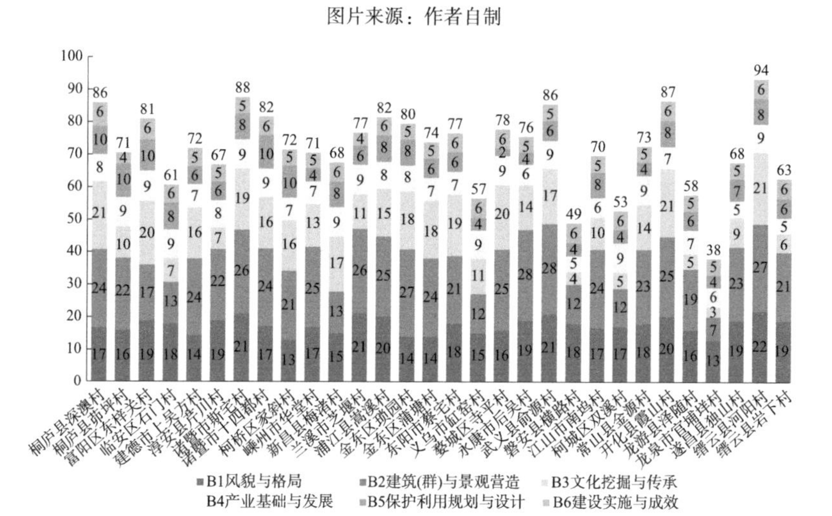

图 4-14　典型样本村综合评价得分表

图片来源：作者自制

传统村落的自然禀赋、历史遗存、人文环境、区域助力以及保护利用特色等综合因素，可将其特色定位和发展模式分为生态环境优美型、历史古建特色型、民俗风情丰富型、产业融合突出型、建设发展综合型五类，见表4-11、表4-12。

基于 K-modes 的样本聚类结果的典型村落定位表　　表4-11

序号	村名	类型定位				
		生态环境优美型	历史古建特色型	民俗风情丰富型	产业融合突出型	建设发展综合型
1	桐庐县深澳村	—	—	—	—	■
2	桐庐县茆坪村	■	—	—	—	—
3	富阳区东梓关村	—	—	—	—	■
4	临安区石门村	■	—	—	—	—
5	建德市上吴方村	—	—	■	—	—
6	淳安县芹川村	■	—	—	—	—
7	诸暨市斯宅村	—	■	—	—	—
8	诸暨市十四都村	—	—	—	■	—
9	柯桥区冢斜村	—	—	■	—	—
10	嵊州市华堂村	—	■	—	—	—
11	新昌县梅渚村	—	—	■	—	—
12	兰溪市芝堰村	—	■	—	—	—
13	浦江县嵩溪村	—	—	—	—	■
14	金东区琐园村	—	■	—	—	—
15	金东区蒲塘村	—	—	■	—	—
16	东阳市蔡宅村	—	—	—	—	■
17	义乌市缸窑村	—	—	—	■	—
18	婺城区寺平村	—	—	—	—	■
19	永康市厚吴村	—	■	—	—	—
20	武义县俞源村	—	—	—	—	■
21	磐安县横路村	■	—	—	—	—
22	江山市南坞村	—	■	—	—	—
23	柯城区双溪村	—	—	—	■	—
24	常山县金源村	—	—	—	■	—
25	开化县霞山村	—	—	■	—	—
26	龙游县泽随村	—	■	—	—	—
27	龙泉市官埔垟村	■	—	—	—	—

续表

序号	村名	类型定位				
		生态环境优美型	历史古建特色型	民俗风情丰富型	产业融合突出型	建设发展综合型
28	遂昌县独山村	■	—	—	—	—
29	缙云县河阳村	—	—	—	—	■
30	缙云县岩下村	—	■	—	—	—
总计		6	8	5	4	7

表格来源：作者自制

基于 K-modes 的样本聚类结果及其特征概况　　表4-12

类型	村名	个性特色
类型一：生态环境优美型	桐庐县茆坪村	村落背靠群山，面向芦茨溪，是富春江镇最偏远的山区村庄之一
	临安区石门村	国家 AAA 级景区“龙门秘境”所属村，村内“石”元素丰富；村落位于两山对峙峡谷间，中苕溪源头——猷溪流经村庄
	淳安县芹川村	因“四山环抱二水，芹水川流不息”而得名；村落整体格局呈“王”字形，“S”形芹水溪九曲十八弯穿村而过，小桥跨溪而架，古民居隔溪而筑
	磐安县横路村	地处磐安与新昌交通要道，村南有“太极峡谷”，山环水曲，阴阳两仪，浑然天成。澄溪古道与村内乌石老街相连
	龙泉市官埔垟村	地处国家级自然保护区凤阳山北麓，是国家 AAAA 级景区龙泉山的必经之地。民居依山而建，傍水而居，错落有致
	遂昌县独山村	国保单位 1 处：独山石牌坊。 地处遂昌九龙山麓乌溪江畔，村前天马山孤峰独立而名独山，村庄以山而名。天马山南北两端寨墙拱卫，古道由寨门出入，形势险要，被称为“深山古寨”
类型二：历史古建特色型	诸暨市斯宅村	国保单位 1 处：斯氏古民居建筑群（千柱屋、华国公别墅、发祥居）；县保单位 6 处
	嵊州市华堂村	国保单位 1 处：华堂王氏宗祠（大祠堂、新祠堂）； 省保单位 1 处：王羲之墓
	兰溪市芝堰村	国保单位 1 处：芝堰建筑群（孝思堂、衍德堂、济美堂、承显堂等）
	金东区琐园村	省保单位 1 处：琐园乡土建筑（润泽堂、尊三堂、显承堂、严氏宗祠等）
	永康市厚吴村	国保单位 1 处：厚吴古建筑群（吴氏宗祠、司马第、衍庆堂、南风拱秀宅等）
	江山市南坞村	国保单位 1 处：南坞杨氏宗祠（含内祠）；县保单位 2 处
	龙游县泽随村	省保单位 1 处：泽随建筑群（塘沿厅、徐汤奶民居、徐清元民居等）
	缙云县岩下村	省保单位 1 处：岩下石头建筑群

续表

类型	村名	个性特色
类型三：民俗风情丰富型	建德市上吴方村	县级非遗 4 项：建德民间剪纸、上吴方正月二十灯会、建德土酒酿制技艺、珠算技艺
	柯桥区冢斜村	县级非遗 1 项：永兴神行宫巡游。 宗族文化：大禹后裔聚居地。 民俗文化：禹妃墓所在地
	新昌县梅渚村	省级非遗 1 项：新昌十番；市级非遗 2 项：梅渚剪纸、梅渚糟烧酿造技艺；县级非遗 1 项：梅渚竹编工艺；宗教文化、蚕桑文化等
	金东区蒲塘村	市级非遗 1 项：蒲塘五经拳；县级非遗 1 项：蒲塘白灯。 宗族文化：宋初大将王彦超后裔地。 特色文化：金华一中办学地
	开化县霞山村	国家级非遗 1 项：开化香火草龙；省级非遗 2 项：霞山高跷竹马、霞山古村落营建技艺。 宗族文化：三国东吴大将郑平后裔聚居地
类型四：产业融合突出型	诸暨市十四都村	省保单位 1 处：藏绿古建筑群。 引进“途家”开展乡村文旅融合项目，业态丰富
	义乌市缸窑村	市级非遗 1 项：义亭陶缸制作技艺。 发挥非遗优势，建有集研学、民宿、陶吧、咖啡等业态于一体的九树坊文创园
	柯城区双溪村	张西自然村是西汉留侯张良故里。 山海协作乡村振兴示范点：“智多张西”项目实施，业态丰富
	常山县金源村	省保单位 1 处：底角王氏宗祠（含世美坊）。 宗族文化：“一门九进士”；浙江省书法村。 引进社会企业，打造“腾云·旅游根据地”项目，打造集民宿、餐饮、研学、团建等多功能于一体的旅游项目
类型五：建设发展综合型	桐庐县深澳村	省保单位 1 处：深澳建筑群。 省级非遗 3 项：桐庐传统建筑群营造技艺、深澳高空狮子、江南时节；市级非遗 1 项；县级非遗 1 项。 浙江省 AAA 级景区村庄
	富阳区东梓关村	市保单位 3 处：东梓许家大院、越十庙、安雅堂。 国家级非遗 1 项：张氏骨伤疗法。 富春江江鲜大会永久举办地、杭派民居示范点
	浦江县嵩溪村	省保单位 2 处：嵩溪建筑群、石灰窑。 国家级非遗 2 项：浦江板凳龙、浦江剪纸。 乡村旅游业态引进多样
	东阳市蔡宅村	省保单位 1 处：蔡希陶故居；县保单位 4 处；县保点 12 处。 省级非遗 1 项：蔡宅高跷；县级非遗 3 项
	婺城区寺平村	国保单位 1 处：寺平乡土建筑。 国家级非遗 1 项：婺州窑陶瓷烧制技艺。 整村景区开发
	武义县俞源村	国保单位 1 处：俞源古建筑群。 国家级非遗 1 项：俞源村古建筑群营造技艺；市级非遗 1 项
	缙云县河阳村	国保单位 1 处：河阳村乡土建筑。 省级非遗 2 项：缙云剪纸、河阳古民居建筑艺术；市级非遗 1 项：缙云清明祭祖

表格来源：作者自制

①生态环境优美型：村落人居环境价值相对突出，拥有良好的自然禀赋和生态基底，村落风貌与格局完整，宜发展乡村生态体验、观光旅游、农业采摘等产业。以桐庐县茆坪村、临安区石门村等为代表。

②历史古建特色型：村落历史文化价值相对突出，古建筑等级高、规模大、类型多，分布密集，具有一定的典型性和历史价值，宜发展古建观光、研学、写生采风等文旅融合型特色产业。以诸暨市斯宅村、金东区琐园村等为代表。

③民俗风情丰富型：村落历史文化价值相对突出，村落文化底蕴深厚，特色文化类型多样，非物质文化遗产等级高、类型多，文化挖掘与传承较好，具有较好的文化产业培育潜力。以柯桥区冢斜村、新昌县梅渚村等为代表。

④产业融合突出型：村落资源集聚配置较为突出，产业基础与发展较好，文旅、农旅等项目引入效益突出，村落发展持续力较足，宜发展乡村旅游。以诸暨市十四都村、柯城区双溪村等为代表。

⑤建设发展综合型：村落各项指标分值均较高，区位优势明显，村落整体风貌完整，保护利用和建设发展实效较为突出，文化、产业特色鲜明、优势突出，公众参与度高，具备整村活化利用的条件，以桐庐县深澳村、缙云县河阳村等为代表。

总体而言，通过定性分析和定量测度相结合的分类评价，判别传统村落人居环境的个性特征，进而提出传统村落人居环境活态传承的差异化、适宜性策略与路径。

本章小结

本章首先从原型辨识、构成要素和谱系构建三个方面对传统村落人居环境系统进行阐释，提出从宏观层面的文化区、中观层面的村落集群、微观层面的村落与家庭三个层级，基于村落形态、空间类型的空间维度和基于村落历史、文化特征的时间维度两个维度，来辨识传统村落人居环境的原型；系统梳理与阐释自然环境与村落选址、村落格局与整体风貌、传统建筑与环境要素、公共空间以及文化网络等多个人居环境构成要素；以时间、空间、“人”间的人居环境因子为坐标，充分考量传统村落人居环境的真实性、完整性、延续性、宜居性特征，以及血缘、地缘、业缘、情缘属性，形成传统村落人居环境系统谱系。

在对传统村落人居环境系统解析的基础上，可以判断传统村落具有历史、文化、艺术、科学、社会、农业生产、生态及未来价值等多元价值基础，且其价值构成相互关联又特质分明。因而，对传统村落人居环境研究不应停留在对物质空间的关注，而应进行深入系统的认知和理性的量化研究。研究依据现有村落价值评价体系研究趋势，建立综合人居环境、历史文化和资源集聚配置三个目标层的传统村落价值评价体系，以钱塘江流域内30个典型村落为样本，运用聚类分析方法进行定量的数据分析，将其划分出生态环境优美型、历史古建特色型、民俗风情丰富型、产业融合突出型及建设发展综合型五大类别，分类结果与村落典型特征具有较高一致性。通过分类归纳传统村落定位与发展模式，并针对典型案例进行特征剖析，丰富了区域传统村落保护发展的差异化路径研究，也为下一章的传统村落人居环境的活态传承路径建构提供依据。

第五章　钱塘江流域传统村落人居环境的活态传承策略

“活态”是传统村落的基本特征。传统村落历经成百上千年，始终保持着活态的存续方式，村中祠堂、古井、池塘、小桥等仍还在发挥着功能作用，各种民族、民俗、民间文化资源仍在传承着，先辈们在生活生产中积淀的生活经验与智慧仍在世代相传。传统村落保护的目的绝不仅仅在于提供静态标本，更重要的是对未来有目的地导向和控制。因此，可以说活态传承是传统村落持续发展的重要内容和文化现象。

一、主客动因分析

1. 学理研究驱动

事物是发展变化着的，而过程又是不断连续与更替的。传统村落是在历史的社会环境中产生，又在新的社会环境中延续，其永远处于一个动态演变之中，且始终面临新与旧、急与缓、发展与保护的辩证关系而存在着。传统村落内既有自然山水、林田、建筑、景观等物质环境要素，又有传统技艺、习俗等非物质文化要素，以及社会生态、文化精神、社区活力及社会关系网络等要素，这些都是构成传统村落历时演进、新旧共存的人居环境载体。

钱塘江流域传统村落人居环境的活态传承，既有自然地理条件、宗族演进关系、人居环境提升等内因驱动，也有文化交融、经济发展、政策推动、科技支撑等外因诱导，两个方面因素的综合影响，形成具体的活态传承动力因素，可以分别对应生态环境优化、建筑功能置换、产业发展升级、政策支持引导、生活方式转变等，这些动因均需建构研究模型加以考量，进而从学理层面予以解析和论证。

“天下一致而百虑、同归而殊途”。活态传承是所有传统村落人居环境建设发展的共同理想和目标，而如何避免“千村一面万村一貌”、处理好“旧貌”与“新颜”[①]，探求适合自身条件的活态传承之途，这既是事物发展的客观规律，也是学术

① 宋建明 . 人文关怀与美丽乡村营造 [J]. 新美术，2014，35（4）：9-19.

研究的基点。借用冯纪忠先生“与古为新”和何镜堂先生“传承创新”的建筑创作思想，运用于传统村落人居环境活态传承研究与实践。“古”是基底，“新”是活力；传承是基础，创新是关键。

传统不是墨守成规地继承，而是需要有历史的全局意识。传统村落来源于一种历时性的“过去”，又处在一种共时性的“生境”之中。对于历时性的传统，我们不能仅将其视作为一种单向延续的“线”，而应把它看作与现实和未来种种发展可能相交叉的“网”；其共时性的“生境”，也不会只是封闭单一的“点”，而是一种能和相关文化互相影响、互相作用的动态系统。因此，传统村落人居环境活态传承的目标是重新认识村落价值、村落发展面向生活，要推动传统村落的生态、文化资源转化为产业、经济生产力，将传统村落保护传承与经济发展相衔接，真正让村民受益受惠。

2. 时代发展所趋

（1）实现可持续发展的主体需求

由于乡村社会变革等历史原因，传统村落存在建筑遗产运维困难、产权关系纠纷不顺、宗族组织结构复杂等特殊问题，传统村落人居环境面临着前所未有的冲击与挑战。表现为：因忽视乡土营建智慧，盲目照搬城市建设模式，空间营造重颜值轻价值；或忽视生态发展理念，缺少科学规划及其管控，村落建设重效率轻效果；或追求经济利益至上，发展目标导向不够准确，村落发展重物质轻品质；或忽视社会人文情态，乡村文化认同逐渐式微，文化传承重内容轻内涵等现象使传统村落人居环境的村容风貌同质化、空间形态破碎化、发展模式单一化、资源利用过度化及村落业态空心化，甚至呈现“村落终结”态[①]的消极被动演进发展趋势。

通过实地调研，分析当前钱塘江流域传统村落主要存在以下典型问题：一是传统物质空间与现代生活方式产生矛盾，历史变迁和时代发展，部分地区传统村落人居环境的风貌已经不再完整，原有的基础设施、公共服务设施及布局已经不能适应现代生活和产业经济发展的需要。保存的传统建筑在功能布局、使用舒适性等方面较之现代建筑都存在一定的差距，无法满足原住民的当代生活需求。历史建筑的保护修缮注重“物”，而忽视“物为人用”，重“修”而轻“用”现象普遍。二是传统文化活化传承与空间载体不能协同，文化多样性是传统村落独特的资源禀赋，在历史演变过程中孕育的诸如传统技艺、传统美术、曲艺、民俗等一批优秀传统文化

① 吴盈颖．乡村社区空间形态低碳适应性营建方法与实践研究 [M]. 南京：东南大学出版社，2017：2.

需要传承发展，而现有的传统村落人居环境难以提供适宜的空间载体。三是随着新型城镇化的快速推进和乡村旅游的兴起发展，一定程度地促进了传统产业转型和升级，但同时也与原有的经济方式与历史资源产生冲突。过度商业化的开发模式，使传统村落的空间环境资源容量与生态承载度达到极限，直接影响了传统村落的生态环境质量与村民日常生活。四是在传统村落人居环境整治提升中，存在规划定位不准确、资源整合不充分、村落价值挖掘不充分等问题，尤其是片段式修建，忽略村落整体肌理的掌控，导致村落的自然度、美感度严重下降，对传统村落人居环境的破坏造成不可逆转的影响。因此，如何实现传统村落人居环境的可持续发展，让其在现代社会环境下能持续体现自身的活力，能够更好地满足人的现代需求，提出适宜适度的活态传承是重要的方式。

（2）城乡融合视阈下的客体需求

在国家实施乡村振兴战略和新型城镇化发展的大背景下，城乡社会形态和生活生产方式都在发生变化，传统村落人居环境发展也势必将迎来挑战和机遇。在城乡融合发展的时代语境下，城乡关系面临新的挑战，根本是要跳出乡村看乡村，要跳出乡村追赶城市的“线性思维”，亟需对乡村进行文化复兴与文明建构，尊重城乡历史脉络与文化差异。正如英国城市学家埃比尼泽·霍华德（Ebenezer Howard，1850—1925）曾经呼吁：“城市和乡村必须成婚，这种愉快的结合将迸发出新的希望、新的生活、新的文明。”①乡村优美健康的生态环境底色、丰富多样的乡土文化本色，已成为新时代人们追求美好生活的“新恒产”所在②。这些新需求为传统村落人居环境向新型城乡交换“新价值体”内容转化奠定了基础，也为乡村经济社会发展复兴提供了重要契机③。因此，传统村落人居环境活态传承需要立足城市文明和乡土文化的融合，应以乡村经济社会发展的实际需求为导向，以此推动传统村落的可持续发展。

3. 发展动力机制

机制泛指社会或自然现象的内在组织和运行的变化规律。发展动力机制是指推动区域发展所必需的动力及其作用机理，以及维持和改善这种作用机理的各种经济关系、组织制度等构成的不同作用力要素的系统总和。通常，作用力要素由政策引导、产业推进、技术推动、资源要素等几个部分组成。基于发展动力机制理论研

① 埃比尼泽·霍华德．明日的田园城市[M]．金经元，译．北京：商务印书馆，2000：9.

② 曹山明，苏静．中国传统村落与文化兴盛之路[M]．南京：江苏凤凰科学技术出版社，2021：17.

③ 王竹，傅嘉言，钱振澜，徐丹华，郑媛．走近“乡建真实” 从建造本体走向营建本体[J]．时代建筑，2019：6–13.

究，我们可以认识到一个系统要产生持续增长，不是靠某一个独立要素，而是诸要素相互作用，形成一个多维度的、非线性的、路径依赖以及动态的过程，且这个过程涉及发展的各个方面之间互动关系的系统性转变。

传统村落是建立在农耕社会生产力、生产关系和社会关系的基础上的人居表现形式，也是当时落后生产力水平下的物质载体。如今，生产力水平发生巨大进步，生产关系和社会关系也发生了巨大变革，传统的社会结构与生活方式逐渐消失，村落人居环境已经失去了所依赖的社会关系基础。如果没有新的社会动力，传统村落将成为过去生产力、生产关系和社会关系的"躯壳"，将无法适应现代社会发展和当代生活需求①。传统村落人居环境的活态传承不仅是针对传统建筑、村落建成环境和地域文化景观的整体性保护，更是要考虑传统村落的社会网络结构维持以及在当代社会的适应转变②，以实现有效保护和合理利用为目标。因此，构建发展动力机制是传统村落人居环境活态传承的基础保障。

本节通过对钱塘江流域典型传统村落的实地调研，在综合考量村落资源禀赋（区位条件、自然环境、文化资源等）、政策因素（政策支持、制度保障、资金整合等）、经济条件（产业结构、经济基础、社会发展水平等）和技术支撑（规划设计、科技因素、技术人才储备等）等基础条件和要素的基础上，提出以下"六联"发展动力机制，作为推进传统村落人居环境活态传承的基础保障。

（1）系统联络保护机制

系统论指出系统相关因素或要素的显著变化将导致原系统失衡、衰退，甚至消亡。传统村落人居环境是自然环境、物质文化遗产以及非物质文化遗产三者有机结合的复杂的自组织系统。加强传统村落人居环境活态传承的关键是维护其系统平衡，其中主要涉及传统村落的环境、人口、经济、文化、产业等要素，需明确其系统性结构关系和运行机制。构建传统村落人居环境活态传承的系统联络保护机制，可借鉴社会学研究方法，通过田野调查获取数据，建立信息数据管理平台，动态监测单项或多项因素变动对系统的影响，分析、评估和预测传统村落人居环境演化方向，研究传统村落各因素的系统关系和作用机制，进而提出差异化、针对性的活态传承策略与路径。

（2）集群联动发展机制

传统村落大多数以血缘聚居而成，且分布较为集中，聚集程度高。通常某一

① 杨贵庆，开欣，宋代军，王祯.探索传统村落活态再生之道——浙江黄岩乌岩头古村实践为例[J].南方建筑，2018：49-55.

② 张松.作为人居形式的传统村落及其整体性保护[J].城市规划学刊，2017（2）：44-49.

地域范围内的传统村落在空间风貌、地域文化、传统产业结构等方面极为相似。因此，在传统村落人居环境活态传承中，应根据传统村落的地理区位特征、景观风貌特征、文化遗存特征以及村落特色产业等关联，探索集群模式，突出特色引领，发挥规模效应，形成统筹推进、多元差异的集群联动发展机制。通过整合区域内各个村落优势资源，突出特点，取长避短，实现资源共享，设施集聚共建，既可以避免村落间同质竞争和资源浪费，又可以提升村落（群）整体影响力和竞争力。

（3）协同联合管运机制

传统村落人居环境活态传承是一项系统工程，包括策划、规划、设计、建设、管理、运维等多个层面，涉及住建、文物、文旅、自规、国土、财政、农业农村等多个部门和领域。因此，构建多部门多领域协同联合管理运行机制，是传统村落人居环境活态传承的重要工作框架，也为实际工作提供了组织保障。同时，需要引入和发挥高等院校、科研机构、社会企业、行业组织等第三方机构在建设管理、评价评估、数据记录、技术支持、人才培养等方面的协助与支撑作用，多部门联合统筹资源配置，打破壁垒，协同参与，实现“规建管评”协同，促进传统村落人居环境活态传承的可持续发展。

（4）共享联营合作机制

构建合理的共享联营合作机制是传统村落人居环境活态传承的重要支撑。诸如PPP模式是近年引入传统村落保护发展中的一种新型合作模式，即通过政府与企业或机构等社会资本之间以特许权协议为基础形成的合作伙伴关系，参与传统村落人居环境公共服务与基础设施建设。在传统村落人居环境活态传承中构建“政府＋企业＋社会组织＋村民”的多方联营合作机制，实现政企村合作，将社会组织和传统村落的主体——村民纳入合作体系中，发挥政府作为引导者和服务者的作用，企业作为管理者和运营者的作用，社会组织作为协调者和监督者的作用，村民作为主导者和参与者的作用，各方相互协作，共享联营。

（5）分类联系评估机制

利用绩效评估手段可以提高传统村落人居环境活态传承的有效性和积极性。分类联系评估机制就是引入第三方评估机构，发挥评估机构的专业性和公正性，通过制定包括组织协调、管理制度、建设实效、要素保障、创新模式等在内的绩效评估内容，构建分级分类分区评估体系，采用定性评价和定量考核相结合的方式方法，评判、分析与引导传统村落人居环境活态传承的实效。

（6）政策联结引导机制

截至2022年，我国列入中国传统村落名录的传统村落为6819个，与全国250

余万个自然村落的巨大基数相比，仍然表现为“孤岛式”保护。从现行法律法规和政策体系的角度来讲，有必要在国土空间规划的农村空间规划体系中，建构传统村落保护专项规划体系。在国家级、省级传统村落保护名录基础上，通过立法，增设市、县级传统村落保护名录，扩展传统村落保护层级和空间范围。同时，倡导“簇群式”“网络化”保护发展模式，形成传统村落由点串线扩面的保护发展网络。

二、研究模型建构

1. 理念与准则

从事物发展规律的角度来看，没有正确发展观念引导的传统村落是没有未来的。因此，我们需要用辩证和发展的眼光看待传统村落人居环境的活态传承，需要建立准确的理念。本节基于文化和方法论，提出要建立人文情怀关照环境营造和以学科交叉支撑全维视角两个理念和“三三”准则，指导具体策略和路径的建构。

（1）人文情怀关照环境营造

人文，即人类文化，包括自然的“向人而化”和人自己的“向文而化”，意味着人在改造外部世界的同时改造自身，即文化是“人化”与“化人”相统一的进程。“人文”一词在中国古代受到极高的推崇和重视，先哲们对世间万物的发端、存在、博弈、消长等现象有超凡的洞察力，从而提出符合发展规律的思想。《北齐书·文苑传序》曰：“圣达立言，化成天下，人文也。”可见，在“化成天下”的过程中，使人心得到“文”的教化，从而形成人文思想，稳定地推动着社会文明形态的发展。人文情怀，既是世界观、文化观和价值观①，是一种态度，也是一种方法。在传统村落人居环境营造中，要用人文关怀的理念（包含着美学思想）伴随营造，尊重村落的历史脉络、自然生态格局，尊重村民的生活方式和经验智慧，陪伴式共同商议，让乡情乡思与乡恋乡愁根生于传统村落。

（2）学科交叉支撑全维视角

传统村落人居环境的活态传承需要建立融设计学、建筑学、规划学、地理学、历史学、社会学、经济学、人类学、管理学等多学科交叉的学科链，建构集环境、建筑、产业、文创、艺术、经营和宣传等协同的行业链，以一种全方位的视角，来推动人居环境活态传承的策划、规划、设计、建设、管理、评价、运营等各个环节，并使之成为一个相互促进、共同作用的系统整体，见图 5-1。

---

① 宋建明. 人文关怀与美丽乡村营造 [J]. 新美术，2014，35（4）：9-19.

（3）“三三”准则

1）三定准则：定量、定性、定位

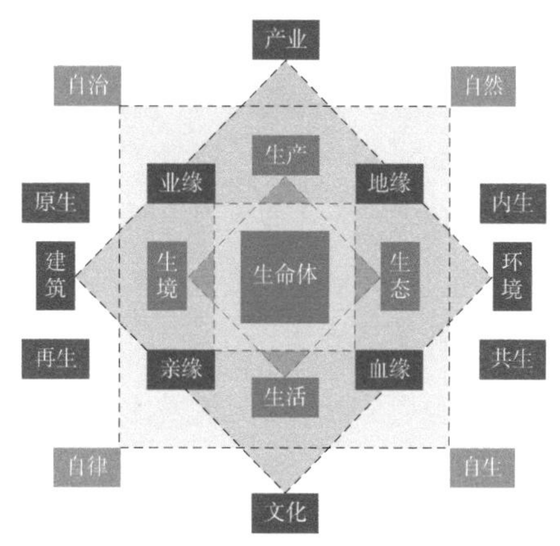

图5-1　全维协同示意图
图片来源：作者自制

传统村落人居环境的形成和发展本身就是循着自发、自主、有机更新的演化过程，对传统村落人居环境的活态传承要从整体、发展、动态的视角，来辨析村落人居环境变迁过程中所蕴含的规律与价值特征。遵循定量测度、定性评价、定位契合的“三定”原则，要从区域整体的角度，系统地评估传统村落的条件和特点，从而确定准确的活态传承理念和策略。定量测度即用数据进行准确、真实、合理的梳理与分析；定性评价即用详尽的文字描述具体研究对象；定位契合即通过理性的量化与分析，用合乎事实的概念进行准确的定位描述。

2）三“JI”准则：基因、肌理、记忆

传统村落具有乡土文化特质，是区别于城镇和一般乡村的最主要特征，具体表现在其有特定的乡土文化基因、乡村空间肌理和乡情民俗记忆。在人居环境活态传承中，需要锚定基因、控制肌理和延续记忆，这些均是传统村落人居环境活态传承的重要准则与基础。锚定基因即是传统村落人居环境客观存在的内在逻辑，控制肌理即是传统村落人居环境营建的意象表征，延续记忆即是传统村落人居环境发展的精神依托。通常肌理与文化是传统村落人居环境的相关“差异”面。从文化的角度看肌理，肌理以“肌理文化”的形式存在，即肌理为本体；从肌理的角度看文化，文化是肌理产生的源泉，并借助肌理发挥其自身的组织力量①。譬如传统村落内保有文物、历史建筑的完整度不尽相同，有整村为文物保护单位的，也有村内存有一定数量的传统建筑。这些都构成了传统村落人居环境的历史记忆和空间肌理。随着社会发展与进步，传统村落势必会受到现代文明与外来文化的冲击，而可能导致传统村落人居环境完整性和原真性的失衡，进而破坏村落的历史记忆和文化生态，比如村内要新建一幢建筑，就要看其是否具有地域建筑特征，是否兼顾文化传统，是否满足业缘发展，是否适合真实而原生态的风貌肌理。

① 刘磊．中原地区传统村落历史演变研究[D]．南京：南京林业大学，2016：6.

3）三分准则：分类、分层、分级

传统村落人居环境是由多种要素构成的复杂物质载体，其外在形态表征和内在文化意涵也是千姿百态。钱塘江流域传统村落数量大、分布广、类型多，无论是交通区位、自然条件、生态环境、风貌格局、建筑景观，还是历史沿革、文化内涵、价值特色、产业发展、保护状况及发展条件上，都存在较大的差异。因此，传统村落人居环境的活态传承不可能采取同一模式、同一标准，也不应陷入某种单一模式（如旅游发展）的局限。而应在认清传统村落现实条件和差异因素基础上，制定分类分层分级的多元发展体系与策略，才是传统村落存续发展的常态，才能避免传统村落发展陷入进退维谷的窘境，才能避免村落格局、历史风貌、传统建筑和历史环境要素的建设性破坏。从分类来看，在对传统村落的自然、历史、文化等各项资源特征和价值作充分调查的基础上，系统分析确定传统村落的个体差异，从而有针对性地形成保护与利用的指引；从分层来看，可建立村域范围和核心保护区两个层次的保护利用框架。村域层次突出整体保护的要求，主要对自然山水、村落风貌格局、生态田园环境和村落营建、演变与发展形成的人文风貌等进行导控；核心保护区层次主要对传统村落人居环境的风貌肌理、建筑格局、历史环境要素等进行控制与适度营造；从分级来看，可以从关照乡村生态安全、维护乡土建筑景观、激发乡村经济活力、传承乡村传统文化、活化乡村民俗风情、打造乡村特色产业和丰富乡村生产生活方式出发，有侧重地、有目的地推进传统村落人居环境活态传承的研究与实践。

2. 基于“六维”联动的研究模型构建

本节在系统分析研判钱塘江流域传统村落人居环境变迁特征的基础上，结合日本千叶大学教授宫崎清提出的社区营造包含“人、文、地、产、景”五个面向①，清华大学柳冠中教授提出设计事理的“事、物、情、理”②，以及中国美术学院宋建明教授提出文创设计的“人、事、物、场、境”五个维度③，建构了基于人、事、物、场、时、境“六维”的传统村落人居环境活态传承研究模型，见图 5-2，

① 注：即在社区营造过程中要兼顾居民需求的满足、历史文化的延续、地理特色的维护、在地产品的开发和社区景观的创造。具体：人（人力资源），指社区居民需求的满足、人际关系的经营和生活福祉的创造；文（文化资源），指社区共同历史文化延续、艺文活动经营等；地（自然资源），指地理环境保育与地域特色延续；产（产业资源），指当地产业与经济活动经营；景（景观资源），指社区公共空间营造、生活环境经营、独特景观创造、居民自力营造等。

② 柳冠中．事理学方法论（珍藏本）[M]．上海：上海人民美术出版社，2019：151.

③ 宋建明．当“文创设计”研究型教育遭遇“协同创新”语境——基于“艺术＋科技＋经济学科”研与教的思考[J]．新美术，2013，34（11）：10-20.

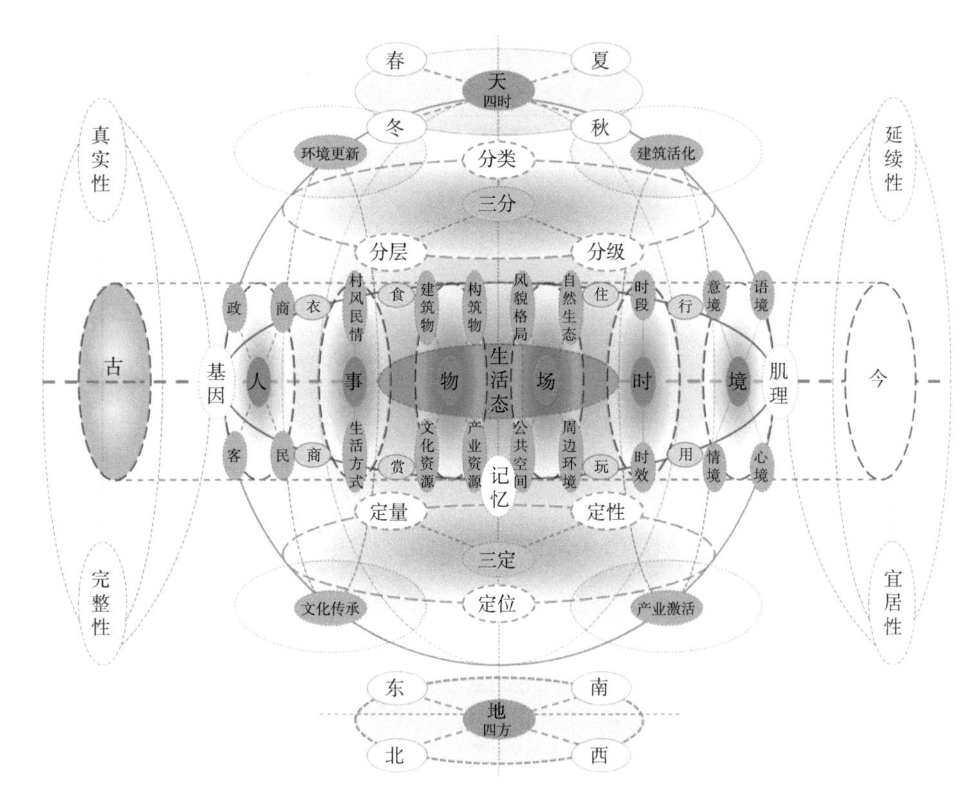

图 5-2　面向当代“生活态”营造的“六维”联动研究模型
图片来源：作者自制

以此来辨析和找准传统村落人居环境活态传承的突破口和切入点，成为指导传统村落人居环境活态传承研究与实践的基本框架和法则。“六维”联动研究模型是将分类人群的本质需求，置于特定“事”态所处的时间、空间、环境等条件下，进行系统分析和有机协同，实现传统村落人居环境活态传承的可持续发展。

“六维”联动研究模型的建构，既是呈现具体、形象的目标系统，又是传统村落人居环境活态传承质量的评价体系，见表 5-1。其中：

“人”是传统村落利益主体，涉及政府、企业、游客、村民等多元利益主体。其中，政府包括政府管理者、部门及镇村干部；村民包括原住民、新乡民和回乡民；游客包括专家、艺术家等社会人群；企业主要以市场和相关机构为主。镇村干部的思路谋划和村民参与程度是传统村落发展的内生性动力，反映出对村落的认同感，决定村落发展的推进力度和程度。

“事”是人与人、人与物、场形成的事理关系，可归纳为传统村落中延承的缘际关系、民俗信仰、价值观念等村风民情和生活生产方式。对传统村落“事”的活态传承，是避免乡村发展同质化、促进传统村落差异化发展的重要手段。

研究模型六维度分析 表5-1

模型维度	关注点	具体内容	参考值
人	政府	政府管理者、部门及镇村干部等	思路谋划引导、政策支持力度、配套资源导入、工作重视程度等
	企业	相关市场化机构	资金、资源、项目投入与运维参与等
	村民	原住民、新居民、回乡民	身份认同、地缘认同、事务参与等
	游客	其他社会人群	沟通、互动、可开发的空间等
事	村风民情	缘际关系、民俗信仰、价值观念等	血缘、地缘、业缘特征、宗教、习俗等
	生活生产方式	族群关系、价值观念	宗族、历史传统等
物	建筑物	文保单位、历史建筑、传统建筑、现代建筑	文保单位等级、传统建筑占村域总数比例、传统建筑完整度等
	构筑物	历史环境要素、公共服务设施、基础设施等	牌坊、戏台、古桥、古道、古渠、古堰坝、古井泉、古树等历史环境要素种类、数量、等级、完整度等
	产业资源	基础产业、特色产业	第一产业农业、第二产业手工业、第三产业旅游业
	文化资源	非物质文化遗产、传统文化	类型、等级、保护传承、影响力等，村史馆、族谱、数字库建立等宣传展示
场	风貌格局	村落风貌、形态格局	核心区历史风貌协调度、形态格局完整度、现代建筑与历史风貌冲突等
	公共空间	公共空间、街巷、节点等	空间属性、空间功能、空间形态等
	生态环境	山、水、林、田等	生态环境资源、独特性等
	自然景观	自然资源、旅游资源等	地形地貌、交通区位、旅游景观的丰富性等
时	时段	建村年代、历史沿革等	发展规律、典型特征、村史传承情况
	时效	历史底蕴、历史事件等	历史信息保存的完整性，历史事件、人物的代表性
境	意境	沉浸、氛围等	综合、适宜的人居环境系统营造
	情境	视觉、听觉、嗅觉等	生活、观光、休闲场景

表格来源：作者自制

“物”包括有形物和无形物，即建筑物、构筑物以及产业资源等构成的有形物和非物质文化遗产、传统文化等文化资源构成的无形物。其中，产业资源分为村落内部产业资源和村落周边产业环境两部分。村落产业类型与周边资源是传统村落联动发展的基础，影响着传统村落发展的方向目标。

“场”源于物理学概念，特指场地、场域，是传统村落人居环境的空间载体，表现为传统村落的自然环境、风貌格局及空间形态。“物”的建筑遗产形成了具有地域特色的“场”所，因此，传统建（构）筑物的数量、质量与分布，以及文物保护单位数量与级别是传统村落人居环境历史风貌完整度的直观体现。自然环境涉及山、水、林、田等生态环境系统和周边自然景观资源。“物”和“场”同时具有自然属性和文化属性，自然属性表现为客观有形的物质存在，文化属性表现为主观无形的精神特质。

“时”是时间维度的历史脉络关系，指传统村落的建村年代、历史沿革、历史底蕴、典型历史事件等。“时”的特征是传统村落区别于一般村落的典型特征。

“境”是愿景，是一种意境、情境的营造，是活态传承的终极目标。“境”的实现是传统村落可持续发展的真正体现，是建立在有“人”参与的“事”“物”“场”“时”协同发展的一种活态传承愿景营造。

总体而言，传统村落人居环境活态传承的核心是“人”，应发挥不同利益主体在其中的作用，多方协同，有序推进。发挥政府的主导作用，做好“顶层设计”，通过平衡多元主体，以合力和共识促进形成利益共同体；发挥市场在资源配置和资金投入中的优势支撑作用，提升村落产业发展动力；发挥专家、精英、乡贤、社会组织的智囊支持作用，强化参与意识和责任感；发挥村民主体作用，提高参与度与获得感，形成文化认同和保护意识。政府、社会、市场、村民合力联动，最终形成全社会的共识。

3. 面向当代的“生活态”营造

本节立足设计学学术思考框架，思考如何从环境行为和“事物”形态的视角出发，将传统村落“生活态”营造作为人居环境活态传承的重要目标，进而促进传统村落当代与未来价值重构和可持续发展。

所谓“生活态”即生活的真实状态，是指一个地域内人们生活与环境呈现出来的状况与形态[①]，涉及族群构成、建筑环境、文化基因和产业经济等要素，见表 5–2。生活态营造要满足人的具体需求，包括衣、食、住、行、玩、用、赏、商等多个方面，是对环境、行为、目的、条件等多因素的观察、分析和定位，由人居形态、文化动态、环境生态、建筑物态、产业业态、社区（治理）常态等多类多层“状态”构成，且具有关联性。应该说，“生活态”是一个地域环境的核心内容，是特定环境下生活生产方式的形态，也是感受、体验和评价一个地域环境风貌和生活品质的重要依据。

---

① 宋建明．人文关怀与美丽乡村营造 [J]. 新美术，2014，35（4）：9–19.

"生活态"系统示意表　　表5-2

组成要素	四缘	主要关系	基础	活动类型	空间载体	方法
族群构成	血缘	人人关系	以宗法制度为纽带	家族活动	宗祠空间	传承
建筑环境	地缘	人地关系	以地理位置为基础	邻里活动	社交空间	在地
产业经济	业缘	人物关系	以社会分工为基础	经济活动	市集空间	发展
文化基因	情缘	人事关系	以共同价值为基础	社会活动	社区空间	共生

表格来源：作者自制

传统村落人居环境变迁是一个时序过程，不同时期推动演化的内部和外部动力都有所不同，其相对应的演化模式和空间特征也具有差异。总体来讲，既有村落空间环境的变迁，有村落生产方式的转型，有村民生活方式的变化，也有村民身份观念的转变，更有村落基层治理的重构以及新型人口迁徙等，涵盖了传统村落的经济、政治、文化、环境、生态等多个方面，是一个融多维度相互影响、相互递进的演变系统。在时间的语境中，"发现过去，塑造未来"是设计研究的本质。在空间的维度上，其不仅是物理场域，更是社会与人文的场域。因此，营造面向当代乃至未来的"生活态"是传统村落适应当代社会环境的一种高级阶段模式，也是传统村落人居环境发展的重点优化方向。

三、活态传承路径

面对社会变革与生活方式的变化，传统村落人居环境在新的时代语境下如何转型与发展，成为近年来学界和业界共议的话题。本节基于生态协调、场景融合、品牌建构、文创牵引等策略，提出传统村落人居环境的活态传承可分别突出环境风貌更新、建筑空间活化、特色产业激活、文化遗产传承、村落社区营造等路径，具体操作层面可着力突出其中的一种，也可以是两种或两种以上，进而促进传统村落人居环境活态传承的可持续发展。

1. 基于生态协调的环境风貌更新

传统村落环境之美在于其优美的自然生态、原生的山水格局和野趣的田园风光，这既是传统村落独特的环境特质，也是区别于城镇环境的主要特征。

（1）环境协调优化

自然生态环境是传统村落的环境基础。以景观生态学的视角，占国土面积绝大部分的农业生产空间与自然生态空间交织形成了景观"基底"，而众多传统村落作为一个个景观“斑块”镶嵌其中，构成一幅生态安全、景观协调、资源自足及人地和谐共存的美好家园图景。

传统村落所处的区域自然环境具有生态修复、农业生产、乡土文化培育、资源供给等功能，是一个动态的、开放的、自足的有机地理生态系统。因此，对传统村落人居环境进行协调优化，要以科学的规划理念为指导，把各种生态和生命活动现象以系统化的方式来思考和认知，巧妙运用小地形、小气候等微观环境，提高自然环境综合质量和生态稳定性。要继承和借鉴自然哺育大地的智慧，准确对待村落的自然生态环境，尊重和保护原生生态体系和环境格局，系统分析和研究自然环境与村落的关系，进行合理的环境优化和空间划分，严格控制过度的人为干扰。

（2）景观风貌更新

传统村落景观是人们在乡村地区对聚居环境进行改造、营建形成的集特定地域生态、生产、生活、文化等多层次要素为一体的活态文化景观，也是呈现地方整体性景观的基本单位。因此，传统村落景观包括了以自然山水为主的自然景观、以村落建（构）筑物为主的人工景观及生活于其中的人与物、场共同构成的人文景观，三者和谐共存构成一幅完整的村落景观风貌。传统村落景观受其所处地域文化、地形地貌、社会经济等因素的影响，外在形式与内在价值各不相同，具有景观地域性特征①。传统村落景观区别于城镇景观，在于其地域特征和景观成分的不同。其中，地景地貌和农业景观是其景观成分的主体。

在传统村落人居环境的景观风貌更新中，要采取柔性的营建策略，依托得天独厚的生态优势，尊重地缘特点，保持独特风貌格局，运用乡土植被和自然材料，巧妙运用借景、对景、框景、组景等办法，形成独具匠心的景观形象。可以利用村落地形地貌或自然景观，加以适宜的人工经营，形成富有特色的传统村落人居环境底色。要发挥农业生产功能，塑造适应地形地貌的农田景观格局。要严控城市化、同质化景观元素与构件的简单“移植”和“复制”，从粗犷型、二维向度的景观营造转向细微化、多维视角的景观更新，实施从平面转向立体、从单点转向带面的更新策略，实现空间形态和景观意象的立体化、系统化。

（3）乡土场境建立与地域场所共生

场境中的“场”是一个物质的空间概念，“境”则是场景化的氛围营造。传统村落的乡土场境则是基于自然山水、乡土建筑等环境要素，以适宜的空间比例、完

---

① 张小燕，杨小军．基于景观价值评价的山地传统村落空间设计研究 [J]. 美术教育研究，2021（23）：108-110+113.

整的风貌格局、适宜地场地功能等，形成独具乡土特色的场所氛围，注重的是乡土情境和意境的营造。

如岱山县双合村地处舟山市岱山县最西端，三面环海，一面环塘，村落周围山体环绕，植被覆盖良好，留存一处距今500年的人工采石形成的石宕景观。村落拥有山、林、海、塘、石等自然生态资源，保存着较为完整的传统格局和历史风貌，见图5–3。传统村落保护发展规划设计对村落景观风貌的控制依据文化（色彩）地理学、文化遗产学等相关原理，遵循村落“山、海、石、筑、田”的风貌与格局，提取（山）绿、（海）蓝、（石）褐、（建筑屋顶）灰、（桃园）红五色，进行村落风貌体系的梳理和控制，见图5–4。通过对村落人居环境原型解读和色彩风貌控制建立联系，基于价值构成、发展模式、本地风情和建设逻辑等维度，提出传统村落人居环境的乡土场境营建。提出实施立体化、可视化、智慧化的建设路径，形成景观建构、文化体验和项目运营的有效联动策略。具体通过仰视、平视和俯视等视线引导和村落环线、直线、折线等动线组织，形成景观环境的可达性和通透性；通过提取建筑景观色彩、形态、材质等显性物质要素和挖掘传承民俗、节庆、宗教等隐形非物质要素，形成环境营造与文化传承的可视化；通过植入情景式、主题性的功能节点和体验性活动项目，组织近、中、远期的建设计划，实现村落的智慧化发展与运营，见图5–5。

共生是生物学的一个概念，指不同物种相互依存的自然状态。透过生物共生现象，人们认识到共生是人类之间、自然之间以及人与自然之间形成的一种相互依存、和谐、统一的命运关系。共生理论将各利益主体看成是不同的共生单元，通过相互之间物质、信息和能量传导的媒介、通道或载体，建立某种共生关系，从而实现整体共生的发展目的。随着共生理论的不断发展，共生理论逐渐在人文社会学科

图5–3 双合村村落风貌与格局

图片来源：作者自制

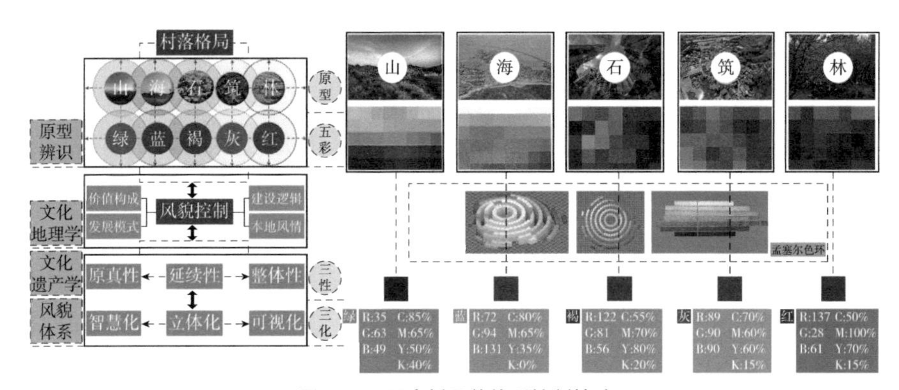

图 5-4　双合村风貌体系控制策略

图片来源：作者自制

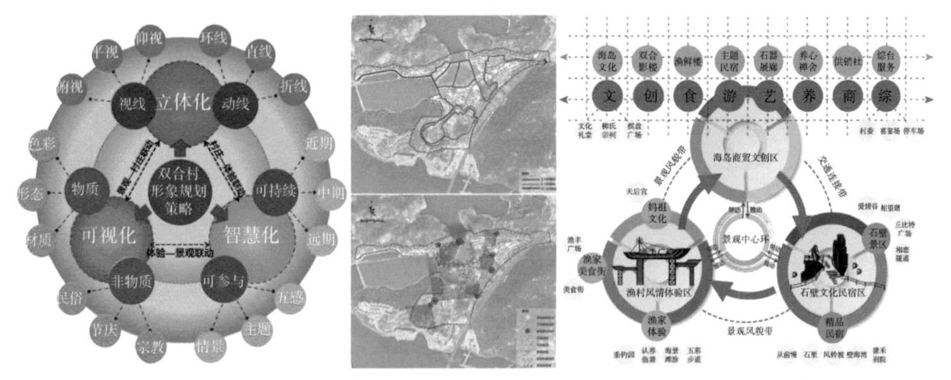

图 5-5　双合村乡土场境营建路径模型

图片来源：作者自制

中得以应用，也为传统村落人居环境研究提供依据和思路。传统村落是一个不断自我完善与发展的有机体，它的发展源自居住其中村民的认知和感受，居民不仅是环境使用者和参与者，他们的行为受到环境的影响，同时也通过自身的生产生活方式影响着环境①。因此，在乡土场境和地域场所营建中，关注人与自然关系的因素尤为重要。地域场所共生就是要保护乡土景观形成和发展的文化环境，保护其历史文化内涵，挖掘乡土文化底蕴，尊重人的需求，使场所营造与地域文脉传承紧密结合，一脉相承。

2. 基于场景融合的建筑空间活化

传统村落的建筑空间活化利用是在创新理念引导下，面对现代生活需求，在保持乡土性特质的基础上，重新赋予传统建（构）筑物以多元功能和价值。

① 施俊天 . 诗性：当代江南乡村景观设计与文化理路 [M]. 杭州：中国美术学院出版社，2016：94.

（1）解构与重构

历史的车轮不停地往前滚动，农耕文明孕育的传统村落也主动或被动地进入了新的历史征程。在经历了多次社会制度的变革后，传统村落中宗族组织与管理功能已基本丧失，宗祠、家庙等公共空间被大量闲置，传统农耕经济模式越来越弱化，农村主要劳动力外流加剧，致使村落空心化、老龄化现象越来越严重，传统村落面临一种被“解构”的状态。新时代国家部署实施乡村振兴战略，客观上给传统村落人居环境的活态传承带来了契机，传统村落的建筑空间活化需要系统的“重构”。具体包括空间秩序恢复、功能置换和业态植入，在空间秩序上需要保持原有空间格局秩序，恢复原有空间布局，可在局部的空间形制、形式上重构与创新；在功能业态上根据村落发展实际需求来定义，可对闲置建筑或景观节点空间置换新功能、植入新业态，用以满足新的发展需求。

（2）适宜性再生

功能是建筑空间的基础，有具体功能的建筑空间才是有意义的场所存在。充分利用建筑空间资源，对传统建筑修缮后进行适宜性再生，赋予新的功能，是激发传统村落人居环境生机的关键。通常，建筑空间再生利用主要有两个层面的做法，其一是对建筑原有功能进行拓展或局部置换，其二是对原有空置状态的建筑植入新的使用功能，比如利用祠堂、家庙等公共建筑进行功能拓展和置换，依托宗族文化、特色非遗等资源，打造宗族家史馆、乡村记忆馆、特色文化展馆等主题性功能空间和乡村文化传习站、研学基地等特色性功能空间，满足村落文化传承展示和村落旅游发展需要；利用闲置古民居，妥善处理好所有权和使用权问题后，可根据村内实际需求植入新功能，设置爱心书屋、留守儿童阳光乐园、居家养老中心等服务性功能空间，为乡村儿童、老人等人群提供公益活动场地，提升村民日常生活品质。

（3）公共空间营造与主题场景组织

传统村落的公共空间营造需要契合村落发展定位，创新活化利用模式，合理处置建筑产权关系和运维，盘活村落既有资源，营造集农业、商业、文化、旅游、民宿等业态为一体的空间场景，满足村民日常生活生产和村落产业发展需要。

如泰顺县上交垟村为闽人北迁形成的血缘聚居村落，清嘉庆年间曾氏自福建泉州迁居于此，逐渐形成布局奇特、内设水流系统的防御性村落格局和浙闽融合的建筑形制。村落格局完整，古建筑保存较好，保存有土楼、水城厝、下新厝、药店、凹店、上书斋、下书斋等 38 幢清代传统建筑，其中土楼为全国重点文物保护单位，见图 5-6。随着时代的发展，村民进城务工和置业，致使部分民居建筑呈闲置状态。传统村落保护发展规划设计和建设基于村落区位优势和发展定位，全面梳理传统建筑资源，在保留部分建筑居住功能外，发挥村落宗族文化、非遗文化等资源优势，营造了功能完备、业态融合和激活内生发展动力的村落公共空间和主题场景。具体按照历史建筑保护修缮导则，在保持建筑形制、风貌、结构的基础上，进行建筑外立面整治、结构加固和周边环境提升，将水城厝按原貌保护修缮后恢复家庙、植入手工作坊、乡村双创孵化站等功能业态，将三房老厝修缮置换为文创商铺，将下书斋修缮恢复为曾氏学堂，将药店、下新厝修缮改造为旅游接待中心、展厅等功能业态，将凹店、上书斋、曾壁揺故居等建筑修缮后引入具有上交垟村民俗特色的主题民宿，形成丰富的传统村落人居环境生活态，见图 5–7。

3. 基于品牌建构的文化遗产传承

文化遗产是传统村落独特的资源优势。推进各类物质文化遗产和非物质文化遗产的保护与传承，扩大文化资源特色效应，是传统村落人居环境活态传承的重要支撑和载体。

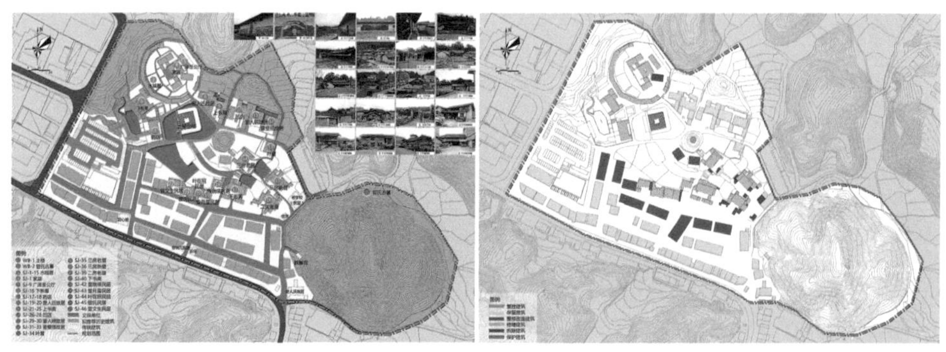

图 5–6　上交垟村传统建筑资源与整治示意图

图片来源：作者自制

图 5–7　上交垟村传统建筑空间活化利用示意图

图片来源：作者自制

（1）文化资源挖掘

传统村落的文化资源主要有各级各类文物保护单位、重要农业文化遗产和灌溉工程遗产等物质文化遗产和传统技艺、传统美术、民俗等各级各类等非物质文化遗产，以及宗族文化、民俗文化、农耕文化等各类传统文化。传统村落人居环境活态传承需要深入挖掘这些文化资源，以特色文化为牵引，拓宽村落活态传承路径。比如：①发挥重要农业文化遗产、灌溉工程遗产等特色资源优势，在保护农业遗产原真性的基础上，深入挖掘与遗产有关的故人、故事、故地和故情，实现遗产价值的多元转化。如诸暨市赵家镇东溪村、榧王村依托香榧群全球重要农业文化遗产和桔槔古井灌溉世界灌溉工程遗产的农业遗产特色资源，建设香榧博物馆，设置灌溉技术体验、生态采摘等活动项目，丰富传统村落旅游项目，发展自然生态游、文化休闲游、教育科考游等乡村旅游产品，扩大了乡村文旅融合广度。②深入挖掘传统技艺、传统美术等非遗与传统文化资源，建设诸如古法酿酒、古法造纸、剪纸、刺绣等特色作坊（群），开展文化传习、手工体验、工匠培训等项目与活动，打造“写生村”“摄影村”“影视村”“古建筑考察村”等具有独特乡村特色和识别度的传统村落。

（2）文化品牌建构

品牌是产品的重要符号，对传统村落而言一样适用。在传统村落文化遗产保护传承中，需要树立品牌化经营理念和制定文化传承规划，要以传承地域文化精神为内核，以突出乡村特色文化的当代价值为目标，建构识别度高、传播性好的村落文化品牌，比如依托过小年、灯会、祭祀典礼等具有规模效应的民俗活动和特色小吃、特色农产品、非遗产品等乡土产品，研发打造具有地域特色的“食”“居”“游”“购”等主题品牌。同时，可以推进“村播”计划，通过线上线下结合的方式，扩大宣传推广力度，增强村落特色文化品牌的影响力与竞争力。

（3）锚定文化基因与创新传承路径

传统村落的文化遗产保护传承需要探索多元机制与路径，根据文化遗产的类型和特质，锚定村落文化基因，突显其唯一性和独特性特征，准确定位特色文化品牌，创新优秀传统文化传承模式与路径。通过建馆展示、基地运营、活动开展、平台建设等形式，扩大村落文化的影响力和识别度；借助数字技术的支撑，应用虚拟现实技术推进历史文化资源数字化保护传承，通过信息采集、模型构建、VR 与全景漫游等多维展陈方式，促进传统建筑和历史环境要素等资源共享应用；建立传统村落全维度信息数据库，形成传统村落人居环境活态传承的规划、设计、建设、管理、评价、运维的数字化运维模式。

如常山县金源村为北宋名臣王介王氏血缘聚居村落，自北宋咸平二年（公元999年）至南宋庆元五年（1199年）的200年间，王氏家族一共出了10个进士，故有“一门十进士，历朝笏满床”之称。村内保存的王氏宗祠（含世美坊、石拱桥）为浙江省级文物保护单位，另保存有50余幢明清古民居，各类文化遗产资源丰富。同时，金源村书法文化浓厚，古有王涣之与米芾的诗书交流渊源，现今全民书法活动盛行，村内成立有书法协会，被评为浙江省书法村。应该说，宗族文化和书法文化是金源村的两张文化“金名片”，见图5-8。传统村落保护发展规划设计确立“世美传书，古韵金源”的主题定位，在村落人居环境活态传承上锚定村落“宗族”和“书法”特色文化基因，着重拓展了“书韵”的内涵与外延，体现对书法文化的弘扬和宗族文化的发掘，发挥文化遗产的传承与引领作用。在村落空间格局上，重点建构了传书文化主题和宗族文化展示等功能分区，传书文化主题主要体现在对“书之器”和“书之体”的释义，打造了笔（秀笔轩）、墨（翰墨院）、纸（落云舍）、砚（端砚苑）、水（云水间）、毡（草毡园）、章（秀章庭）七个主题民宿群和篆（齐篆清塘）、行（书行毅馆）、楷（秀楷庄园）、隶（隶韵古桥）、草（草传睦友）五个书法展示空间；宗族文化展示主要围绕王氏宗祠内外空间及景观的营造上，展示宗族沿革、进士文化、乡贤文化、廉政文化等特色文化，见图5-9。同时，基于传统村落文化传承定位，提出“建构、认养、推广、回归”的村落旅游发展模式。即：建构一个书法名村，弘扬耕读文化；认养一幢古建筑、一片胡柚林、一块小菜园，鼓励公众参与传统村落人居环境维保行动；推广指通过宣传片、网站、微信等渠道做好品牌、活动等推广；回归指借助自然山水、乡野村居等村落既有生态资源，吸引村民返乡、游人进村，助推发展乡村旅游。

图5-8　金源村历史文化资源

图片来源：作者自制

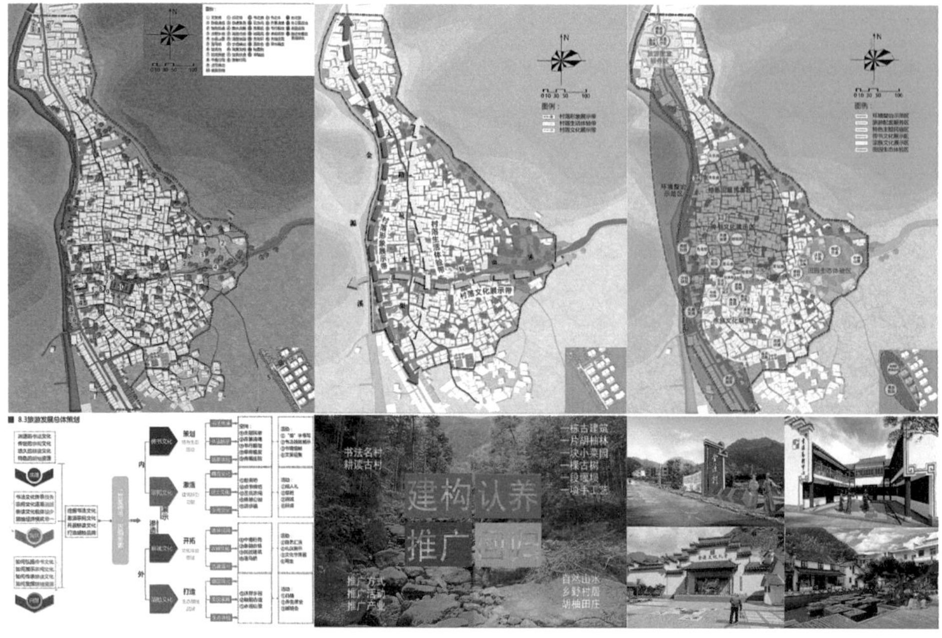

图 5-9 金源村文化业态规划设计示意图

图片来源：作者自制

4. 基于文创牵引的特色产业激活

传统村落人居环境活态传承离不开产业的推动，特色产业激活与发展是传统村落保护利用的关键，也是传统村落实现从“输血针灸”转向“自我造血”的必然选择。传统村落产业激活与发展要转变固有观念，积极创新“借智引力”模式，通过社会力量驱动、典型事件激发等方式，引入文创、休闲、养老等新兴特色产业，构建传统村落新型特色产业体系，促进传统村落人居环境活态传承。

（1）社会力量的驱动

传统村落因其独特的自然资源禀赋和生态环境基础，吸引了越来越多的外乡人迁入村内生活、工作与休闲。尤其是一批艺术家、设计师、创客群体等社会力量的介入，通过改造闲置民居建筑，植入艺术工作室和创意工坊等新型功能，不仅活化了民居建筑功能、提升了村落人居环境品质，而且驱动引领了新的生活理念与方式。可以预见，未来传统村落的居住人群将会由原住民、新乡民和游客三类人群组成。因而，传统村落人居环境的活态传承，需要充分考虑不同人群对人居环境的认同与需求，吸引了多类社会力量的参与，形成传统村落的新生活态。

（2）典型事件的激发

传统村落人居环境活态传承可以借助艺术活动、文创比赛、会议论坛等具有社会效应的典型“事件”来激发村落内生动力。通过艺术、设计、文创推动乡建等方式，谋划发展乡村康养、户外运动、研学体验、自然教育等乡村特色产业。譬如桐庐县通过“大地艺术节”的连续举办，吸引了规划、建筑、展示、乡创、文旅开发、公共艺术等多个领域的团队或个人入驻传统村落，开展村落形象发布、社会项目合作、艺术家驻村创作、创意设计大赛等活动，成为传统村落活态传承的新引擎和引爆点，对其他地区具有较好的参考意义。

（3）文创思路引领与传统产业转型

文化创意产业发展的核心是文化，动力是创意。从设计的视角来看，农旅融合、文旅结合是乡村社会发展的大趋势，文化创意为乡村振兴、传统村落复兴提供一个全新的视角。农业是传统村落的经济基础，村落产业发展首先是传统农业转型和现代农业发展。文化创意作为新的经济孵化器的作用日益显现，并直接促进传统村落产业转型，尤其在发展第三产业上有着得天独厚的促进作用。传统村落产业发展就是要用文创的思路与力量激活传统产业发展动力，促进传统农业培育新业态，构建具差异性和个性化的乡村特色产业链。实现“一村一业”“一村一品”的传统村落产业发展格局。

如桐庐县青源村是桐庐江南镇传统村落集群中的一员，在江南镇全域旅游发展规划中，有古村文化体验、山地森林康养、乡村田园漫游和滨江休闲游憩的分区格局，其中山地森林康养具有科普农旅、山地运动、户外拓展、康养度假的基础和条件。从区位来看，青源村位于山地森林康养片区，构建“山水青源”的发展定位，与“古风深澳”“清莲环溪”“花海荻浦”形成差异化发展格局，见图5-10。青源村三面环山，溪水穿村而过，生态环境清幽寂静。狮子山位于村落中心区块，山顶留有建于20世纪70年代的原青源小学校址。传统村落保护发展规划设计依托其山水自然资源优势，承担集康养度假和户外拓展为主题的区域旅游配套功能。通过村落人居环境整治提升，梳理现有建筑空间和景观节点，引入休闲养老、运动驿

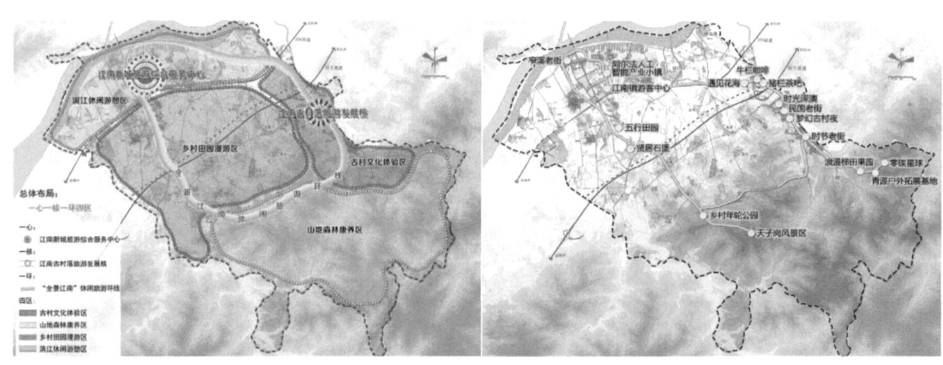

图5-10　桐庐县江南镇全域旅游发展规划示意图

图片来源：引自上位规划

图 5-11　桐庐县青源村旅游发展业态布局规划示意图

图片来源：作者自制

站等功能业态，形成融乡村文创、观光农业、民宿经济、大健康产业等村落新兴产业体系，见图 5-11。

5. 基于多缘联动的村落社区营造

自 1887 年德国社会学家斐迪南·滕尼斯（Ferdinand Tönnies，1855—1936）发表《共同体与社会》始，“社区”概念正式进入学科领域，已成为学界共识。滕尼斯的“社区”概念是血缘共同体、地缘共同体以及精神共同体三者合一，强调共同的文化精神意识和社区成员的归属感、认同感[①]。费孝通先生认为“村落是一个社区，是一个由各种形式的社会活动组成的群体，具有特定的名称，而且是一个为人们所公认的事实上的社会单位”[②]。

（1）联动发展格局

钱塘江流域传统村落的乡村社区营建，可结合浙江“四条诗路”文化带、“五朵金花”组团和钱塘江流域美丽乡村景观带建设，将传统村落社区营建纳入城乡融合发展战略规划之中，坚持城乡融合协调发展理念，将传统村落人居环境活态传承与未来乡村社区建设融合，突出村落特色文化资源优势，弥补乡村社区的文化底蕴短板，实现资源统筹、优势互补、区域联动，整合打造传统村落社区联动发展新格局。

（2）社区营造模式

传统村落社区营造要依托交通区位和产业基础条件，发挥乡村生态自然、建筑文化资源和村落乡土风貌等优势，开展资源集合、多缘联动的乡村未来社区建设。构建一、二、三产融合联动发展的传统村落社区营造和发展新模式，注重传统

① 许斌．复兴：20 世纪 80 年代以来的中国村落社区研究 [J]. 北京科技大学学报（社会科学版），2009（1）：1–5.

② 费孝通．江村经济 [M]. 北京：北京大学出版社，2012：10.

村落社会网络的构建和人居环境的提升，形成点上出彩、串点成链、连片成景的传统村落社区场景；构建多元主体参与的传统村落社区营造和发展新模式，积极吸引科技、资金、项目、人才等资源要素，通过政策扶持、技术支持、物质奖励等方式，发动乡贤志士回乡置业，吸引青年能人回村创业。

（3）社区场景设计与社区文化交织

传统村落社区场景设计依据城乡融合发展的国家战略和联合国发布的可持续城市与社区国际标准（SUC 标准），以及对标城市现代社区建设理念，立足“内生自发——外在拓展”的未来乡村社区模式，聚焦生态化、数字化、人本化、系统化、产业化的“五化”价值坐标，细分邻里、教育、健康、文化、低碳、生产、建筑、交通、智慧、治理乡村未来社区十大场景[①]，推进产、社、人、文高度融合，构筑山、水、林、田、湖、筑、人有机协调的传统村落社区场景系统，形成由风貌提升到风景营筑，最后到风情育成的社区场景和社区文化。

如诸暨市十四都村为北宋文学家周敦颐后裔血缘聚居村落，拥有 500 余年的建村历史，村落区位条件优越，村内古建筑资源丰富。在传统村落保护发展规划和建设中，依托国家 AAAA 级景区和国家森林公园——五泄景区的生态资源，发挥“莲”文化和十里荷塘等资源优势，创新村落社区建设模式，引进社会资本建设、开发和运营融文旅、养老、观光体验等多业态的传统村落社区项目。分期实施荷花世界博览园和稻田艺术、生态养老、研学等项目，为村落社区营造的环境提升、引流增量打下基础。充分利用村内闲置土地和建筑空间，通过盘活在地资源，激发村落内生发展动力，开发“树女学堂”研学项目、装配式特色民宿和文化集市，形成项目多样、内容丰富、互动参与的社区场景系统，成为传统村落有效保护活化利用和乡村振兴的典型样本。

四、基于个案实证的设计对策研究——以常山县泰安村为例

在上节系统梳理阐释传统村落人居环境活态传承路径的基础上，本节结合钱塘江流域传统村落保护利用规划设计个案，力图以设计学的视角和方法来建构一个完整的规划设计叙事逻辑，系统剖析、论证传统村落人居环境形成、发展及活态传

① 注：这十大场景与联合国 2030 年可持续发展议程第 11 条目标（简称 SDG11）——建设包容、安全、有抵御灾害能力和可持续城市和人类居住区中的 10 个子目标、联合国环境署 2018 年 12 月发布的 SUC 可持续社区标准的 7 个一级指标、乡村振兴战略规划的 22 个一级指标及浙江省出台的未来社区、未来乡村九大场景基本吻合，具有一定的科学合理性。

承的“时空”特征，以点概面式地提出传统村落人居环境活态传承的设计对策，形成具有普适性、示范性的典型样本。

1. 个案解析

（1）泰安村概况

1）地理位置与经济社会。泰安村位于衢州市常山县城东北方向，隶属常山县新昌乡，距离常山县城 29 公里，距离新昌乡政府 10 公里，东、北接芙蓉水库，南与芳村镇交界，西邻同乡茶源村。泰安村由对坞和安坑 2 个自然村组成，全村村域面积 12.8 平方公里，其中耕地面积 263 亩、山林面积 10998 亩。现有人口 332 户、1006 人。其中，对坞自然村以王姓为主，安坑自然村以余姓和石姓为主。泰安村传统产业以高山油茶、高山茶叶、毛竹、胡柚、柑橘、野生药材种植为主。近年来，大力发展乡村旅游，村上酒舍省级精品民宿品牌初步形成。

2）风貌格局与历史沿革。泰安村所处地形以丘陵为主，村落四面环山，村南面八面山为常山第二高峰，主峰海拔 1012 米为屏，泰安溪伴村而过，周边古树成林，古时有笔峰耸翠、湍泉漱石、东壁松涛等“泰川八景”。对坞和安坑两个自然村间隔交岭山，泰川、安川两条溪水汇聚至村口向东流向芙蓉水库。安坑自然村聚居于山岙之中，由于山体的楔入，村落呈马鞍状分布，村内道路自然伸展，呈枝网状街巷格局；对坞自然村处于山间谷地，聚落呈“V”形线状分布，建筑顺应坡地走向，呈现台地型风貌特征，见图 5-12。据《王氏宗谱》记载，对坞自然村居住

图 5-12　泰安村风貌格局现状

图片来源：作者自摄

历史已有500余年，旧名安源、泰川，本以唐氏为主，明正统年间泰川王氏始祖王知被唐氏招赘为婿，由芙蓉迁至安源后，子孙繁衍生息，逐渐取代唐氏成为地方大户。安源王氏与东案上源王氏、宋畈彭川王氏、芙蓉王氏系一脉同宗。安坑自然村居住历史已有600余年，原名安川，由余氏和石氏迁徙发展而来，余氏始祖寿九公余商于明永乐十四年（1416年）自遂邑儒洪徙居安川，石氏始祖敬盂公石通松从岩前复迁安川，其后子孙繁衍至今。

3）历史文化遗存和资源。泰安村历史文化遗存丰富，古建筑等级较高。现存泰安古建筑群（包括王氏宗祠、余氏宗祠、石氏宗祠、节孝坊、天灯）被列为浙江省级文物保护单位，另外还有对坞天王庙、王洋古老宅、王西开老宅、余家富老宅、余徐明老宅、石勇富老宅等明清古建筑30余幢和阴章古道、芙蓉古道、对坞古桥群、古树、古井等历史环境要素。传统建筑大多靠山布局，呈现土墙黛瓦和台地式风貌特征，建筑平面以三合院、“一”字形为主，以土木、砖木结构为主，整体建筑装饰精致、建造工艺独特，具有较高的美学价值。由于水库建设对农房产生影响，部分村民已搬迁安置至城区，留置的古民居在保护修缮后，成为村落产业发展的重要空间资源。另外，泰安村非物质文化种类丰富，拥有柴冲舞、板凳龙、传统榨油技艺3项市（县）级非物质文化遗产项目，保留有古法酿酒、竹编工艺、冻米糖制作等传统技艺和天灯文化、宗族文化等传统文化资源，见图5-13。

4）主题民宿发展基础。泰安村在前期传统村落保护发展中有效发挥乡贤资源，吸引青年乡贤回乡创业，将对坞自然村内一幢清代老宅改造成以古法酿酒为主

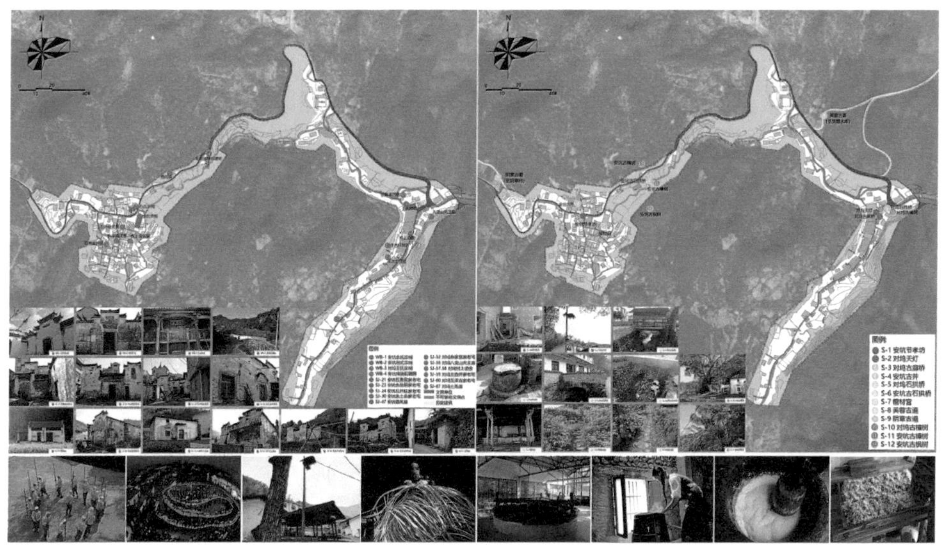

图5-13　泰安村文化遗产资源分布示意图

图片来源：作者自制

题的乡村精品民宿——村上酒舍。设计师在保留建筑原有结构和风貌的基础上，分别以谷、麦、黍、稷、荞、莲、曲酿酒原料为主题改造设计了7间客房，保留了原有土灶和厨房，新增茶室、书画室、影视室等公共交往空间，经营效益突显，成为古建筑更新活化利用的样板，获得浙江省文化和旅游厅颁发的省级金宿民宿。村上酒舍民宿的建成不仅为村内妇女提供了在地就业机会，也为泰安村规划打造特色民宿集群开辟了新思路，奠定了发展基础。

（2）历史变迁回溯与还原

根据现场勘察统计，泰安村现存建筑共计295幢（处）。按照建筑等级来分，主要包括文物保护单位、不可移动文物、传统建筑和一般建筑，见图5-14、表5-3；按照建筑功能来分，主要包括居住建筑、商住建筑和公共建筑，公共建筑以宗祠、庙宇、村委会、文化礼堂等为主，商住建筑主要为对坞自然村的民宿；按照建筑年代来分，主要有100年以上的明清建筑、距今50~100年的传统建筑和50年以内的现代建筑；按照建筑层数来分，主要有一层建筑、二层建筑和三层及三层以上建筑；按照建筑质量来分，有一类建筑（结构完好，多为整修过的传统建筑和砖混或混凝土结构建筑）、二类建筑（结构完好、土木结构的传统建筑等）和三类建筑（较为破败的古建筑，包括违章搭建的简易房、废弃老屋等）；按照建筑风貌来分，主要分为砖（土）木结构、砖混结构、混凝土结构，见表5-4。

图5-14　泰安村现存建筑示意图

图片来源：作者自制

泰安村重要建（构）筑物一览表　　表5-3

分类标准	编号（名称）	建筑年代	建筑层数	保存质量	占地面积（平方米）	使用功能
文保单位	WB-1（安坑余氏宗祠）	清嘉庆七年（1802年）	1	良好	570	宗祠
	WB-2（安坑石氏宗祠）	清道光年间	1	良好	153	宗祠
	WB-3（对坞王氏宗祠）	清嘉庆二十年（1815年）	1	良好	500	宗祠
	WB-4（安坑榨油坊）	民国时期	1	一般	200	油坊
	S-1（安坑节孝坊）	清道光十二年（1832年）	—	破损	3	牌坊
	S-2（对坞天灯）	明末清初	—	一般	1	天灯
传统建筑	SJ-1	清代	2	良好	256	自住
	SJ-2	民国时期	1	较差	75	自住
	SJ-3	清代	1	良好	267	自住
	SJ-4	民国时期	1	一般	126	自住
	SJ-5	民国时期	1	一般	109	自住
	SJ-6	民国时期	1	一般	250	自住
	SJ-7	民国时期	1	一般	117	自住
	SJ-8	民国时期	1	较差	145	自住
	SJ-9	清代	1	一般	205	自住
	SJ-10（石勇富老宅）	清代	2	良好	209	闲置
	SJ-11（余徐明老宅）	明代	2	一般	113	闲置
	SJ-12（石开旺老宅）	明代	2	一般	472	闲置
	SJ-13	民国时期	1	一般	129	自住
	SJ-14（余土会老宅）	清代	2	一般	275	自住
	SJ-15	民国时期	2	一般	153	自住
	SJ-16	民国时期	1	一般	235	自住
	SJ-17	清代	2	较差	197	自住
	SJ-18	清代	2	较差	170	自住
	SJ-19	民国时期	1	较差	150	自住
	SJ-20	民国时期	2	较差	173	自住
	SJ-21	民国时期	2	较差	172	自住
	SJ-22	民国时期	1	一般	199	自住
	SJ-23	民国时期	2	一般	111	自住
	SJ-24（安坑栖凤庙）	清代	1	一般	40	庙宇
	SJ-25	清代	1	较差	257	闲置
	SJ-26	民国时期	1	一般	240	闲置
	SJ-27	清代	2	一般	203	自住

续表

分类标准	编号（名称）	建筑年代	建筑层数	保存质量	占地面积（平方米）	使用功能
传统建筑	SJ-28（余家富老宅）	清代	2	良好	196	闲置
	SJ-29	民国时期	1	一般	150	自住
	SJ-30（对坞天王庙）	明代	1	良好	111	庙宇
	SJ-31（村上酒舍）	清代	2	良好	277	民宿
	SJ-32（王西开老宅）	清代	2	一般	175	闲置
	SJ-33（王洋古老宅）	明代	2	一般	55	闲置
	SJ-34	清代	1	较差	100	闲置
	SJ-35	民国时期	1	一般	105	闲置
	SJ-36	民国时期	1	较差	50	闲置
	SJ-37	民国时期	1	一般	151	闲置
	SJ-38（对坞土地庙）	民国时期	1	较差	15	庙宇
	SJ-39	民国时期	1	一般	145	闲置
	SJ-40	清代	1	良好	254	闲置
历史环境要素	S-3（对坞古廊桥）	清代	—	一般	28	桥梁
	S-4（安坑古井）	清代	—	一般	1	水井
	S-5（对坞石拱桥）	清代	—	破损	66 座	桥梁
	S-6（安坑古石拱桥）	清代	—	一般	11	桥梁
	S-7（棺材宫）	清代	—	一般	170	—
	S-8（芙蓉古道）	明末清初	—	一般	666 个石阶	古道
	S-9（阴章古道）	明末清初	—	一般	333 个石阶	古道

表格来源：作者自制

泰安村建筑类型表　　表5-4

分类标准	类型	数量	分类标准	类型	数量
建筑等级	文保单位	4	建筑功能	居住建筑	274
	传统建筑	70		商住建筑	6
	一般建筑	221		公共建筑	15
建筑年代	100 年以上	38	建筑层数	一层	181
	50~100 年	36		二层	62
	50 年以内	221		三层	52
建筑质量	一类	151	建筑风貌	砖（土）木结构	132
	二类	102		砖混结构	92
	三类	42		混凝土结构	71

表格来源：作者整理

运用“形态分析为基础的减法原则”，从现存建筑年代可辨别泰安村人居环境历史变迁的基本样貌和特征规律。泰安村自明代建村初始，历经清代、民国时期至中华人民共和国成立及现代几个主要历史时期的营建筑屋。通过实地系统调研与分析村落现状格局，村落总体呈现出安坑自然村以团块状发展模式和对坞自然村沿溪呈线状发展态势，这不仅体现出村落发展与宗族历史演变有密切关系，同时反映出村落格局与风貌受地理地形、山水走向等自然环境影响较大，见图 5-15。

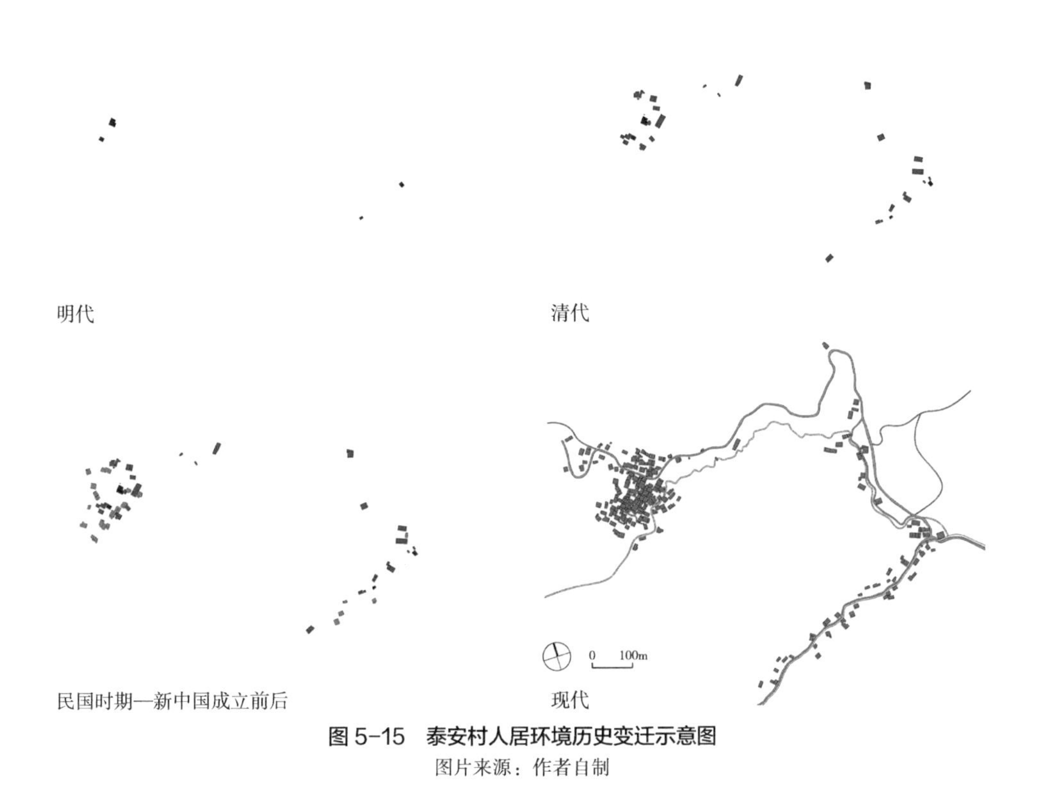

图 5-15　泰安村人居环境历史变迁示意图

图片来源：作者自制

（3）村落 SWOT 分析

对于传统村落人居环境活态传承策略研究可以借用系统研究和战略分析工具，即态势分析法（SWOT 分析法），通过对村落保护发展上位规划、周边资源禀赋、村落历史文化资源、村落产业基础、面临的机遇与挑战等内外条件的分析，研判村落发展定位，制定精准有效的设计策略，指导传统村落人居环境的可持续活态传承，见表 5-5。

优势（Strengths）：①自然生态环境优美，自然资源丰富，山溪环绕、古树成林，村落风貌与格局完整；②历史底蕴深厚，文化资源丰富，保存有多处文物保

泰安村SWOT分析　　表5-5

外因＼内因	优势S	1. 自然生态环境优美 2. 历史文化资源丰富 3. 资源整合基础较好	劣势W	1. 传统建筑破损与空置 2. 传统业态和文化衰弱 3. 村落历史风貌不协调
机遇O	SO策略		WO策略	
1. 入选项目名录 2. 乡域规划中定位明确 3. 具有前期建设基础	1. 突出村落价值引领 2. 打造活态传承样本 3. 可持续生活态营造		1. 加强人居环境质量提升 2. 加强风貌引导与管控 3. 引入适宜发展的新业态	
挑战T	ST策略		WT策略	
1. 保护发展意识有待提高 2. 村落人群结构变化 3. 产业发展和文化传承受限	1. 加强宣传与引导 2. 加强引资引智力度 3. 加强发展平台搭建		1. 传统建筑保护修缮 2. 适老化场景营造 3. 建筑功能更新置换	

表格来源：作者整理

护单位、传统建筑和历史环境要素，拥有非遗文化、宗族文化、民俗文化等传统文化资源。对坞自然村古建筑保存完整，产权清晰，利于整体保护利用；③县、乡两级党委政府重视村落发展，上级有专项资金投入。村落前期建设已有精品民宿和文化项目，具有一定的资源整合优势。

劣势（Weakness）：①传统建筑部分破损严重，古民居空置率较高；②传统业态和生活方式渐趋式微，特色文化逐渐衰弱；③村内部分现代建筑风格、形制与传统村落历史风貌不协调，公共服务设施、基础设施配置不够完善。

机遇（Opportunities）：①泰安村入选了浙江省历史文化（传统）村落保护利用重点村项目，省级资金、政策配套支持力度较大；②常山县新昌乡总体规划中，对泰安村有明确的功能定位和发展举措；③村庄人居环境质量在前期美丽乡村建设中得到提升，为后续景观营造打下基础。

挑战（Threats）：①村民保护发展意识和参与度有待提高；②村落人群结构变化，老龄化、空心化现象依然明显；③传统产业发展受限，传统文化传承活化载体不多。

根据SWOT分析的综合考量和系统研究，泰安村传统村落人居环境活态传承与保护发展规划设计确立“以优化自然环境为基础建设生态村落、以保护历史遗存为前提打造文化村落、以发展特色产业为引领建构村落品牌、以提升民生诉求为目标营造村落业态”的理念，围绕生态环境、建筑、景观、文化、产业等人居环境的多个维度开展活态传承规划设计实践。

2. 规划设计叙事及表达

（1）规划设计路线

传统村落人居环境活态传承需要编制规划设计作为引领和依据，具体通过村落自然环境修复、村庄风貌整治、古建筑保护、特色文化挖掘、产业业态拓展等综合实施，全面提升村落风貌格局，保护建筑形制和传承特色文化，打造既具乡土生态风情特色，又适宜现代生活生产需求的传统村落人居环境。规划设计总体需建立保护优先、科学利用、彰显特色、以人为本、经济高效的原则，在充分研判所处区域发展背景、上位规划和村落实情的基础上，作好价值评估和主题定位，以古建筑保护利用、风貌协调、古道修复等具体项目为实施载体，系统谋划文化发展和产业发展路径，合理安排项目实施时序与资金投入，进一步提升村落公共服务设施、基础设施和景观环境品质，见图 5-16。

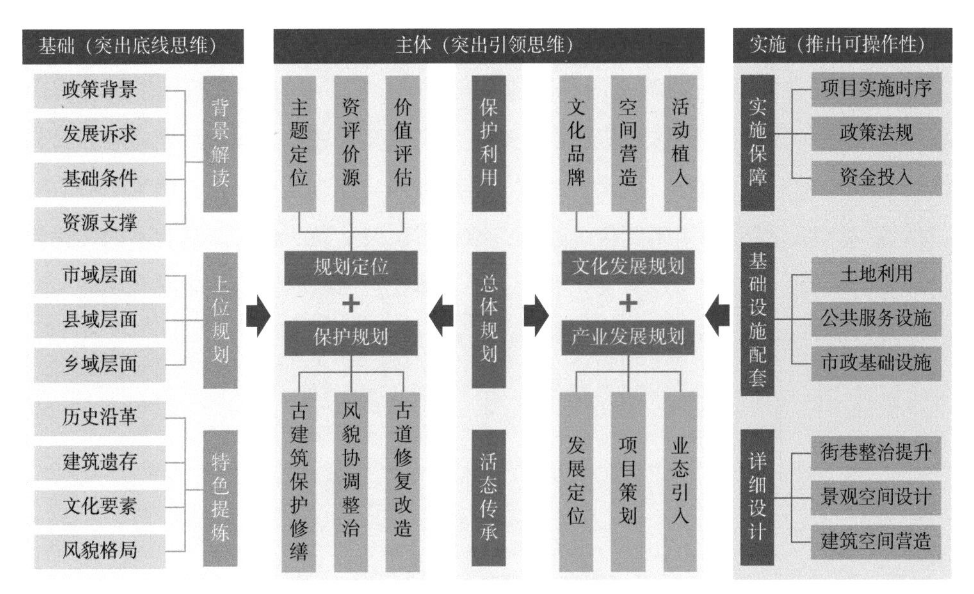

图 5-16　规划设计技术路线图

图片来源：作者自制

（2）设计叙事主题及图谱

“叙事”本身是一种文学用语，是指采用语言、文字、图像等媒介进行描述故事的方法。传统村落兼具物质形态和文化形态并存的特征，其人居环境设计的叙事性，借用文学创作的“叙事”概念，通过运用空间环境的形态、材料、质感、色彩、行为、事件等多个要素，进行空间场景设计营造，完成传统村落人居环境活态传承的叙事行为。主题是叙事设计的核心，空间环境叙事主题应具备明确的指引性和鲜明的识别性。通过深入挖掘村落各类既有资源，分析发展目标及受众需求，设定准确适宜的叙事主题。

泰安村历史沿革清晰，文化底蕴深厚，乡土资源多样，村落格局独特，周边资源丰富，村落后续发展潜力与优势明显。泰安村传统村落人居环境活态传承规划设计确立“三卿探源，福居泰安”主题，意为“王氏、余氏、石氏三族徙居泰安，繁衍生息，筑就了泰安深厚的历史底蕴和丰富的文化价值。通过对宗族文化、民俗文化等特色文化资源的挖掘，探寻村落历史演变的规律与特征，优化村落自然环境，保护利用众多传统建筑、历史环境要素等物质遗存，通过引入新业态、置换新功能、营造生活态，以传统产业转型升级牵引村落可持续发展，实现村落人居环境的活态传承”。规划设计以生态环境——“田、道、油、林”为基底，融合民俗文化——“舞、灯、技、庙”，重点打造民宿产业——“酒、食、茶、竹”，形成“1 批资源 +3 组特色 +6 种主题 +12 个载体”的叙事设计图谱，见图 5-17。

具体依托村落现有建筑资源和非遗文化资源，将余氏宗祠、石氏宗祠、王氏宗祠及周边天灯、廊桥等区域协同设计打造成宗族文化展示、民俗活动体验和公共活动空间；梳理优化山林、田园、古道等景观资源，营造具有乡村自然生态特质的自然景观空间；保护修缮闲置传统建筑，结合竹、茶、酒、食打造具有不同文化体验功能的主题民宿空间，植入文化展示、手工体验、休闲旅游等文旅融合功能，激活传统建筑新生命，丰富传统村落新业态。

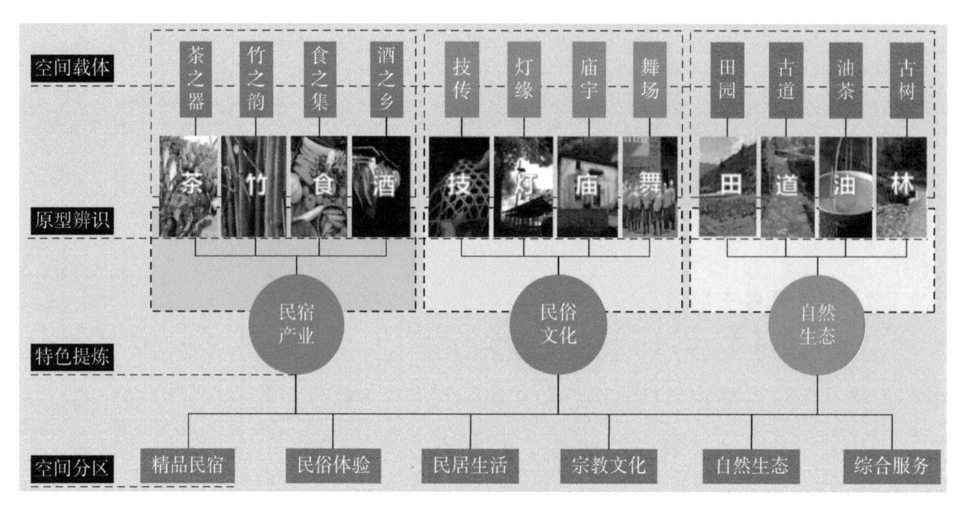

图 5-17　泰安村叙事设计图谱

图片来源：作者自制

3. 村落情境营造与设计策略

情境即在一定时间内各种情况的相对或结合的境况，包括场景及某些隐含的氛围。美国哲学家约翰·杜威（John Dewey，1859—1952）认为情境是表示环境的物理要素和社会要素，以及经验在其中发生的“背景性整体”。传统村落的人居环境情境营造指通过在空间环境设计中有意识地构建环境系统来满足人的多种需求，这个环境系统不仅包括形态、材质、色彩、功能等有形要素，也包括生活其中人的情绪、记忆、体验与空间关系等无形要素①。

（1）修复村落风貌与格局

泰安村传统村落人居环境活态传承规划设计以保护村落空间环境肌理为基础，保持场域内自然植被、建筑、田园等物质载体的传统“形”“材”“质”“色”等空间特征，依据保护利用规范与导则，重点保护修缮文物保护单位和特色传统建筑；整治提升王氏宗祠、余氏宗祠、石氏宗祠等建筑周边空间与风貌；协调改造一般民居建筑立面和庭院空间，提升街巷空间、广场空间、节点空间等公共空间的人居环境品质；拆除临时搭建和无法整修使其符合历史风貌的建（构）筑物；组织梳理交通动线与景观视线，提升村落基础设施和增设公共服务设施，营造主题景观空间，形成层次分明、功能互补的空间布局，满足村民生活生产和村落产业发展需要，见图 5-18。

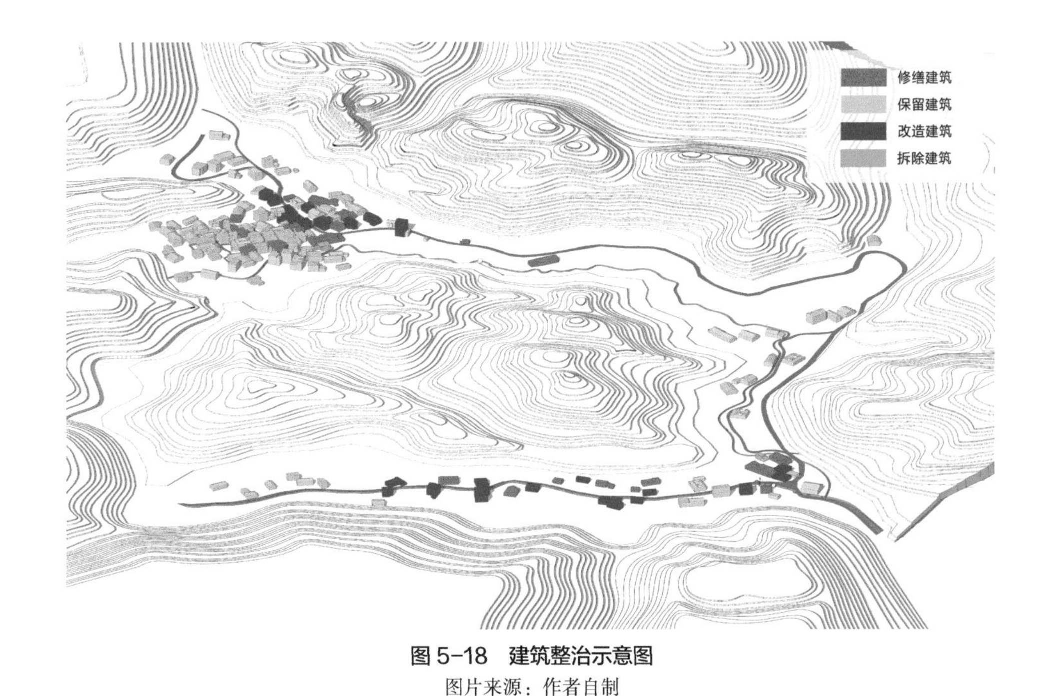

图 5-18　建筑整治示意图

图片来源：作者自制

① 杨小军，宋建明，叶湄．基于情境需求的乡村养老空间环境包容性营造策略 [J]. 艺术教育，2019（3）：193-195.

（2）植入建筑空间新功能

通过保护修缮传统建筑，植入适应现代需求的功能业态，还原“典型”场景，导入与营造场所氛围，呈现“画龙点睛”之态，比如通过修缮安坑自然村的余氏宗祠，恢复宗祠仪式空间功能，植入非遗项目柴冲舞文化展示。协调建筑周围景观风貌，拆除与风貌有冲突的建（构）筑物，通过“三线”下埋统一景观视线，将建筑西侧一处空地进行铺装和小品营建，调整闲置空间作为柴冲舞的活动场地；对坞自然村村口王氏宗祠南侧一处开阔空地，现状环境杂乱无序，设计利用场地地形重塑空间形象，通过微改造将靠山区域种植乡土物种桃树，平坦区域巧用铺装和植被进行空间塑造，营造成为赏桃园，既形成一处具有乡土意境的村落景观，又成为村民日常活动的公共空间。

（3）激发传统文化新活力

乡土传统文化是传统村落人居环境活态传承的重要内容，也是区别于其他村落的典型特征。通过梳理泰安村非遗文化、民俗文化、宗族文化等特色文化资源，深入挖掘传统文化载体，结合建筑功能置换与更新，设置宗族文化展示、书法中心、柴冲舞场、古法榨油作坊、手工艺作坊、文创项目体验等活动场所，形成“点上精彩、串点成线”的文化传承与展示格局，实现“文态 + 物态”的活态化有机融合，见表 5–6。

泰安村文化传承与发展项目表　　表5–6

特色文化	项目类别	活动内容	空间载体	适宜时段	项目开发
宗族文化	历史演变	观赏展示	王氏宗祠、余氏宗祠、石氏宗祠	全年	爱国主义教育、传统文化主题研学
非遗文化	传统舞蹈	体验游乐	柴冲舞场	节庆日	非遗展示、节庆活动
	传统技艺	体验制作	茶之器——拾光茗室 竹之韵——青蔼竹居 酒之乡——村上酒舍 食之集——村食山房 榨油坊	全年	住民宿，体验古法榨油、古法酿酒、竹编、冻米糖制作等传统技艺，挑选特色文创产品等
	民俗	文化教育	天灯广场、天王庙	全年	点天灯仪式、听传说故事等
特色文化	特色活动	游乐、品尝、制作	村委会前广场	正月	迎板凳龙
			食之集景观空间	冬至	打麻糍等传统小吃体验与品鉴等
			茶之器景观空间	全年	祈福、品茶等
			王氏宗祠、余氏宗祠、石氏宗祠	正月、清明、中元、冬至	祭祀活动、成年礼等

续表

特色文化	项目类别	活动内容	空间载体	适宜时段	项目开发
特色文化	书法展示	学习体验	书法中心	全年	书法活动、入学礼等
	自然体验	户外活动	阴章古道、芙蓉古道、芙蓉水库	全年	徒步登山、田园观光、亲子游玩、婚纱摄影

表格来源：作者自制

（4）引入活化利用新业态

泰安村新型业态引入与活化可结合常山县、新昌乡域及周边黄塘村自然景观和西源村红色革命等特色文化产业，形成村内村外协同联动发展之势。通过精准定位产业和文化发展方向，依托村落生态自然和人文底蕴优势，发挥村上酒舍省级金牌民宿的品牌效应，打造对坞片区精品民宿集群，形成乡村居游、古建观光、民俗体验的品牌化村落产业发展格局。精准细分人群需求，规划打造休闲度假、文化教育、生态体验等主题线路与区块。具体结合对坞自然村民居产权流转和精品民宿群建设上位规划，将闲置传统建筑修缮后引入“竹、茶、酒、食”等具有泰安识别度的主题功能业态，设计打造茶之器——拾光茗室，植入茶器展示和制作等功能，结合“天灯”传说营造文化体验场景；设计打造竹之韵——青蔼竹居，植入竹编工艺展示、竹艺手工体验等功能，营造以竹文化为主题的文创空间场景；设计打造食之集——村食山房，植入冻米糖制作、冬至打麻糍、胡柚等特色食物制作体验项目，见图 5–19。

（5）营造当代村落生活态

综上所述，通过提升村落风貌、修复传统建筑和营造景观空间，激活地域文化基因和激发内生发展动力，创新在地资源转化和引入适宜产业业态，即通过塑形、筑魂、赋能三大工程，营造集人、事、物、场、景、境为一体的面向当代生活的传统村落人居环境生活态，形成“外面五百年、内部五星级”的传统建筑保护利用形态特征和满足“可居、可食、可游、可娱”的传统村落新情境，最终实现泰安传统村落人居环境活态传承。

本章小结

传统村落是农耕社会的人居产物，也是活态发展着的人居类型，兼具“历史”与“现实”双重特征。因此，活态传承是传统村落可持续发展的主要路径和文化现象。钱塘江流域传统村落人居环境的活态传承主要受公众参与程度、历史文化资源、传统建（构）筑物、周边自然生态资源以及产业发展基础等因素影响。

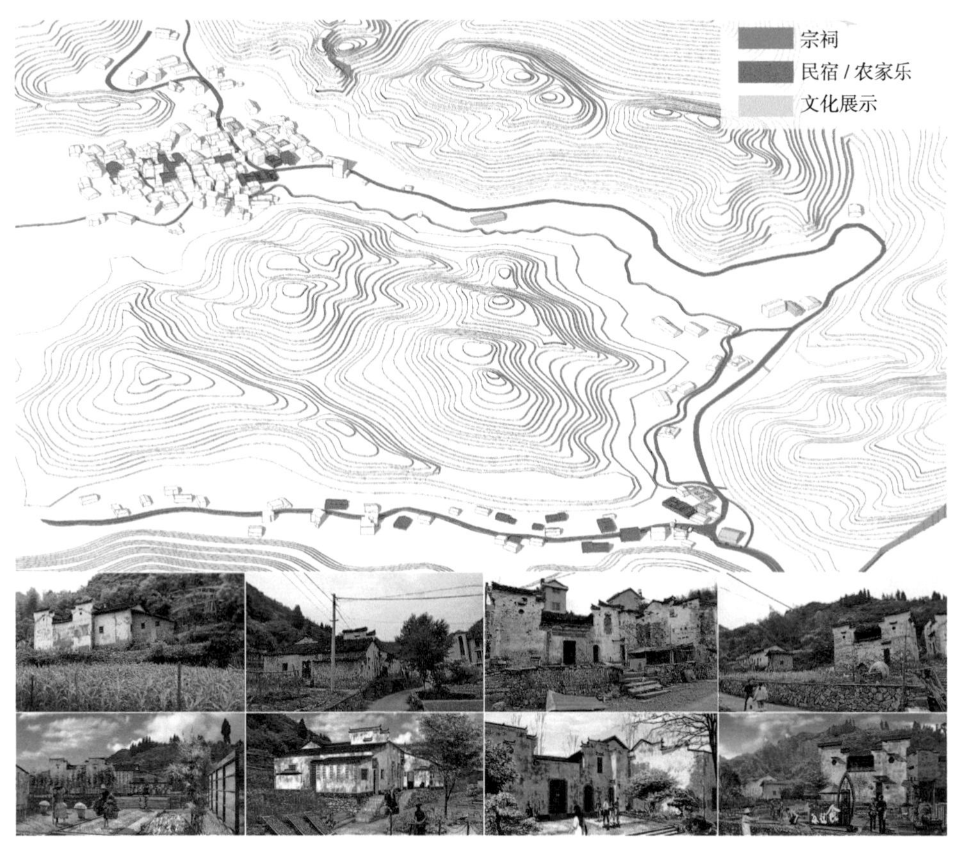

图 5-19　泰安村建筑空间活化设计图

图片来源：作者自制

因此，传统村落人居环境的活态传承，既要关注“人”的生产生活及不同利益主体的诉求，又要注重物质环境要素的保护利用，注重非物质文化遗产的活化传承。

本章从学理研究、时代发展和动力机制三个层面分析了传统村落人居环境活态传承的动因，提出要在人文关怀和学科交叉理念引领下，遵循定量测度、定性评价、定位契合的“三定”原则，锚定乡土文化基因、控制乡村空间肌理和延续乡情记忆，制定分类、分层、分级实施体系，进而建构了集人、事、物、场、景、境“六维”联动和面向当代“生活态”营造的研究模型。在此基础上，围绕传统村落的自然生态、风貌格局、建筑环境、文化基因、族群构成和产业经济等方面，结合实际案例，提出环境风貌更新、建筑空间活化、特色产业激活、民俗文化传承、村落社区营造等活态传承策略与路径，以谋求传统村落人居环境的可持续发展。最后，以常山县泰安村传统村落规划设计为个案，提出规划设计以叙事为载体，围绕村落风貌格局修复、建筑空间功能植入、传统文化活力激发、村落新型业态引入等，形成支撑村落情境营造和面向当代生活态的设计策略与样本示范。

第六章　结论与展望

人类从传统社会迈入现代社会，不管是社会政治、产业经济、生产方式，还是思想观念、生活方式都发生了巨大的转变，传统村落作为连接人类社会历史变迁的重要载体，必然在这场巨大变革中发生变化。传统村落人居环境的变迁受特定区域的生态资源禀赋、地形地貌特征、村落族群演变、建筑景观空间、经济发展水平、生产生活方式等多种因素的影响，不仅体现在物质空间环境层面，还反映在基于环境孕育的非物质文化层面，具有“时空”系统特征。同时，传统村落兼具历史和现实“双重”属性，是活态的、动态的人居类型，传统村落保护利用的终极目标是活态传承。因此，从人居环境变迁及活态传承的视角来探究特定地域传统村落保护利用的理论体系与路径方法，是当前传统村落研究的重要途径。

一、研究结论

本书选择钱塘江流域的传统村落人居环境变迁及活态传承作为学术研究的突破点和着力点，将传统村落人居环境研究的维度置于经济、社会、政治、自然及文化等动态网络系统中，通过共时性多维类比和历时性递进剖析，辨析了钱塘江流域传统村落人居环境的基本特征和变迁规律，进而提出了面向当代的活态传承策略与路径。总体而言，本书研究可以助推区域性传统村落的发展史得以更加全面完整地呈现，为区域城乡融合发展与全面乡村振兴提供理论依据与指导。具体形成以下几点主要结论：

（1）构建了区域性传统村落人居环境理论研究框架，扩展了设计学学术研究维度。本书通过大量的学术文献参阅与典型案例反思，借鉴人居环境科学、文化地理学、文化生态学、设计事理学等学科理论或方法，结合细致的田野调查和翔实的样本数据分析，构建了一套立足设计学研究视野，以理论研究指导实验实践、以价值评价反推理论创新、具有理论高度和实践宽度的区域性传统村落研究框架体系，形成既贴合钱塘江流域传统村落的实情特征，又符合一般研究规律的研究路径。提出传统村落人居环境的研究，既要在时间上对个体村落演变作整体历史规律性探究，又要建立空间的观察尺度，进行地域间的历史比较，形成定性的划分和认识。具体在宏观层面立足历史发展中钱塘江流域流域传统村落人居环境的时空系统研究，基于“时间”和“空间”两个维度，挖掘其生成和发展的自然、社会和文化等特征；中观层面突出钱塘江流域传统村落的共性与个性因素研究，辨析其数量类型、空间分布、环境形态、遗产资源以及变迁影响因子与条件等，总结出传统村落人居环境变迁具有“中心与边缘”“内生与外溢”“有序与无序”“开放与封闭”“协同与变异”等规律与特征；微观层面聚焦钱塘江流域内传统村落的个案研究，辨识了传统村落人居环境原型和构成要素，建构了研究谱系模型，建立价值评价体系并以价值评价为指引，形成具有指导性和示范性的传统村落人居环境活态传承路径与设计对策。同时，从学理研究驱动、时代发展趋势和发展动力机制的视角，提出理念和准则引导，结合设计学学科特征和研究特色，建立了集传统村落人、事、物、场、时、境于一体，“六维”联动的研究模型，构建了营造面向当代乡村生活态的人居环境策略，总结提出了基于生态协同的环境风貌更新、基于场景融合的建筑空间活化、基于品牌建构的文化遗产传承、基于文创牵引的特色产业激活和基于多缘联动的村落社区营造等具有实操和引领性的人居环境活态传承路径，进一步拓宽了设计学研究的维度。

（2）辨析了区域性传统村落人居环境变迁的时空特征，丰富了传统村落学术研究体系。钱塘江流域的传统村落是在特定的地理环境、历史人文和经济社会发展中生成与发展的，具有浓郁的地域特质和独特的文化基因，其人居环境变迁的主要特征为：一是流域内传统村落主要形成于两宋和明清时期，尤其是宋室南渡北方人口大规模南迁，对传统村落的空间分布与定型有着直接的推动作用。大部分传统村落为主姓或单姓村落，而杂姓村落较少，反映出村落的原生宗族关系较为稳固。传统村落的宗族文化、乡贤文化较为发达。二是适宜的自然环境和稳定的社会因素是促进传统村落人居环境生成和发展的重要条件，流域内山水密集区域传统村落留存较多，中上游地区较下游地区的村落人居环境更为完整与稳定，分布也更为密集。三是从流域内传统村落的选址分布与空间格局来看，道法自然、依山近水的人居环境思想与聚族而居、尊卑有序的宗族观念较为突出，成为传统村落人居环境形成与发展的基本准则。地域文化发展助推了村落集群的形成和宗族派系演变，地区主要经济活动方式决定着传统村落的“缘”性。四是流域内传统村落的规模总体以中小型为主，且村落边界清晰，大多数村落形成以宗祠为核心的人居环境空间图式，虽经历成百上千年的建、拆、毁、建循环往复，但总体仍保持着稳定的发展态势。传统村落人居环境由各类物质环境和非物质环境要素组成，村落规模越大环境要素构成越复杂，更易于维持稳定的生产和生活格局，形成较强的抗风险能力。五是传统村落人居环境变迁是一种整体性变迁，自然地理、环境资源、人口密度、交通条件、产业基础、宗族兴衰等因素与传统村落人居环境变迁息息相关，共同构成有机平衡系统。随着村落规模扩张、家庭结构变化、村民居住观念和生活方式的转变，村落公共空间与私有空间的界限日渐分明，体现出村民主体意识和主动适应开放社会的意识。本书在传统村落保护利用内涵扩展以及传统村落学术研究越发重视动态的、系统的研究背景下，深入剖析区域性传统村落人居环境的时空系统特征，进一步丰富了传统村落学术研究体系。

（3）建立了钱塘江流域传统村落的数据库，充实了设计学学术研究范式。本书研究客观上面对钱塘江流域传统村落史证材料缺失、特征辨识模糊等地情条件限制，通过多次深入实地的田野调查，以现场勘查、图样测绘、影像拍摄、现场访谈和资料查阅等方式方法，获取了大量第一手研究材料，建立了集文献、文案、图片、数据、影像等多种类型信息的完整数据库。在尊重地情实际和历史原真的基础上，充分甄别数据信息及其背后所隐藏的组织规律和文化价值，从而获得对钱塘江流域传统村落的整体把握，形成较为完整而系统的论证逻辑。研究过程既重视客观"数据"的量化测度，又充分体现主观"图像"的属性判定，形成定量与定性有效融合的研究方法创新，充实了设计学研究的基本范式。

二、研究展望

传统村落保护利用研究是一项繁杂而浩大的工程，本书以人居环境变迁及活态传承作为研究切入口也仅是其中一个组成部分。由于时间、精力和条件的限制，本书研究所得结果为阶段性探索，对个别问题的分析与阐述并未能够在原有框架基础上做到全面、深入的阐释或论述。在后续研究工作中，仍需继续补充和深化。正如传统村落人居环境生成与发展并非一日之功，对其研究与实践也永远处于"动态"之中。具体有以下几个方面的展望：

（1）研究框架和样本的充实。要继续按照"时空"线索组织起"历时性演变规律+共时性结构特征"的研究体系，进一步扩充流域内研究样本，做到对各种名录、各种类型村落的全覆盖，并在今后的研究中进行持续性跟踪调查，以期得到更为详细且准确的数据分类结果，进一步系统甄别、研判其共性与个性特质，挖掘隐藏在物质表象背后的非物质性与不可量化的因素，力争形成更为充实的分类分层分级研究体系。

（2）研究方法的深化。设计学研究注重“图说文论”，正所谓“一图胜千言”。图解分析是发挥图示、图表语言具有直观、清晰的表达特征，在一定程度上可以将复杂的论述用直观的图示语言呈现出来，有助于在错综复杂的表象中提炼出框架结构，明确重难点、主次面。后续研究要加强计算机信息技术的引入，形成更具设计学特征的图解研究特色。

（3）理念的引导与普及。本书涉及的传统村落人居环境活态传承理念，在某种程度上仍具有“理想主义”的特征，某些理念还需通过法律法规、政策标准的制定出台来保障支撑，比如建构“学科交叉支撑全维视角”的理念则关系到多个学科领域、多个知识层面和多个行业组织的协调和联动，更需要全社会公众的积极参与。因此，需要进一步加强传统人居环境思想价值的理论研究，推动先进理念的普及，引导公众转变立场和观念。

附　录

附录 1：钱塘江流域内中国传统村落名录表

批次	地区	中国传统村落名录（批次）
第一批（26 个）	杭州	富阳市龙门镇龙门村、建德市大慈岩镇新叶村、桐庐县江南镇深澳村
	绍兴	嵊州市金庭镇华堂村、诸暨市东白湖镇斯宅村、绍兴县稽东镇冢斜村
	金华	金东区傅村镇山头下村、磐安县尖山镇管头村、磐安县双溪乡梓誉村、浦江县白马镇嵩溪村、浦江县虞宅乡新光村、浦江县郑宅镇郑宅镇区、婺城区汤溪镇寺平村、武义县大溪口乡山下鲍村、武义县熟溪街道郭洞村、武义县俞源乡俞源村、永康市前仓镇后吴村
	衢州	龙游县石佛乡三门源村、江山市大陈乡大陈村
	丽水	缙云县新建镇河阳村、龙泉市城北乡上田村、龙泉市兰巨乡官埔垟村、龙泉市西街街道宫头村、龙泉市小梅镇大窑村、龙泉市小梅镇金村村、遂昌县焦滩乡独山村
第二批（22 个）	杭州	桐庐县富春江镇石舍村、桐庐县凤川街道翙岗村、桐庐县江南镇荻浦村、桐庐县江南镇徐畈村、淳安县鸠坑乡常青村
	绍兴	嵊州市竹溪乡竹溪村
	金华	武义县柳城镇华塘村、磐安县盘峰乡榉溪村、磐安县胡宅乡横路村、兰溪市兰江街道姚村村、兰溪市女埠街道岘坦村、兰溪市女埠街道渡渎村、兰溪市女埠街道虹霓山村、兰溪市诸葛镇诸葛村、兰溪市诸葛镇长乐村
	衢州	开化县马金镇霞山村、龙游县塔石镇泽随村、江山市凤林镇南坞村、江山市石门镇清漾村
	丽水	龙泉市西街街道下樟村、龙泉市安仁镇季山头村、龙泉市道太乡锦安村
第三批（21 个）	杭州	桐庐县富春江镇茆坪村、桐庐县江南镇环溪村、桐庐县莪山畲族乡新丰民族村戴家山村、桐庐县合村乡瑶溪村、淳安县浪川乡芹川村、建德市大慈岩镇李村村、建德市大慈岩镇上吴方村
	金华	兰溪市永昌街道社峰村、兰溪市黄店镇芝堰村、东阳市巍山镇大爽村、东阳市虎鹿镇蔡宅村
	衢州	龙游县溪口镇灵下村、江山市廿八都镇枫溪村、江山市廿八都镇花桥村
	丽水	缙云县壶镇镇岩下村、龙泉市塔石乡南弄村、龙泉市安仁镇大舍村、龙泉市屏南镇车盘坑村、龙泉市龙南乡蛟垟村、龙泉市龙南乡下田村、龙泉市龙南乡垟尾村

续表

批次	地区	中国传统村落名录（批次）
第四批（113个）	杭州	萧山区河上镇东山村、桐庐县凤川街道三鑫村、桐庐县江南镇石阜村、桐庐县江南镇彰坞村、桐庐县新合乡引坑村、建德市更楼街道于合村、建德市杨村桥镇徐坑村百箩畈自然村、建德市大洋镇建南村章家自然村、建德市三都镇乌祥村、建德市大慈岩镇里叶村、建德市大慈岩镇双泉村、建德市大慈岩镇三元村麻车岗自然村、建德市大慈岩镇檀村村樟宅坞自然村、建德市大慈岩镇大慈岩村大坞自然村、建德市大同镇劳村村、建德市大同镇上马村石郭源自然村、富阳区场口镇东梓关村、临安市锦南街道横岭村、临安市湍口镇童家村、临安市清凉峰镇杨溪村、临安市岛石镇呼日村
	绍兴	柯桥区兰亭镇紫洪山村、上虞区上浦镇董家山村、新昌县回山镇回山村、诸暨市次坞镇次坞村、诸暨市五泄镇十四都村、诸暨市璜山镇溪北村、嵊州市崇仁镇崇仁六村、嵊州市石璜镇楼家村、嵊州市下王镇泉岗村
	金华	金东区江东镇雅湖村、武义县柳城畲族镇橄榄源村、武义县柳城畲族镇梁家山村、武义县柳城畲族镇东西村、武义县柳城畲族镇上黄村、武义县履坦镇范村、武义县新宅镇上少妃村、武义县桃溪镇陶村、武义县柳城畲族镇金川村、浦江县仙华街道登高村、浦江县黄宅镇古塘村、浦江县岩头镇礼张村、浦江县檀溪镇潘周家村、浦江县杭坪镇杭坪村、浦江县杭坪镇石宅村、磐安县尖山镇里岙村、磐安县冷水镇朱山村、兰溪市永昌街道永昌村、兰溪市水亭畲族乡西姜村、义乌市赤岸镇尚阳村、义乌市赤岸镇朱店村、义乌市义亭镇缸窑村、东阳市城东街道李宅村、东阳市巍山镇白坦村、东阳市虎鹿镇厦程里村、东阳市虎鹿镇西坞村、东阳市马宅镇雅坑村、东阳市画水镇天鹅村、永康市石柱镇塘里村
	衢州	柯城区航埠镇北二村、衢江区湖南镇破石村、衢江区黄坛口乡茶坪村、衢江区举村乡翁源村、衢江区举村乡洋坑村、江山市峡口镇三卿口村、江山市峡口镇柴村村、江山市峡口镇广渡村、江山市峡口镇枫石村、江山市廿八都镇浔里村、江山市张村乡秀峰村、江山市张村乡先峰村、江山市塘源口乡洪福村、龙游县湖镇镇星火村、龙游县沐尘畲族乡双戴村、开化县齐溪镇龙门村、开化县长虹乡高田坑村、开化县林山乡姜坞村
	丽水	龙泉市塔石街道炉地垟村、龙泉市塔石街道李山头村、龙泉市八都镇双溪口村、龙泉市上垟镇源底村、龙泉市小梅镇黄南村、龙泉市小梅镇孙坑村、龙泉市安仁镇李登村、龙泉市安仁镇湖尖下村、龙泉市安仁镇金蝉湖村、龙泉市屏南镇横坑头村、龙泉市屏南镇垟顺村、龙泉市屏南镇石玄铺村、龙泉市兰巨乡梅地村、龙泉市宝溪乡车盂村、龙泉市竹垟乡安坑村、龙泉市道太乡夏安村、龙泉市岩樟乡柳山头村、龙泉市城北乡盛山后村、龙泉市龙南乡杨山头村、龙泉市龙南乡底村、龙泉市龙南乡上南坑村、龙泉市龙南乡大庄村、龙泉市龙南乡金川村、遂昌县云峰街道长濂村、遂昌县北界镇淤弓村下坪自然村、遂昌县应村乡竹溪村斋堂下自然村、遂昌县湖山乡福罗淤村、遂昌县湖山乡姚岭村、遂昌县蔡源乡大柯村、缙云县新碧街道黄碧虞村、缙云县壶镇镇宫前村、缙云县新建镇笕川村、缙云县东渡镇桃花岭村隘头自然村、缙云县大源镇寮车头村、缙云县大源镇吾丰村、缙云县溶江乡岩门村上官坑自然村
第五批（141个）	杭州	桐庐县桐君街道梅蓉村、桐庐县莪山畲族乡莪山民族村、淳安县威坪镇洞源村、淳安县梓桐镇练溪村、淳安县汾口镇赤川口村、淳安县中洲镇札溪村、淳安县中洲镇洄溪村、淳安县枫树岭镇上江村、淳安县左口乡龙源庄村、淳安县王阜乡龙头村、淳安县王阜乡金家岙村、建德市寿昌镇石泉村、建德市寿昌镇乌石村、建德市大慈岩镇檀村村湖塘村、临安区高虹镇石门村、临安区湍口镇塘秀村塘里村

续表

批次	地区	中国传统村落名录（批次）
第五批（141个）	宁波	慈溪市龙山镇方家河头村
	嘉兴	海宁市斜桥镇路仲村
	绍兴	越城区东浦街道东浦村、柯桥区夏履镇双叶村、上虞区岭南乡梁宅村、新昌县南明街道班竹村、新昌县梅渚镇梅渚村、新昌县镜岭镇西坑村、新昌县镜岭镇外婆坑村、新昌县儒岙镇南山村、嵊州市甘霖镇黄胜堂村、嵊州市长乐镇小昆村、嵊州市崇仁镇七八村、嵊州市通源乡松明培村
	金华	婺城区汤溪镇上境村、婺城区汤溪镇上堰头村、婺城区汤溪镇下伊村、婺城区汤溪镇鸽坞塔村、婺城区塔石乡岱上村、金东区孝顺镇中柔村、金东区傅村镇畈田蒋村、金东区澧浦镇琐园村、金东区澧浦镇蒲塘村、金东区澧浦镇郑店村、金东区岭下镇岭五村、金东区岭下镇后溪村、金东区赤松镇仙桥村、武义县柳城畲族镇乌漱村、武义县柳城畲族镇新塘村、武义县柳城畲族镇云溪村、武义县白姆乡水阁村、武义县坦洪乡上坦村、武义县坦洪乡上周村、武义县大溪口乡桥头村、磐安县安文街道墨林村、磐安县九和乡三水潭村、兰溪市兰江街道上戴村、兰溪市永昌街道下孟塘村、兰溪市游埠镇潦溪桥村、兰溪市诸葛镇厚伦方村、兰溪市黄店镇三泉村、兰溪市黄店镇上包村、兰溪市黄店镇上唐村、兰溪市黄店镇刘家村、兰溪市黄店镇桐山后金村、兰溪市梅江镇聚仁村、义乌市廿三里街道何宅村、义乌市佛堂镇倍磊村、义乌市佛堂镇寺前街村、义乌市赤岸镇乔亭村、义乌市赤岸镇雅端村、义乌市赤岸镇雅治街村、义乌市赤岸镇东朱村、义乌市义亭镇陇头朱村、义乌市义亭镇何店村、义乌市大陈镇红峰村、东阳市六石街道北后周村、东阳市六石街道吴良村、东阳市巍山镇古渊头村、东阳市虎鹿镇葛宅村、东阳市湖溪镇郭宅村、东阳市三单乡前田村、永康市前仓镇大陈村、永康市舟山镇舟二村、永康市芝英镇芝英一村
	衢州	柯城区石梁镇双溪村、柯城区航埠镇墩头村、柯城区九华乡妙源村、柯城区九华乡新宅村、柯城区九华乡源口村、柯城区沟溪乡沟溪村、柯城区华墅乡园林村、衢江区湖南镇山尖岙村大丘田村、衢江区云溪乡车塘村、衢江区岭洋乡赖家村、常山县招贤镇五里村、常山县青石镇江家村、常山县球川镇球川村、常山县辉埠镇大埂村、常山县芳村镇芳村村、常山县同弓乡彤弓山村、常山县东案乡金源村、开化县马金镇霞田村、开化县何田乡陆联村、开化县音坑乡儒山村读经源村、龙游县溪口镇灵山村、龙游县石佛乡西金源村、龙游县大街乡方旦村祝家村、龙游县沐尘畲族乡社里村、江山市清湖街道清湖一村、江山市清湖街道清湖三村、江山市石门镇江郎山村
	丽水	缙云县新碧街道黄碧村、缙云县壶镇镇岩背村、缙云县壶镇镇金竹村、缙云县胡源乡胡村村、遂昌县妙高街道仙岩村汤山头村、阴坑村、遂昌县北界镇苏村村、遂昌县大柘镇车前村、遂昌县石练镇柳村村、遂昌县黄沙腰镇大洞源村、遂昌县黄沙腰镇黄沙腰村、遂昌县濂竹乡大竹小岱村、遂昌县濂竹乡横坑村、遂昌县濂竹乡千义坑村、遂昌县濂竹乡治岭头村、遂昌县高坪乡茶树坪村、遂昌县高坪乡淡竹村、遂昌县湖山乡三归村大畈村、遂昌县湖山乡奕山村、遂昌县蔡源乡蔡和村、遂昌县西畈乡举淤口村、遂昌县垵口乡徐村村、龙泉市剑池街道周际村、龙泉市住龙镇西井村、龙泉市屏南镇库租坑村、龙泉市屏南镇上畲村、龙泉市屏南镇地畲村、龙泉市屏南镇南垟村、龙泉市竹垟畲族乡盖竹村、龙泉市道太乡外翁村、龙泉市道太乡荷上畈村、龙泉市城北乡内双溪村、龙泉市龙南乡龙井村、龙泉市龙南乡兴源村
合计		323个

附录 2：钱塘江流域内浙江省级历史文化（传统）村落保护利用重点村名录表

批次	地区	浙江省历史文化（传统）村落保护利用重点村名录
第一批（24个）	杭州	余杭区山沟沟村、桐庐县深澳村、淳安县芹川村、临安市河桥村
	绍兴	上虞市通明村、诸暨市斯宅村、嵊州市华堂村、新昌县梅渚村
	金华	婺城区雅畈村、金东区蒲塘村、兰溪市长乐村、武义县陶村村、永康市厚吴村、浦江县嵩溪村、东阳市蔡宅村、磐安县大皿村
	衢州	衢江区楼山后村、江山市永兴坞村、龙游县志棠村、常山县彤弓山村、开化县龙门村
	丽水	龙泉市下樟村、缙云县河阳村、遂昌县长濂村
第二批（26个）	杭州	桐庐县翙岗村、建德市上吴方村、富阳市蒋家村
	宁波	慈溪市双湖村
	绍兴	上虞区东山村、柯桥区冢斜村、新昌县班竹村、嵊州市崇仁六村、诸暨市赵家新村
	金华	金东区山头下村、兰溪市芝堰村、兰溪市三泉村、东阳市李宅村、义乌市尚阳村、浦江县新光村、武义县俞源村、永康市舟山二村
	衢州	衢江区破石村、常山县金源村、开化县真子坑村、龙游县泽随村、江山市枫溪村、江山市勤俭村
	丽水	龙泉市溪头村、缙云县岩下村、遂昌县独山村
第三批（26个）	杭州	桐庐县茆坪村、建德市李村村、富阳区东梓关村、临安市呼日村
	绍兴	诸暨市次坞村、嵊州市竹溪乡、新昌县南山村
	金华	金东区锁园村、婺城区上阳村、兰溪市永昌村、东阳市上安恬村、浦江县礼张村、磐安县梓誉村、武义县郭下村、武义县丰产村
	衢州	柯城区墩头村、衢江区涧峰村、衢江区车塘村、龙游县石角村、江山市枫石村、常山县芳村村、开化县下街村
	丽水	龙泉市源底村、缙云县金竹村、遂昌县蕉川村、遂昌县淤溪村
第四批（24个）	杭州	桐庐县梅蓉村、桐庐县徐畈村
	绍兴	诸暨市十四都村、新昌县西坑村
	金华	金东区仙桥村、金东区雅湖村、兰溪市潦溪桥村、浦江县古塘村、浦江县潘周家村、武义县岭下汤村、义乌市石明堂村、永康市芝英一村、永康市象珠一村
	衢州	常山县大处村、江山市花桥村、江山市南坞村、开化县霞田村、柯城区双溪村、柯城区余东村、衢江区杜一村
	丽水	缙云县笕川村、缙云县桃花岭村、龙泉市官埔垟村、遂昌县桥东村
第五批（23个）	杭州	萧山区欢潭村、富阳区龙门村、桐庐县石阜村
	宁波	慈溪市方家河头村
	嘉兴	海盐县六里村

续表

批次	地区	浙江省历史文化（传统）村落保护利用重点村名录
第五批（23个）	绍兴	诸暨市溪北村、嵊州市崇仁七八村
	金华	婺城区上镜村、义乌市缸窑村、浦江县建光村、武义县郭上村、磐安县横路村
	衢州	柯城区将军叶村、柯城区新宅村、衢江区杜五村、龙游县溪口村、江山市清一村、开化县上街村
	丽水	龙泉市住溪村、龙泉市安和村、缙云县岩门村、遂昌县苏村村、遂昌县黄沙腰村
第六批（22个）	杭州	桐庐县彰坞村、桐庐县引坑村、富阳区俞家村
	宁波	慈溪市山下村
	绍兴	柯桥区王化村、诸暨市马剑村、嵊州市东王村
	金华	婺城区寺平村、兰溪市聚仁村、东阳市官桥村、义乌市田心村、永康市芝英八村、武义县范村村、磐安县管头村
	衢州	柯城区妙源村、龙游县灵山村、龙游县灵下村、江山市清二村、常山县球川村、开化县下淤村
	丽水	龙泉市木岱口村、遂昌县福罗淤村
第七批（23个）	杭州	萧山区大汤坞新村、富阳区大章村、桐庐县青源村、建德市珏塘村
	绍兴	诸暨市周村村、嵊州市施家岙村、新昌县上下宅村
	金华	金东区郑店村、义乌市倍磊村、磐安县榉溪村、浦江县吴大路村、兰溪市社峰社区、武义县坛头村、东阳市厦程里村、永康市雅吕村
	衢州	柯城区下蒋村、衢江区岩头村、龙游县星火村、江山市清湖三村、常山县西源村
	丽水	龙泉市盖竹村、缙云县夏家畈村、遂昌县桥西村
第八批（21个）	杭州	萧山区东山村、临安区石门村、桐庐县环溪村、建德市里叶村
	绍兴	嵊州市崇仁四五村
	金华	兰溪市姚村村、东阳市洪塘村、义乌市陇头朱村、永康市芝英六村、永康市芝英七村、武义县上黄村、磐安县墨林村
	衢州	柯城区九华村、衢江区上岗头村、江山市广渡村、龙游县张家埠村、常山县泰安村、开化县唐头村
	丽水	龙泉市白云岩村、缙云县前路村、遂昌县上定村
第九批（24个）	杭州	萧山区楼家塔村、富阳区文村村、桐庐县石舍村、建德市溪口村、建德市潘山村
	宁波	慈溪市佳溪村
	绍兴	诸暨市紫阆村、嵊州市镇南村
	金华	金东区雅芳埠村、浦江县马墅村、磐安县朱山村、永康市胡库下村、兰溪市西姜村、兰溪市桐山后金村
	衢州	柯城区严村村、衢江区茶坪村、江山市浔里村、江山市凤里村、常山县大埂村、龙游县图石村
	丽水	缙云县鱼川村、遂昌县蔡和村、龙泉市琉盘村、龙泉市五星村
合计	213个	

附录 3：钱塘江流域“双录”村落的主要信息一览表

地区	序号	县（市、区）乡（镇、街道）村名	建村年代	地形	海拔（米）	姓氏	典型历史信息
杭州	1	富阳区龙门镇龙门村	北宋太平二年（公元977年）	丘陵	48	孙	孙权后裔聚居村落
	2	富阳区场口镇东梓关村	北宋年间	平原	38	许、王、朱、申屠	南朝刘宋将军孙瑶葬于此，古埠名村
	3	萧山区河上镇东山村	南宋年间	平原	21	金、徐	—
	4	临安区岛石镇呼日村	清早期	山地	450	高	—
	5	临安区高虹镇石门村	南宋咸淳年间	山地	220	盛、汪、潘等	—
	6	桐庐县江南镇深澳村	南宋绍兴二十三年（1153年）	丘陵	64	申屠为主，周、应、朱	西汉丞相申屠嘉后裔聚居村落
	7	桐庐县富春江镇石舍村	明代末年	山地	124	方	晚唐诗人方干后裔聚居地
	8	桐庐县凤川街道翙岗村	北宋末年	盆地	59	李姓为主	北宋宰相李纲后裔聚居地
	9	桐庐县江南镇徐畈村	南宋绍定年间	丘陵	84	徐、申屠、朱	西周徐偃王后裔聚居地
	10	桐庐县富春江镇茆坪村	宋末元初	山地	101	胡、方、邵	文安郡开国男胡国瑞后裔聚居地
	11	桐庐县江南镇环溪村	明洪武十七年（1384年）	丘陵	91	周、申屠	北宋理学家周敦颐后裔聚居地
	12	桐庐县江南镇石阜村	南宋乾道年间	平原	35	方为主	晚唐诗人方干公十二世孙方逸公携长子瓒由浦江迁入
	13	桐庐县江南镇彰坞村	明洪武年间	平原	80	徐、姚、潘等	—
	14	桐庐县新合乡引坑村	明万历四十年（1612年）	丘陵	171	钟	东汉颍川长社钟皓后裔聚居地
	15	桐庐县桐君街道梅蓉村	清代	丘陵	20	吴	—
	16	淳安县浪川乡芹川村	元末明初	丘陵	136	王姓为主	东晋宰相王导（侄王羲之）后裔聚居地
	17	建德市大慈岩镇李村村	北宋雍熙三年（公元986年）	丘陵	98	李、汪	唐靖国公李靖后裔聚居地
	18	建德市大慈岩镇上吴方村	明洪武二年（1369年）	丘陵	110	方	东汉洛阳令方储后裔聚居地
	19	建德市大慈岩镇里叶村	南宋咸淳四年（1268年）	丘陵	72	叶	寿昌新亭畈叶玠三子叶簾迁于此
合计		19					

续表

地区	序号	县（市、区）乡（镇、街道）村名	建村年代	地形	海拔（米）	姓氏	典型历史信息
宁波	1	慈溪市龙山镇方家河头村	南宋	盆地	12	方	国内最大的方氏聚居地
合计		1					
绍兴市	1	柯桥区稽东镇冢斜村	明建文三年（1401 年）	丘陵	84	余姓为主	大禹后裔聚居地，舜妃、禹妃墓所在地
	2	新昌县南明街道班竹村	南宋绍兴二十四年（1154 年）	丘陵	200	章	浙东唐诗之路重要节点
	3	新昌县梅渚镇梅渚村	宋代	丘陵	41	黄、俞、蔡	—
	4	新昌县镜岭镇西坑村	五代	山地	92	陈	浙江最古老石器凿刻发祥地
	5	新昌县儒岙镇南山村	东晋	山地	365	王	三国王烈后裔聚居地
	6	诸暨市东白湖镇斯宅村	五代后汉乾祐二年（公元949 年）	山地	131	斯	全国最大的斯姓聚居地
	7	诸暨市次坞镇次坞村	五代	丘陵	52	俞	全国最大的俞姓聚居地
	8	诸暨市五泄镇十四都村	明正德十五年（1520 年）	丘陵	80	周、赵	周敦颐后裔聚居地
	9	诸暨市璜山镇溪北村	清康熙五十三年（1714 年）	盆地	50	徐姓为主	徐偃王后裔聚居地
	10	嵊州市金庭镇华堂村	唐代	丘陵	93	王	王羲之后裔聚居村落
	11	嵊州市竹溪乡竹溪村	南宋淳熙四年（1177 年）	丘陵	420	钱姓为主	五代吴越国武肃王钱镠后裔
	12	嵊州市崇仁镇崇仁六村	北宋熙宁年间	盆地	58	裘	义门裘氏自婺州分迁于此
	13	嵊州市崇仁镇崇仁七八村	东晋	盆地	58	裘	义门裘氏自婺州分迁于此
合计		13					
金华市	1	婺城区汤溪镇寺平村	元末明初	盆地	63	戴	南宋进士戴可守后裔聚居地
	2	婺城区汤溪镇上镜村	南宋建炎元年（1127 年）	丘陵	74	刘	南宋监察御史刘清后裔聚居地
	3	金东区傅村镇山头下村	明景泰七年（1456 年）	丘陵	75	沈	北宋沈括后裔聚居地
	4	金东区江东镇雅湖村	元代末年	丘陵	53	胡	胡氏始祖则公自永康迁于此

续表

地区	序号	县（市、区）乡（镇、街道）村名	建村年代	地形	海拔（米）	姓氏	典型历史信息
金华市	5	金东区澧浦镇琐园村	明万历年间	丘陵	50	严	汉代名士严子陵后裔聚居地
	6	金东区澧浦镇蒲塘村	南宋	丘陵	57	王	宋初大将王彦超后裔聚居地
	7	金东区澧浦镇郑店村	明成化年间	平原	62	郑姓为主	郑氏聚落
	8	金东区赤松镇仙桥村	明嘉靖年间	盆地	69	钱姓为主	吴越王钱镠后裔聚居地
	9	武义县熟溪街道郭洞村	元至正元年（1341 年）	丘陵	158	何	宋朝宰相何执中后裔聚居地，江南第一风水村
	10	武义县俞源乡俞源村	南宋末年	盆地	168	俞	全国最大的俞氏聚居地
	11	武义县柳城畲族镇上黄村	北宋末年	山地	830	王	—
	12	武义县履坦镇范村村	元代	丘陵	71	范、李、陈、王	北宋范仲淹侄子后裔聚居地
	13	武义县桃溪镇陶村村	南宋政和年间	丘陵	257	陶	东晋陶渊明后裔聚居地
	14	磐安县尖山镇管头村	唐武宗年间	山地	553	厉	唐容州刺史厉文才后裔聚居地
	15	磐安县双溪乡梓誉村	南宋庆元四年（1195 年）	山地	205	蔡姓为主	南宋理学家蔡元定后裔聚居地
	16	磐安县盘峰乡榉溪村	南宋初年	盆地	454	孔	孔子后裔聚居地，“孔子第三圣地”
	17	磐安县胡宅乡横路村	元至正年间	山地	464	周	北宋理学家周敦颐后裔聚居地
	18	磐安县冷水镇朱山村	唐代	丘陵	281	曹	—
	19	磐安县安文街道墨林村	元代	丘陵	441	郑	元代进士郑境之子郑讴从窈川迁居于此
	20	浦江县白马镇嵩溪村	南宋绍兴年间	丘陵	133	徐、邵、王、柳等	北宋宰相徐处仁后裔聚居地
	21	浦江县虞宅乡新光村	明代	山地	300	朱、陈、张、毛等	浙中抗战金华第一村
	22	浦江县黄宅镇古塘村	周代	盆地	41	陈、方等 27 个姓氏	越国时期流放官员和充军之地
	23	浦江县岩头镇礼张村	清代	盆地	113	张	中国书画之乡
	24	浦江县檀溪镇潘周家村	明万历年间	丘陵	173	潘、周	—
	25	兰溪市兰江街道姚村村	南宋景炎三年（1278 年）	丘陵	40	姚	—

续表

地区	序号	县（市、区）乡（镇、街道）村名	建村年代	地形	海拔（米）	姓氏	典型历史信息
金华市	26	兰溪市诸葛镇长乐村	南宋嘉定元年（1208 年）	盆地	83	金、叶、吴	宋元著名理学家金履祥后代聚居地
	27	兰溪市永昌街道社峰村	南宋宝祐年间	丘陵	54	吴	吴太伯后裔聚居地
	28	兰溪市黄店镇芝堰村	南宋淳熙年间	丘陵	104	陈	睦州郡守陈大经后裔聚居地
	29	兰溪市永昌街道永昌村	明万历年间	丘陵	45	赵	宋太祖之弟赵延美第七世后裔赵公传迁入
	30	兰溪市水亭畲族乡西姜村	元代元贞元年（1295 年）	山地	63	姜	全国最大的姜维后裔聚居地
	31	兰溪市游埠镇潦溪桥村	清康熙年间	丘陵	42	章为主，范、吴等	唐康州刺史章及公后裔聚居地
	32	兰溪市黄店镇三泉村	南宋淳熙八年（1181 年）	山地	90	唐	唐建威度推官唐希颜后裔聚居地
	33	兰溪市黄店镇桐山后金村	北宋天圣十年（1032 年）	丘陵	64	王	宋元著名理学家金履祥墓葬地
	34	兰溪市梅江镇聚仁村	南宋	丘陵	77	吴、倪、曹、陈	民国记者曹聚仁出生地
	35	义乌市赤岸镇尚阳村	明永乐年间	山地	134	毛、朱	—
	36	义乌市义亭镇缸窑村	北宋末年	盆地	67	陈、冯	烧窑而建村落
	37	义乌市佛堂镇倍磊村	北宋至道三年（公元 997 年）	盆地	67	陈	戚家军发源地
	38	义乌市义亭镇陇头朱村	南宋昭熙四年（1193 年）	丘陵	63	朱	明“河神”朱之锡故里
	39	东阳市虎鹿镇蔡宅村	元至正二十一年（1284 年）	盆地	128	蔡、张、楼、周等	东汉文学家蔡邕后裔聚居地
	40	东阳市城东街道李宅村	明宣德二年（1427 年）	盆地	96	李	东阳望族李姓聚居地，源出唐宪宗李纯之裔
	41	东阳市虎鹿镇厦程里村	清嘉庆十九年（1814 年）	丘陵	121	程	南宋进士东阳县令程沐后裔聚居地
	42	永康市前仓镇后吴村	南宋嘉定十年（1217 年）	丘陵	121	吴	吴氏宗族聚居村落
	43	永康市舟山镇舟山二村	清代	丘陵	187	黄	—
	44	永康市芝英镇芝英一村	东晋	山地	125	应	东晋镇南大将军应詹后裔聚居地
合计		44					
衢州市	1	柯城区石梁镇双溪村	清康熙三十八年（1699 年）	山地	270	张、郑、赖、王	三国名将张良后裔聚居地
	2	柯城区航埠镇墩头村	北宋	丘陵	75	翁	—
	3	柯城区九华乡妙源村	清代	山地	302	吴	—

续表

地区	序号	县（市、区）乡（镇、街道）村名	建村年代	地形	海拔（米）	姓氏	典型历史信息
衢州市	4	柯城区九华乡新宅村	明万历三十七年（1607年）	丘陵	162	郑	—
	5	衢江区湖南镇破石村	南宋	丘陵	142	余	南宋武举人余智远由柯城石梁大俱源徙迁于此
	6	衢江区黄坛口乡茶坪村	明代	山地	333	吴、吕、刘、赖等	—
	7	衢江区云溪乡车塘村	南宋	丘陵	76	吴	—
	8	常山县球川镇球川村	唐咸通十年（公元869年）	丘陵	169	徐、毛、汪、姚	—
	9	常山县辉埠镇大埂村	清康熙四十三年（1704年）	丘陵	140	吴、汪、许、姜等	—
	10	常山县芳村镇芳村村	北宋重和元年（1118年）	丘陵	118	方、汪、徐、王等	方氏先祖由遂安迁徙而来
	11	常山县同弓乡彤弓山村	南宋咸淳年间	丘陵	107	徐	西周徐偃王后裔聚居地
	12	常山县东案乡金源村	北宋宣和年间	丘陵	148	王	北宋进士王言故里
	13	开化县马金镇霞山村	北宋元丰六年（1083年）	丘陵	162	郑为主，汪	三国东吴大将开国公郑平后裔聚居地
	14	开化县齐溪镇龙门村	明中期	山地	361	汪、余、赖、黄	—
	15	开化县马金镇霞田村	元至顺年间	盆地	180	汪	越国公汪华后裔聚居地
	16	龙游县塔石镇泽随村	元至元三十一年（1294年）	丘陵	80	徐	西周徐偃王后裔聚居地
	17	龙游县溪口镇灵下村	唐代	丘陵	114	徐姓为主	西周徐偃王后裔聚居地
	18	龙游县湖镇镇星火村	元代	丘陵	45	童、王、江、周等	—
	19	龙游县溪口镇灵山村	唐代	丘陵	112	徐	西周徐偃王后裔聚居地
	20	江山市凤林镇南坞村	南宋端平二年（1235年）	丘陵	181	杨姓为主	宋河南监察御史杨尹中后裔聚居地
	21	江山市廿八都镇枫溪村	唐代	盆地	290	金、姜、曹等	古时驿站
	22	江山市廿八都镇花桥村	唐代	盆地	289	杨姓为主	方言王国、百姓古村
	23	江山市峡口镇广渡村	北宋	丘陵	231	毛姓为主	清漾毛氏二十四世江山主簿毛修业移居于此
	24	江山市峡口镇枫石村	清乾隆年间	丘陵	205	黄	手工制瓷村落

续表

地区	序号	县（市、区）乡（镇、街道）村名	建村年代	地形	海拔（米）	姓氏	典型历史信息
衢州市	25	江山市廿八都镇浔里村	明代	丘陵	296	沈、王、林、刘等	古代北方退役军人和移民聚居地
	26	江山市清湖街道清湖一村	东汉初平三年（公元 192 年）	丘陵	106	毛、宋、吴、张等	—
	27	江山市清湖街道清湖三村	东汉初平三年（公元 192 年）	丘陵	118	毛、宋、吴、张等	—
合计	27						
丽水市	1	缙云县新建镇河阳村	后唐长兴三年（公元 932 年）	盆地	163	朱	吴越国掌书记朱清源后裔聚居地
	2	缙云县壶镇镇岩下村	明建文三年（1401 年）	山地	580	朱	宋温州刺史朱国器后裔聚居地
	3	缙云县新建镇笕川村	隋代	丘陵	146	胡、麻、王、叶等	—
	4	缙云县东渡镇桃花岭村隘头自然村	不可考，千年以上	山地	640	沈、陈、樊等	—
	5	缙云县溶江乡岩门村上官坑自然村	明正统十四年（1449 年）	丘陵	330	俞、江等	—
	6	缙云县壶镇镇金竹村	北宋景德四年（1007 年）	丘陵	235	朱	与河阳朱姓同祖
	7	遂昌县焦滩乡独山村	南宋绍兴年间	山地	267	叶为主，朱、周、邵	明代汤显祖著《牡丹亭》之地
	8	遂昌县云峰街道长濂村	南宋	丘陵	194	郑	明代状元杨守勤执教之地
	9	遂昌县湖山乡福罗淤村	明万历年间	山地	250	叶	—
	10	遂昌县北界镇苏村村	北宋	山地	320	苏	苏洵嫡系后裔聚居地
	11	遂昌县黄沙腰镇黄沙腰村	清咸丰年间	山地	370	黄	—
	12	遂昌县蔡源乡蔡和村	唐五代	山地	519	蔡、郑、罗、巫	—
	13	龙泉市兰巨乡官浦垟村	明初	山地	627	张、杨	古时设有驿站而得名
	14	龙泉市西街街道下樟村	北宋	山地	440	郑姓为主，蒋、徐、叶、邱等	宋代名士管师复隐居地
	15	龙泉市上垟镇源底村	明中期	山地	331	徐姓为主	辛亥革命先驱徐仰山故里
	16	龙泉市竹垟畲族乡盖竹村	清代	山地	305	王、刘、罗、黄等	—
合计	16						
总计	120						

附录4：钱塘江流域典型样本村落基本概况一览表

地区	县、镇、村名	建村年代	地理类型	海拔（米）	村域面积（平方公里）	格局与风貌	姓氏	人口	物质文化遗产	非物质文化遗产	基础产业	入选名录（批次）
杭州	桐庐县江南镇深澳村	南宋绍兴二十三年（1153年）	丘陵	64	5.19	碧水幽渠坎澳深，块状聚落	申屠、徐	1176户，4262人	省保1处：深澳建筑群（攸叙堂、怀素堂、恭思堂、资善堂、前房厅、盛德堂、敬思堂、云德堂、孝思堂、州牧第砖雕门楼、青云桥、八亩塘等）	省级3项：桐庐传统建筑群营造技艺、深澳高空狮子、江南时节 市级1项：深澳灯彩制作技艺 县级1项：深澳木杆秤制作技艺	加工制造业：医疗器械、玩具箱包；旅游业	中国历史文化名村（3）、中国传统村落（1）、省历史文化村落重点村（1）、省级历史文化名村（3）、浙江省AAA级景区村庄（1）
	桐庐县富春江镇茆坪村	宋末元初	山地	101	29.1	沿溪而筑，船型格局	胡、方、邵等	436户，1272人	县保4处：茆坪村胡氏宗祠、万福桥、文安楼、东山书院	县级1项：茆坪板龙	种植业：水稻、油茶；旅游业	中国历史文化名村（7）、中国传统村落（3）、省历史文化村落重点村（3）、省级历史文化名村（5）、浙江省AAA级景区村庄（4）
	富阳区场口镇东梓关村	北宋年间	平原	38	2.77	沿江呈带状分布	许、王、朱、申屠	640户，1818人	市保3处：东梓许家大院、越石庙、安雅堂	国家级1项：张氏骨伤疗法	种植业：水稻	中国传统村落（4）、省历史文化村落重点村（3）、浙江省AAA级景区村庄（1）
	临安区高虹镇石门村	南宋咸淳年间	山地	220	17.1	两山对峙，溪贯村庄，块状聚落	盛、汪、潘等	435户，1276人	—	—	种植业：茶叶、山核桃	中国传统村落（5）、省历史文化村落重点村（8）、省级传统村落、浙江省AAA级景区村庄（2）

续表

地区	县、镇、村名	建村年代	地理类型	海拔（米）	村域面积（平方公里）	格局与风貌	姓氏	人口	物质文化遗产	非物质文化遗产	基础产业	入选名录（批次）
杭州	建德市大慈岩镇上吴方村	明洪武二年（1369年）	丘陵	110	1.94	九宫八卦	方姓血缘聚落	371户，1236人	省保1处：上吴方乡土建筑群（衍庆堂、方正堂、三乐堂、世美堂等25幢）	县级4项：建德民间剪纸、上吴方正月二十灯会、建德土酒系列酿制技艺、珠算技艺	种植业：柑橘；旅游业	中国历史文化名村（7）、中国传统村落（3）、省历史文化村落重点村（2）、省级历史文化名村（5）、浙江省AAA级景区村庄（3）
	淳安县浪川乡芹川村	宋末元初	丘陵	136	9.8	群山环绕，芹溪穿村而过	王	530户，1800人	省保1处：王氏宗祠	—	种植业：玉米、茶桑、毛竹；旅游业	中国历史文化名村（6）、中国传统村落（3）、省历史文化村落重点村（1）、省级历史文化名村（3）
绍兴	诸暨市东白湖镇斯宅村	五代后汉乾佑二年（公元949年）	山地	131	10.46	坐山面水，沿溪带状分布	斯	1002户，2750人	国保1处：斯氏古民居建筑群（千柱屋、华国公别墅、发祥居）；省保1处：新谭家民居、上新居；市保点1处：螽斯干兔岭亭；县保6处：百马图、摩崖石刻、斯宅大生精制茶厂、下门前畈台门、斯民小学、小洋房	省级1项：十里红妆市级2项：斯氏古民居建筑群营造技艺、越红工夫茶制作技艺	种植业：香榧、茶叶、毛竹	中国传统村落（1）、省历史文化村落重点村（1）、省级历史文化名村（2）、浙江省AAA级景区村庄（1）
	诸暨市五泄镇十四都村	明正德十五年（1520年）	丘陵	80	4.63	块状聚落	周、赵	998户，2312人	省保1处：藏绿古建筑群（周氏宗祠、霞塘庙、霞塘井、马鞍山古民居）	县级1项：西施团圆饼烹饪技艺	种植业：粟米；手工业：针织、轻纺	中国传统村落（4）、省历史文化村落重点村（4）、浙江省AAA级景区村庄（2）

续表

地区	县、镇、村名	建村年代	地理类型	海拔（米）	村域面积（平方公里）	格局与风貌	姓氏	人口	物质文化遗产	非物质文化遗产	基础产业	入选名录（批次）
绍兴	柯桥区稽东镇冢斜村	明建文三年（1401年）	丘陵	84	3.82	四面环山，块状聚落	余姓为主，李、张	256户，746人	县保2处：余氏宗祠、永兴公祠；县保点3处：八老爷台门、余氏老台门、高新屋台门	县级1项：永兴神行宫巡游	种植业：茶、竹、水稻	中国历史文化名村（5）、中国传统村落（1）、省历史文化村落重点村（2）、省级历史文化名村（4）、浙江省AAA级景区村庄（1）
	嵊州市金庭镇华堂村	唐代	丘陵	93	3.5	背山依水、山环水抱之势	王	2132户，5802人	国保1处：华堂王氏宗祠（大祠堂、新祠堂）；省保1处：王羲之墓；县级文保点：九曲水圳、华堂白云祠	—	种植业：荷花、苗木、桃形李、水稻；旅游业	中国传统村落（1）、省历史文化村落重点村（1）、省级历史文化名村（3）、浙江省AAA级景区村庄（1）
	新昌县梅渚镇梅渚村	宋代	丘陵	41	3.2	船形格局	黄、俞、蔡	876户，2130人	县保点：黄氏大宗祠、梅渚村莲花庵	省级1项：新昌十番 市级2项：梅渚剪纸、梅渚糟烧酿造技艺 县级1项：梅渚竹编工艺	蚕桑业	中国传统村落（5）、省历史文化村落重点村（1）、浙江省AAA级景区村庄（1）、省级传统村落
金华	兰溪市黄店镇芝堰村	南宋淳熙年间	丘陵	104	12.44	九堂一街“严婺古道”重要驿站	陈	460户，1450人	国保1处：芝堰村建筑群（孝思堂、衍德堂、济美堂、承显堂等）	市级1项：兰溪銮驾	种植业：油菜、玳玳、李子；旅游业	中国传统村落（3）、省历史文化村落重点村（2）、省级历史文化名村（5）、浙江省AAA级景区村庄（1）
	浦江县白马镇嵩溪村	南宋绍兴年间	丘陵	133	11.12	明暗两溪穿村而过，“日”字形街巷格局	徐、邵、王、柳等	1053户，2895人	省保2处：嵩溪建筑群（徐氏宗祠、邵氏宗祠、四教堂、王姓门里、古三层楼等）、石灰窑	国家级2项：浦江板凳灯、浦江剪纸	种植业：荷花；旅游业	中国历史文化名村（6）、中国传统村落（1）、省历史文化村落重点村（1）、省级历史文化名村（3）

续表

地区	县、镇、村名	建村年代	地理类型	海拔（米）	村域面积（平方公里）	格局与风貌	姓氏	人口	物质文化遗产	非物质文化遗产	基础产业	入选名录（批次）
金华	金东区澧浦镇琐园村	明万历年间	丘陵	50	1.4	七星拱月	严	480 户，1280 人	省保 1 处：琐园村乡土建筑（润泽堂、尊三堂、显承堂、严家宗祠等）	市级 1 项：铜钱八卦制作技艺 县级 1 项：少年同乐堂	种植业：花卉苗木 手工业、养殖业	中国传统村落（5）、省历史文化村落重点村（3）、省级传统村落
	金东区澧浦镇蒲塘村	南宋末年	丘陵	57	1.6	三面浅山、一面向水，块状聚落	王	630 户，1505 人	省保 1 处：王氏宗祠；市保 2 处：三省堂、堂楼；县保 1 处：蒲塘文昌阁	市级 1 项：蒲塘五经拳 县级 1 项：蒲塘白灯	种植业：荷花、苗木、水果	中国传统村落（5）、省历史文化村落重点村（1）、浙江省 AAA 级景区村庄（1）、省级传统村落
	东阳市虎鹿镇蔡宅村	元至元二十一年（1284 年）	盆地	128	8	形似卧龟，“十池九塘”格局	蔡为主、张、楼、周等	1286 户，3804 人	省保 1 处：蔡希陶故居；县保 4 处：蔡氏宗祠、蔡忠笏故居、蔡汝霖故居、永贞堂 县保点 12 处：玉树堂、华萼堂、润德堂、元盛堂、四维堂、居易堂、永慎堂、涵玉堂、光裕堂、上街头十三间头等	省级 1 项：蔡宅高跷 县级 3 项：什锦班、木偶戏、莲花落	种植业：玉米、香榧、茶叶	中国传统村落（3）、省历史文化村落重点村（1）、浙江省 AAA 级景区村庄（2）
	义乌市义亭镇缸窑村	北宋末年	平原盆地	67	1.8	块状聚落	陈、冯、李、贾等	460 户，960 人	县保 5 处：缸窑龙窑、谦受堂、陈秉中民居、十四间民居、十六间民居	市级 1 项：义亭陶缸制作技艺	手工业：粗陶器制作、黄酒生产	中国传统村落（4）、省历史文化村落重点村（5）、浙江省 AAA 级景区村庄（1）

续表

地区	县、镇、村名	建村年代	地理类型	海拔（米）	村域面积（平方公里）	格局与风貌	姓氏	人口	物质文化遗产	非物质文化遗产	基础产业	入选名录（批次）
金华	婺城区汤溪镇寺平村	元末明初	盆地	63	6.25	块状聚落，按“七星伴月”理念规划	戴	749户，1970人	国保1处：寺平村乡土建筑（含五间花轩、崇厚堂、其顺堂、立本堂、戴经伟民宅等32处）	国家级1项：婺州窑陶瓷烧制技艺	种植业：水稻、柑橘、竹笋	中国历史文化名村（5）、中国传统村落（1）、省历史文化村落重点村（6）、省级历史文化名村（4）、浙江省AAA级景区村庄（2）
	永康市前仓镇后吴村	南宋嘉定十年（1217年）	丘陵	121	2.45	老街纵横交叉、池塘星罗棋布的基本格局	吴	1078户，3178人	国保1处：厚吴古建筑群（含吴氏宗祠、司马第、衍庆堂、南峰拱秀宅、同仁堂药店等）	市级2项：厚吴祭祖、永康厚吴古民居建筑建造技艺	手工业：刺绣	中国历史文化名村（3）、中国传统村落（1）、省历史文化村落重点村（1）、浙江省AAA级景区村庄（2）
	武义县俞源乡俞源村	南宋末年	盆地	168	2.6	“天体星象”布局	俞、李	700户，1830人	国保1处：俞源古建筑群（俞氏宗祠、李氏宗祠、洞主庙、敦厚堂等51幢）	国家级1项：俞源村古建筑群营造技艺 市级1项：罗氏黑膏药制作技艺	种植业：水稻、茶叶	中国历史文化名村（1）、中国传统村落（1）、省历史文化村落重点村（2）、省级历史文化名村（2）
	磐安县胡宅乡横路村	元至正年间	山地	464	3.2	街巷型格局	周	492户，1304人	—	—	—	中国传统村落（2）、省历史文化村落重点村（5）、省级历史文化名村（4）、浙江省AAA级景区村庄（2）

续表

地区	县、镇、村名	建村年代	地理类型	海拔（米）	村域面积（平方公里）	格局与风貌	姓氏	人口	物质文化遗产	非物质文化遗产	基础产业	入选名录（批次）
衢州	江山市凤林镇南坞村	南宋端平二年（1235年）	丘陵	181	6.42	群山拱卫、拾级而上	杨姓为主	728户，2668人	国保1处：南坞杨氏宗祠；县保2处：八角井、峡山石塔	市级1项：江山凤林三月三祭祀会	种植业：白菇、莲子；来料加工	中国历史文化名村（7）、中国传统村落（2）、省历史文化村落重点村（4）、省级历史文化名村（4）、浙江省AAA级景区村庄（2）
	柯城区石梁镇双溪村	清康熙三十八年（1699年）	山地	270	30	背山面水，溪流穿村而过	张、郑、赖、王	475户，1486人	市保1处：寺桥石拱桥	—	种植业：毛竹、茶叶、柑橘；旅游业：民宿、农家乐	中国传统村落（5）、省历史文化村落重点村（4）、浙江省AAA级景区村庄（2）、省级传统村落
	常山县东案乡金源村	北宋宣和年间	丘陵	148	10	块状聚落	王	818户，2395人	省保1处：底角王氏宗祠（含世美坊）	—	种植业：胡柚、油茶	中国传统村落（5）、省历史文化村落重点村（2）、省级历史文化名村（6）、浙江省AAA级景区村庄（3）、省级传统村落
	开化县马金镇霞山村	北宋元丰六年（1083年）	丘陵	162	5.4	街巷聚落型	郑为主、汪	745户，2343人	省保3处：启瑞堂、永锡堂（郑氏宗祠）、爱敬堂；县保2处：钟楼、烈士墓	国家级1项：开化香火草龙；省级2项：霞山高跷竹马、霞山古村落营建技艺	种植业：香榧；来料加工	中国历史文化名村（6）、中国传统村落（2）、省历史文化村落重点村（1）、省级历史文化名村（3）、浙江省AAA级景区村庄（1）

续表

地区	县、镇、村名	建村年代	地理类型	海拔（米）	村域面积（平方公里）	格局与风貌	姓氏	人口	物质文化遗产	非物质文化遗产	基础产业	入选名录（批次）
衢州	龙游县塔石镇泽随村	元至元三十一年（1294年）	丘陵	80	7	双溪绕村、村中“珠峰”	徐	986户，3047人	省保1处：泽随建筑群（塘沿厅、徐汤奶民居、徐清元民居、陈树荣民居等）	—	养殖业	中国历史文化名村（7）、中国传统村落（2）、省历史文化村落重点村（2）、省级历史文化名村（4）、浙江省AAA级景区村庄（2）
丽水	龙泉市兰巨乡官埔垟村	明初	山地	627	14.93	沿溪和山势呈团聚状	张、杨	253户，779人	—	—	种植业：茶叶、毛竹；农家乐	中国传统村落（1）、省历史文化村落重点村（4）、省级历史文化名村（5）
	遂昌县焦滩乡独山村	南宋绍兴年间	山地	267	30.1	寨墙拱卫型	叶为主、朱、周	262户，720人	国保1处：独山石牌坊；县保6处：叶氏宗祠、葆守祠、明代古井、明寨墙、财神庙、栖灵岩摩崖	—	种植业：茶叶	中国历史文化名村（6）、中国传统村落（1）、省历史文化村落重点村（2）、省级历史文化名村（1）
	缙云县新建镇河阳村	后唐长兴三年（公元932年）	盆地	163	5.6	一溪两坑、一街五巷	朱	1200户，3655人	国保1处：河阳村乡土建筑（朱大总祠、文翰公祠等27幢）；县保20处：碧山古庙、大桥殿、七如公祠等	省级2项：缙云剪纸、河阳古民居建筑艺术；市级1项：缙云清明祭祖	养殖业；来料加工	国家历史文化名村（6）、中国传统村落（1）、省历史文化村落重点村（1）、省级历史文化名村（2）
	缙云县壶镇镇岩下村	明建文三年（1401年）	山地	580	4.5	石筑村落	朱	229户，553人	省保1处：岩下石头建筑群	—	种植业：高山蔬菜、水果	中国传统村落（3）、省历史文化村落重点村（2）、浙江省AAA级景区村庄（2）

附录 5：钱塘江流域典型样本村落简介表

序号	村名	简介
1	桐庐县 深澳村	深澳村位于杭州桐庐县江南镇东部，地处富春江南岸天子岗北麓，东靠富阳区，南至凤川镇凤源村，西部临山，北抵富春江。距桐庐县城 20 公里，距杭州 65 公里，交通便捷，320 国道、杭千高速穿境而过，深澳村设有高速出入口。深澳村曾是深澳乡人民政府驻地，现由黄程、深澳 2 个自然村合并而成，村域面积为 5.19 平方公里，其中山林面积 8452 亩，耕地面积 1508 亩。现有人口 1176 户，4262 人，大多为复姓申屠，另有徐、朱、周等 30 余个姓氏。深澳村历史可追溯到东汉，距今已有千年历史，是申屠家族世系的血缘村落。西汉末年，汉丞相申屠嘉七世孙申屠刚为避王莽之乱，遁迹于富春之南，结庐其地，地以人胜，境曰屠山。北宋崇宁三年（1104 年），申屠后裔申屠理由富春屠山赘居范家园（今荻浦），后支派繁衍，被尊为桐南申屠氏始祖。据南宋《临安志》记载：“屠山，在县（注：富阳）之西南五十余里，世代有姓申屠结庐，乃以名其山，其里有寺，号大雄。”又，太府寺丞陈刚中作大雄寺记略云：“富贵之江，浙河之派，导园石以底东梓，屹然两岸皆山也。路出瓜桥，西望紫微，得支径为委曲崎岖，涉溪逾岭六、七里，峰峦重复，端若拱揖，湍流怪石，千巧万状，中有平田，如设万席，挺然僧宇，出于林表，佳木修竹，左右交翠，此申屠志其地，寺僧伏脉，取足申屠之家”“申屠刚违新室之祸，申屠蟠晦党锢之名，避地结庐，於今千载，子孙家支派分衍千百余室。”南宋绍兴二十三年（1153 年），申屠氏族人迁入同里（今深澳），其后繁衍生息，成为望族。深澳古村因水系而名，古村濒应家溪而建，申屠氏先人在规划村落时，先造水系后建村，整个村落以水为脉，水系格局是深澳古村有别于其他村落的一大特色
2	桐庐县 茆坪村	茆坪村位于杭州桐庐县富春江镇东南部，村临芦茨溪中段沿岸，是富春江镇最偏远的山区村落之一。村落东与石舍村相邻，南与石舍村相交，西邻芦茨村，北临芦茨村青龙坞。茆坪村距杭州市区 90 公里，距桐庐县城 18 公里，距富春江镇 8 公里。210 省道穿村而过，村落可经杭新景高速公路和 320 国道与外界相通，出入便捷。村落由邵家、百步街、荷花塘 3 个自然村组成，村域面积 29.1 平方公里，其中山林面积 35908 亩。现有人口 436 户，1272 人，以胡姓为主。村庄主导产业以农业为主，除种植水稻、油菜等水田作物外，以经济林为主；二产较少，现有制笔、罐头等小型加工业。茆坪古时为荒芜之地，名曰茅草坪。茆坪村始建于宋元之际，至今有 700 余年历史。自古以来，深居大山的茆坪先民靠山吃山，以烧炭、卖炭为生业。村民利用就地取材的竹筏，以芦茨溪作水路，与外界沟通。茆坪村是典型的山地村落，坐北朝南，呈南北走向，村前巽峰山，村后来龙山，清澈见底的芦茨溪由东向西沿村庄南侧缓缓流过，整个村落形如大船。村内建筑布局错落有致，粉墙黛瓦，色调淡雅。道路纵横交错、蜿蜒曲折，连起两端的香樟广场和文安广场。村道屋旁散落着成串的泉水小池，通过地下墙沟互相连通，随着村道自东向西缓缓下倾，泉水顺势成为一条地下流水，兼具日常生活洗涮、农田庄稼灌溉和防火灭火等功能
3	富阳区 东梓关村	东梓关村位于杭州富阳区场口镇西部，地理位置独特，北临富春江，南依小山群，东有洋涨沙、西有桐洲岛等沙洲岛屿环绕，是两府、两县、两镇的中心点。距富阳、桐庐县城各 22 公里，离场口、江南镇各 7.5 公里，水陆交通十分便捷，居住环境较为优越。东梓关村由东梓关和屠家 2 个自然村组成，村域面积为 2.77 平方公里。现有人口 640 户，1818 人，主要姓氏有许、朱、王、申屠。东梓关村因郁达夫同名小说而著名。东梓关，曾名青草浦、东梓浦、东梓关（东梓塞）。青草浦，浦源出桐庐县青源村，北行西折自赵家村入富春江，浦西为桐庐界，浦东为富阳界，村以浦名。而现今的“东梓”两字，历来众说纷纭。相传，吴越王行军

续表

序号	村名	简介
3	富阳区东梓关村	到此，见此处江面狭窄，对面有桐洲沙，往东2公里是洋涨沙，形成了一处天然关隘，是为兵家重地，渐渐就形成了一处关口，往来行旅都要通关。因这里是过富春下钱塘必经之地，行人到此无不东望指关，故而得名“东指关”。也有传说东指关种满了梓树，有一年出现了一件奇事，全村的梓树梢头一夜之间全部伸向东方，后人便把东指关改叫“东梓关”。于传说之外比较正统的记载来自南宋潜说友的《咸淳·临安志》:“东梓浦，在县西南五十一里，东入浙江，旧名青草浦。孙权后裔南北朝时期宋国将军孙瑶葬于此，坟上梓木枝皆东靡，故以名”。这个说法在东梓关《许氏家谱》里也出现数次。又有清光绪三十二年（1906年）《富阳县志》载，明洪武十九年（1386年），朝廷在东梓浦设立巡检司并派有军队驻守，为东梓塞，因而改名“东梓关”。根据《许氏宗谱》中《许氏源流记》载，许氏家族来自河南许昌，后迁叶县和白羽。到始祖许明时，弃仕途，隐居屠山。传至许明以下第四世许彧（公元954—1019）时，迁址东梓关定居，东梓关已有一千多年的历史了。许氏族人繁衍生息，欣欣向荣，现村内70%的村民都是许氏之后。朱姓先祖乾德公，南宋咸淳年间迁入。申屠姓先祖申屠链，明末由屠山赤阁田迁入。王姓先祖，清康熙年间迁入
4	临安区石门村	石门村位于杭州临安区东北部高虹镇境内，系高虹“龙门秘境”村落景区始发村。东临青山湖街道，南连长溪村，西接龙上村，北靠余杭区。村域面积17.1平方公里，其中山林面积25122亩，耕地面积589.5亩。石门村是原石门乡所在地，2007年村规模调整后由原石门、汪家坞二村合并而成，下辖12个村民小组，435户，1276人。石门以盛、潘姓为多，汪家坞以汪姓为主。南宋咸淳年间，盛氏族人盛隆基、盛学珠从横山迁居石门，子孙繁衍数代，历经几百年盛氏家族不断壮大。盛姓作为汉族古老姓氏，最早起源于西周时期，属以邑为氏。石门盛姓系隋末唐初将领盛彦师之后，原居河南商丘。汪家是安徽绩溪姓汪的一家九兄弟，千五公、千九公落在汪家坞，中华人民共和国成立前全村全为汪姓，后渐有其他姓氏入住
5	建德市上吴方村	上吴方村位于杭州建德市大慈岩镇东北部，东、北与新叶村相接，西南临汪山村，南临李村村。距离镇政府所在地5公里，距离国家级大慈岩风景名胜区6公里，交通便捷。全村村域面积为1.94平方公里，共有人口371户，1236人，均为方姓。上吴方村的产业以种植业为主，主要种植水稻、油菜、茶叶等作物，近年来开始种植柑橘、枇杷、板栗、桃、李等水果。村民收入主要依靠种植业和外出务工。上吴方村历史上为吴氏聚居地，在方氏之前已有800余年历史。明洪武二年（1369年），方氏后裔兰溪下方后宅十世孙方昊以玉华吴氏馆甥之礼，与吴氏通婚之后秉持家风家训经营家道，历经明、清两代发展繁衍至今，逐渐成为方氏一族的单姓血缘村落，距今已有640多年的历史。据《玉华方氏家谱》记载:“洪武二年，兰溪下方村第十世孙方昊，字元明，与玉华山吴氏联姻，之后吴氏邱墟，方氏蕃衍，名曰上方。后加吴字是为世代怀念先祖，以示不忘其初之意。”上吴方村初名上方村，后世为感念吴氏先妣，则在“上方”之间插入一个“吴”字，始有其名
6	淳安县芹川村	芹川村位于杭州淳安县西部的浪川乡境内，地处银峰山麓北侧，距县城千岛湖镇45公里。村域面积9.8平方公里，其中林地12383亩，耕地979亩，其中水田757亩。现有人口520户，1700余人，以王姓为主。芹川村因“四山环抱二水，芹水川流不息”而得名。村落四面环山，水口狭窄，入村口左侧狮山，右侧象山，两山对峙把守，三百年连理古樟参天，形成“狮象守门”之势。村落整体格局呈“王”字形，“S”形芹水溪九曲十八弯穿村而过，小桥跨溪而架，古民居隔溪而筑、毗连通幽，自然景观优美，构成一幅小桥、流水、人家的世外桃源般景象。南宋咸淳六年（1270年），芹川王氏始迁祖万宁公由林馆月山迁居至此，距今已有700多年的历史。明永乐十三年（1415年）汪无鼎《宗鲁王公墓志》记载:“始祖

续表

序号	村名	简介
6	淳安县芹川村	瑛，即百十翁，赘居新安月山洪氏。高大父（高祖父，据宗谱记载为王瑛长子王万宁）迁居芹川。”王瑛为芹川一世祖
7	诸暨市斯宅村	斯宅村位于绍兴诸暨市东白湖镇东南部，处于会稽山脉西麓东白湖饮用水保护区，陈蔡水库上游，东接嵊州市，东南毗邻东阳市，西南邻陈宅镇，西北与陈蔡相连，东北与西岩接壤。村落距镇区 10 公里，距诸暨市中心 26 公里。斯宅村由斯宅、螽斯畈和上泉 3 个自然村组成，村域面积 10.46 平方公里，现有人口 1002 户，2750 人，以斯姓为主。村内第一产业以高山茶、板栗、香榧为主要经济收入来源。斯宅，即“斯姓宅第”，是一个以“斯姓宅第建筑”命名的村落。东汉建安末年，孙权深感史伟之子史敦、史从其孝，赐姓斯氏，故斯伟（史伟）为斯氏开宗始祖。唐末，第二十五世斯德遂从东阳梵德村迁诸暨上林，为上林三斯开宗始祖。上林三斯即上斯、中斯、下斯，今仍有中斯畈名，后人作螽斯者，谐“螽斯衍庆”义也。自后，“暨阳上林三斯，烟火万家，人才蔚起，颇为名邦钦仰”。斯宅村是全国最大的斯姓聚居地。斯姓自唐至今已 60 余世，历 1100 余年，可谓源远流长。斯宅村落建于两山之间，地势东高西低，群山环抱，层峦叠嶂，上林溪由东向西蜿蜒而上、穿村而过，具有狮象把门格局。村落整体布局呈带状分布，浬斯线与上林溪贯穿村落各个建筑，建筑坐山面水，随山形水势，空间发展格局形成了山地、植被、溪流等自然景观廊道
8	诸暨市十四都村	十四都村位于绍兴诸暨市西部，紧邻国家 AAAAA 级五泄风景区，距主景区 2 公里，距诸暨市区 15 公里。十四都村由狮象、藏绿、前庄畈、塘头 4 个自然村合并而成。村域面积 4.63 平方公里，耕地面积 1523 亩，现有人口 998 户，2312 人。十四都村是宋代大理学家周敦颐（濂溪）后裔聚居村落。明正德十五年（1520 年），周敦颐第二十四世孙、藏绿周氏始迁祖周延琮（清三公）由余姚浒山（今慈溪）迁居于此，以万金买邻，筑藏绿居焉。至第五世明万历朝开始向外迁徙五泄塘头、狮象、前庄畈、霞庄。至第十、十一世清乾隆、嘉庆年间，十四都古村落遂形成，至今已有 500 多年历史
9	柯桥区冢斜村	冢斜村位于绍兴市柯桥区南部山区小舜江上游的稽东镇东部，北靠大龙山，南接轰溪山，小舜江北溪在村前蜿蜒而过，32 省道（绍甘线）与车竹线穿村而过，距绍兴市区 32 公里。村域面积 3.82 平方公里，其中耕地 418 亩，茶园 420 亩，竹园 500 亩，山林 4700 余亩。现有人口 256 户，746 人，以余姓为主，另有李、张等姓。村内经济作物主要有茶叶、板栗竹（竹笋）等。相传，大禹妃涂山氏葬在村子的斜对照，又据《绍兴府志》云：“冢斜在会稽平水上三十余里，接嵊界，相传越国宫人多葬于此”。“冢”，坟墓，按冢者大也，“斜”，宫人之坟也，冢斜村名由此而来。据说冢斜还是越国古都——嶕岘大城所在地。著名地理历史学家陈桥驿先生考察了冢斜的地理历史和风水走向，并根据《水经注》记载的“（秦望）山南有嶕岘，岘里有大城，越王无余之旧都也”，结合《吴越春秋》“句践召范蠡曰，先君无余，国在南山之阳”，论定古时越国最早古都、史学界长期争论不休的嶕岘大城就在冢斜。冢斜村是大禹后裔余氏聚居村落，其中 80% 为余氏。据唐朝国子监博士余钦给唐肃宗的《奏章》、宋代范仲淹《余氏族谱序》以及《冢斜余氏宗谱》记载，余氏系大禹后裔，大禹生三子，长子叫“启”，继承父姓“姒”；二子称“况”，赐姓为顾氏；三子为“罕”，赐姓为余氏。大禹赐第三子为余氏，有纪念其妻涂山氏之意（涂字去掉左偏旁为余）。明建文三年（1401 年），冢斜余氏始迁祖第 96 世余子陵由山阴县潘彭坞迁至会稽县廿七都冢斜村后，经过 600 多年的繁衍生息，现已达 22 世

续表

序号	村名	简介
10	嵊州市华堂村	华堂村位于绍兴嵊州市东部金庭镇境内，地处新昌、嵊州、奉化三县市交界，距嵊州市区25公里。村域面积3.5平方公里，现有人口2132户，5800多人。2008年，该村规模调整，由原金庭乡下华堂、新岩、孝康、观下、羲之五村合并而成，现是嵊州市最大的行政村。华堂村是晋代书圣王羲之（公元303—361）后裔的最大聚居地。王氏出自姬姓，周灵王之太子晋，从小聪明早慧，十五岁参与辅佐朝政。后因太子直谏，触怒灵王，被废为庶民，改姓王。故晋为王氏始祖。永和十一年（公元355年），王氏三十四世王羲之徙居会稽（绍兴）辞官归隐，经金庭，见五老、香卓剑、放鹤诸峰，以为绮丽幽渺，隔绝尘世，眷恋不能已。购田产二十六亩，遂筑馆居焉。携妻小（夫人郗氏、乳母毕氏、六子操之）徒剡县金庭瀑布山麓，并卒葬于瀑布山之原。故王羲之为金庭王氏始祖。金庭二世操之，繁衍子孙在金庭之华堂、新岩、孝康、观下、羲之等村。至唐代，王羲之第二十六世孙王弘基从金庭观迁居卧猊山麓，自此，王氏扎根华堂。后因王氏子孙后代多擅书画，将书画悬于厅堂，其堂有“画堂”之称，后“画堂”易作村名“华堂”。发展至明清时期已具规模，清代为剡东第一大村
11	新昌县梅渚村	梅渚村位于绍兴新昌县西南部，新昌大佛寺到穿岩十九峰风景区的途中，毗邻七星畈，西临澄潭江，是梅渚镇政府所在地，距离新昌县城10公里，地处上三高速与甬金高速的交叉口，新镜线从村前通过，交通较为便利。现由梅渚大村、社头桥、红岗岭脚3个自然村组成，村域面积3.2平方公里，其中耕地1185亩，果桑地596亩。现有人口876户，2130人，以黄姓为主，另有俞、蔡等53个姓氏，是梅渚镇最大的行政村。村民经济收入主要依靠蚕茧、加工羊毛衫和织布。梅渚村始建于元代，南宋名臣黄度后裔第十三世孙黄良瑾（1297—1362）率族从县城北门迁居于此，成为梅渚黄氏始祖。据明成化《新昌县志·村墟》载：“梅渚村，去县二十五里。宋黄宣献公之子孙居之，凡百余家，士宦不绝”。据民国《新昌县志》记载：“其地古时多梅，聚落连片，故名梅渚。极富江南特色，绿柳依依，桑竹成荫，依山傍水，土地肥沃，物产丰富。”梅渚村形状如船，村内屋宇林立，现保留了“一塘一街一更楼、两庙六祠多台门”的格局
12	兰溪市芝堰村	芝堰村位于金华兰溪市西北部三峰尖脚下黄店镇境内，地处金华（婺州）与建德（严州）交界的古驿道上，与建德市交界，紧邻新叶村。距兰溪市区18公里，距镇政府驻地8.9公里，距建德市新叶村3.4公里。由芝堰、花墩2个自然村组成，村域面积12.44平方公里，其中森林面积约900余亩，耕地面积474亩。现有人口460户，1450人，以陈姓为主。村内林业生产有杉木、松木、毛竹、油桐籽、茶叶等，粮食作物以水稻、大小麦为主，经济作物有高山冷水茭白、杭白菊、玳玳花等。芝堰村始建于南宋淳熙年间，迄今已有850余年的历史，因陈氏家族聚居发展而成。据《芝溪陈氏家谱》记载，芝堰村始祖睦伯大经公，宋高宗时扈跸南渡，侨居安吉江渚。南宋绍兴间，因守睦郡，遂徙汾阳柏江（今桐庐分水）。娶何氏，生子二：长湛，次滴；其后，携次子滴徙兰邑徐源，后人（五世）遂家建邑山口（今兰溪芝堰）。芝堰，旧名芝溪，因溪涧山峦盛产灵芝，故名。发源于建德的马目溪，汇流入甘溪，溪上有九潭十堰，慢慢地人们就将其叫成了芝堰。芝堰村坐落在长长的山谷之口，东、西、北为低山环抱，山岭崇峻，地势险要，以其独特的地理位置，成为交通要冲。村内现存古建筑数量多，年代久远，结构精美，保存完整，至今尚有70余幢规模较大的元、明、清、民国四个时期的建筑和一条古街，形成“九堂一街”的格局，被誉为“四朝建筑瑰宝村”

续表

序号	村名	简介
13	浦江县嵩溪村	嵩溪村位于金华浦江县东北部白马镇境内，地处鸡冠岩麓，距镇政府驻地5公里。现有人口1053户，2895人。嵩溪自唐迄宋有季姓、夏姓等居民在此居住；南宋初，嵩溪徐氏始迁祖徐金由乡贡授诸暨签判，赴任道经嵩溪源口，望山势如龙起伏，左右互卫，进村见两水夹镜，双桥垂虹，游览竟日，觉风水远胜于旧居，任满遂卜居焉。宋末元初，邵正鸾慕嵩溪山水之胜，自桐庐迁居嵩溪。明初，柳寘从柳宅隐居嵩溪。清中后期，王、潘、褚相继迁来。到今天已有18个姓氏定居嵩溪。嵩溪村以源出高而峻的鸡冠岩清流“嵩溪”而得名。正南的大源、东南的东坞源双流终年溪水潺潺，到村边即为前溪（明溪）、后溪（暗溪）穿村而过，在村口桥亭汇成一流，蜿蜒而南注入浦阳江。后溪上建桥，桥上建房，每隔一段留有“取水口”，溪底大石铺就，小溪若隐若现，宛如“坎儿井”，景色独异
14	金东区琐园村	琐园村位于金华金东区澧浦镇北部，北靠义乌江，与湖北村相邻，西面与江滩村接壤，东面与泉塘村交界，南面与毛里村相邻。金华、义乌、东阳（简称金义南线）快速公路穿村而过，是村庄与外界联系的最主要道路，距镇政府1公里，距金华城区约10公里，交通便捷，区位优势明显。全村村域面积为1.4平方公里，其中耕地面积900多亩，水域面积200亩，山林面积1500亩。现有人口480户，1280人，以严姓为主。村民主要以苗木种植、手工艺和养殖业为主。琐园村为汉代名士严子陵后裔聚居地。明万历年间，严氏六十一世孙严守仁自孝顺镇严店村迁入居住，后发族形成村落，已有400多年的历史。《清湖严氏宗谱》载，孝顺镇严店村严氏系水患由睦州（建德）严家滩迁徙而来，为严子陵三十四代孙，直至今日以发展到第七十三代。村落地处“龙背”，极似一把吉祥金锁，由此得名“锁园”。经数百年后，后人觉得“锁”有封闭保守之意，而“琐”字主要指玉之声或官之门，加上古时“琐”与“锁”又可通用，为图吉利，于是就改为“琐园”，一直沿用至今
15	金东区蒲塘村	蒲塘村位于金华中部金东区澧浦镇境内，原蒲洪乡政府所在地。距金华市区10公里，现有人口630户，1505人。村落三面浅山坡环抱，一面清水池塘环绕，俗称“燕儿窝”。村落旧时拥有“一祠一阁四寺庙十堂楼”，现除寺庙大部分毁，其余古建筑尚存，如王氏宗祠、文昌阁、三省堂、九如堂、五份厅等。五代及北宋开国大将邠国公王彦超致仕后，隐居义乌凤林（尚阳），为凤林王氏南迁始祖。其第十二世王世宗自义乌下强迁居金华栗山（蒲塘），距今约900年。其王氏后裔与南宋丞相王淮、经学家王柏、宋末状元王珑泽、明初文臣先烈王祎同宗
16	东阳市蔡宅村	蔡宅村位于金华东阳市东北部虎鹿镇境内，东临白鹿尖（鹿峰），西依大岩尖（虎峰），北与岭诀、蒋村桥毗邻，南与坑口、岱鲁接壤。距东阳市区35公里，S310省道和甬金高速分别从村东村西经过。蔡宅村由蔡宅、隔塘、楼村、新庄、西坞塘5个自然村组成，村域面积8平方公里，其中耕地面积1797亩，山林2000余亩。现有人口1286户，3804人，以蔡姓为主，是东阳蔡姓聚居的第一大村。蔡氏源出周文王第五嫡子蔡叔度，武王时受封于蔡（今河南上蔡），即为氏。至七十六世蔡用元公仕唐为司空，世居河南固始。《鹿峰蔡氏宗谱》记载：“吾祖乾三府君，在唐光启元年（公元885年）由河南固始避乱入闽。分处仙游、莆田。后至襄（字君谟）于宋天圣八年（1030年）举进士，治平间拜端明殿学士，其弟高（字君山），中景三年（1036年）进士。子孙迁于浙江温州。吾祖季远公（蔡照）由温州平阳举解省闱，授东阳县主簿，遂家于东阳。”元朝时，蔡氏为邑内名门望族，元至元二十一年（1284年），鹿峰蔡氏先祖蔡德泽择地上场（今蔡宅后街），携子孙迁居于此，繁衍生息，已有800年历史。唐、宋、元、明隶属永宁乡，清属宁寿镇，民国二十一年（1932年）设蔡宅镇。中华人民共和国成立后成立蔡宅乡，1956年后并入虎鹿乡

续表

序号	村名	简介
17	义乌市缸窑村	缸窑村位于金华义乌市义亭镇境内，现有人口460户，960人，村民有陈、冯、李、贾等多个姓氏。缸窑村源于烧窑制缸。史料记载，早在汉代时期，义乌就有了陶器生产，而在缸窑就曾出土过汉代陶器。窑工之所以选择这片土地，是因为其周边有天然的地理条件和丰富的陶土资源。最早在缸窑办窑厂的是邻近的杭畴村村民，早出晚归，时间久了觉得不便，就在厂址附近平了地基，建了房屋，定居下来。缸窑陈氏一始祖为东阳入赘义乌的杭畴王氏陈椿（1102—1190）。自清乾隆年间从杭畴迁至缸窑的第一户陈氏移民起，至今已在缸窑繁衍了10代，人数500左右，成为村中人口最多的姓氏。南宋建炎年间，冯仪为避兵乱，自东阳迁居蒲墟（今赤岸），为赤岸孝冯一世祖。赤岸孝冯第十九世涵光（1692—1766）来到何店村迎娶新娘，钟情杭畴山水，就从赤岸迁徙杭畴辟荒定居，繁衍后代，从此义乌江畔的杭畴延伸了赤岸孝冯的一支，为杭畴孝冯第一代，也即今杭畴、缸窑、葛仙三村冯氏始祖，历清康熙、雍正、乾隆三代。涵光生三子。缸窑冯氏均为涵光长子远哲次子高佐（赤岸二十一世、杭畴第三代）后裔。孝冯洋字行的恒清（1880—1930）、恒魁（1895—1960）、恒良（1899—1938）是杭畴孝冯宗谱所载最早从杭畴迁居缸窑的子孙，是缸窑孝冯老字辈。冯氏举家迁至缸窑，子孙与陈氏联姻，世代繁衍。西篁李氏始祖李骍，来自江东街道的鲇溪。华川李氏宗谱记载：李骍“住鲇溪分西王”。民国《义乌县志》记载：“西篁，李姓，明朝嘉靖年间，李骍由鲇溪迁。”李骍生于明正德十六年（1521年）十二月初四，娶陈氏，生四子。第三子伯玕生无滓、无汲二子。从无滓、无汲开始，谱系里独自分编为华川李氏西篁村一支。如今生活在西篁和缸窑的李氏，均为骍之第三子伯玕幼子无汲后裔。贾氏原居住在上溪镇岩口旁，与贾伯塘村辈分一样，应同出一源。1958年因水库迁徙到上溪镇后溪村。1960年塘坵村21户人口在缸窑落户，伯池贾氏增列于缸窑几个大姓之中
18	婺城区寺平村	寺平村位于金华婺城区汤溪镇九峰山景区北麓，地处浙中金衢盆地。距市区30公里，距杭金衢高速公路金华西出入口8公里。村域面积6.25平方公里，其中耕地面积1700余亩，旱地1000多亩。现有人口749户，1970人，为戴氏聚族而居村落。据《兰溪溪东戴氏宗谱》记载，戴氏先祖第八代庚三公者，从元末明初（1359—1377）迁居于此，安家置业，世代繁衍，距今已有700多年历史。村落坐北朝南，面对九峰山，西依兰源溪。村落建筑依地势南高北低建造，村东部的七座山丘寓意天体东方七宿，村落布局呈半月状，称之为“七星伴月”。寺平先辈们依据七星方位，分别在村内建造七座宏伟的厅堂，上应星宿，下合地势，内含意蕴，形成北斗七星图案
19	永康市厚吴村	厚吴村位于金华永康市南陲前仓镇境内，南与缙云县接壤，北与后郑村比邻，东接前仓村，西连荆州村，县道下前线穿村而过。南溪西来潆洄东北，屏山耸翠拱卫其南，西临沃野旷阔丰腴，是典型的傍山依水的南丘陵谷地村落。距永康市区15公里，距前仓镇政府所在地2公里。村域面积2.45平方公里，其中耕地2513亩。现有人口1078户，3178人，是永康市最大的行政村。据《屏山庆堂吴氏宗谱》第一次修谱谱序《送宗亲全谱归永康武平序》载：“昭卿公者偕伯父洎公之永康任承奉郎事，见南乡武平屏山耸翠，碧湍潆清，有桂里风，至嘉定丁丑携家而托处焉。”厚吴吴氏始祖昭卿公随当时任永康承奉郎的伯父吴洎到永康任所，途中看到屏山苍松秀挺，碧水潆清，和老家仙居杜里相像。于是在南宋嘉定十年（1217年）携家人徙居于此。据此推算，厚吴建村已近八百年历史。后来昭卿公幼子吴仲诚徙居县西吴坑，长孙吴戚徙居县东厚唐弄，昭卿公也是永康吴姓之祖

续表

序号	村名	简介
20	武义县俞源村	俞源村位于金华武义县西南部俞源乡境内，地处括婺界，连接婺州和处州，距离县城 20 公里。村域面积 2.6 平方公里，现有人口 700 余户，1830 人，以俞、李二姓为主。历史上行旅往来、商贩集散，一度店铺鳞集骈立，经济繁荣，成为重镇。村落四周群山环抱，发源于九龙山的小溪自东向西流经村庄。村落依据刘伯温“太极星象”理念规划而建，村口设有巨型太极八卦图，村中布有“七星塘”“七星井”。村内古建筑保存完整，民居以三合院、四合院为主，宗祠、庙宇、厅堂、书院、古桥等建筑功能齐全，装饰考究
21	磐安县横路村	横路村位于金华磐安县东北部胡宅乡境内，是县域内现存规模较大、保存较完整的古村落。横路历来是磐安与新昌交通要道，磐新公路依村南而过，交通便利。村域面积 3.2 平方公里，其中耕地面积 564 亩，山林 2798 亩。现有人口 492 户，1304 人。北宋理学家周敦颐后裔周若泗于元至正年间始迁开基创业，在清康熙、乾隆年间形成村落格局，以乌石街、乌石古民居而闻名。村中乌石老街长 400 米，纵横小巷长达千米。老街上下 13 座三合院，均为乌石砌筑。村南有“太极峡谷”，山环水曲，阴阳两仪，浑然天成。周敦颐曾写过《太极图说》理学，这所谓“人文得其理，山水得其形”。横路村名于澄溪古道有紧密联系。村南有一小溪，形如藤，取名“藤溪”，后为书写方便，而沿用“澄溪”两字，村名最早时取“澄溪周村”。澄溪古道南北走向，其中有一段长 183 米，宽 2.2 米，台阶全用乌石条整齐叠砌而成，与横路村乌石老街衔接，保存完好。古时，通尖山、走新昌的路从村后山腰通过，经山坞岗下飞凤山，道路崎岖陡峭，很难行走。先祖周太瑞提出修建道路，架设澄溪桥，修筑澄溪岭，路面铺石板、石块，村后路改为村中过。因穿村而过的那段路是横向而出，人们称它为“横路”，后来“横路”就成了村名
22	江山市南坞村	南坞村位于衢州江山市南部凤林镇境内，距离市区 35 公里，与江西广丰县、玉山两县相毗邻。村域面积 9.2 平方公里。现有人口 728 户，2668 人。南坞村原名叫“南峰村”，自南宋理宗端平二年（1235 年），杨氏七十九世宋御史尹中公始迁南峰，至今已有 800 年的历史。东周时期，唐叔虞后裔藏，字伯齐，号尚父，封杨侯，因以为姓。自此杨氏生生不息，洋洋大观。最显赫者三十九世杨坚为隋朝开国皇帝。东晋安帝时会稽太守、南抚越大将军、信安侯向公家于衢。唐中宗时（公元 684 年），五十八世中议大夫谭公居江山镇安（今石门）。六十九世珠公居齐礼乡泗潭，七十五世永丰县尉师叔公迁杨秀坞。南宋端平二年（1235 年），七十九世宋御史尹中公（1206—1266）中进士，任河南监察御史发觉居地“杨秀坞”地狭人稠不利族人今后生活生产发展，便四处觅见宜居之地，后找到四面青山环抱，溪水淙淙，风景秀丽的宝地乃迁居南峰，是为南坞建村之始
23	柯城区双溪村	双溪村位于衢州柯城区以北约 25 公里处石梁镇境内，毗邻常山县、七里乡，地处国家级森林公园、桃源七里 AAAA 级景区地带。七里源、张西源两条溪汇集而成，故名双溪村。由寺桥、张西、大源山 3 个自然村合并而成。现有人口 475 户，1475 人。由于寺桥水库修建，大源山自然村已全部搬迁安置于镇区。张西自然村原名西坑村，历史源远流长，据张氏家谱记载，汉朝留侯张良第三十四代孙张士洪、张益超兄弟为继承先祖意愿，与白云山书院修炼业绩结缘，并于清康熙三十八年（1699 年）从闽上杭县白沙镇迁徙衢西胜堂源西坑，繁衍至今已有 300 余年历史。张西村落四周群山环抱，高山叠翠，白菊花溪、凉亭岗溪和石鼓溪三支溪流于村北汇流，民房逐水而建，高低错落，别有情致

续表

序号	村名	简介
24	常山县金源村	金源村位于衢州常山县城东北部东案乡境内，东与柯城区沟溪乡接壤，西和芳村镇相邻，南与呈东村交界，北与高峰村交界。距离常山县城21.8公里，506县道（即胡柚大道）从村内南北向穿过，为村落对外联系主要通道，是国家AAAA级景区梅树底旅游线路上的重要节点。金源村由高角、底角、外宅、后宅4个自然村组成，村域面积约10平方公里，其中山林面积12500亩，耕地1205亩。现有人口818户，2395人，村民多为王姓。村内经济作物以柑橘、胡柚、茶子为主。金源村旧称上源，因村临上源溪上游东岸，并有水源穿村而过，故而得名。其历史可推算至北宋宣和年间，是一个具有800多年历史的古村落。据清光绪《常山县志》和《王氏家谱》记载，北宋末年方腊起义，天下大乱，王汉之直系元孙王翰从章舍迁此安居。王翰生有三子：王仲恭、王仲仁、王仲礼，南宋庆元五年（1199年）进士王一非就是王仲礼长子
25	开化县霞山村	霞山村位于衢州开化县东北部马金镇境内，地处浙皖赣三省交界的钱塘江源头马金盆地北缘，三面山峦环护，峰峦翠叠。205国道贯穿村西，淳开公路在村东北通过，向南2.5公里的马金互通口可上京台高速，交通便捷。村南马金溪环绕，古时通过水路乘木船撑木排可直达杭州。陆路有徽开古驿道穿村而过。村域面积5.4平方公里，其中耕地1239亩，林地5213亩。现有人口745户，2343人，以郑姓为主。北宋皇祐四年（1052年），三国东吴大将开国公郑平的二十五世孙、唐颍州刺史开化郑氏始祖郑元璹的十三世孙、北宋天禧三年（1019年）榜进士、淮阳令、霞山郑氏始迁祖郑慧，为避祸，自孤峦（今开化音坑乡青山头村）迁来丹山（今霞山村对面石壁山底）居住，传三世至郑律，因北宋元丰六年（1083年）洪水毁村，而迁五垅山庄（即现址），因见霞蒸丹山、紫气氤氲，故名霞山。是时隶属崇化乡，元时属九都，明、清时仍属崇化乡，民国时期属振新乡。中华人民共和国成立后，建政时称霞山乡，霞山村即为乡政府驻地。2005年，霞山乡并入马金镇，霞山村属之。历史上，霞山村是钱塘江源头最大的木材集散地和开化通往徽州的重要交通驿道、商埠。同时，霞山与古徽州地缘接近，南宋以来，两地民间学人、商人、工匠频繁交流，霞山古村落、老街形成发展，现霞山保存着明清和民国时期的古建筑300多幢
26	龙游县泽随村	泽随村位于衢州龙游县北塔石镇境内，东邻柯泉村禾横山镇，南与塘里村连接，西靠十里丰农场，北临衢江区大路口村，距龙游县城20公里，至高速公路龙游北出口6公里，公路四通八达，交通便利。村域面积7平方公里，其中耕地3895亩，山林5413亩，生态林3000亩。原为泽随乡、镇政府驻地，2005年撤销泽随镇，现属塔石镇，由上坪、尖山、瓦窑山、窑头、寡妇殿5个自然村组成，现有人口986户，3047人，是龙游县第一大村。据龙游县志记载，泽随徐氏始祖徐文宁公（1270—1323）于元至元三十一年（1294年）狩猎至此，爱犬不停摇着尾巴，卧地不肯走，文宁公预感到此处可能是宝地，故从峡口后山迁居于此。后又占得“泽雷随”一卦，是随遇而安宜居之地，故以泽随名其村，至今已有720余年。据《民国县志·氏族考》记载：“文宁，字孔安，本居西安之峡山，性嗜山水，元大德间，曾游龙游诸山，至两县交界处，相阴阳，观流泉，而宅居焉，占之得‘泽雷随’，因以泽随名其村。按‘随’为《易经》卦名，震下兑上，卦词有‘泽雷随’之语。泽随系取首尾二字而来。”村落地势由西北向东南倾斜，左有大乘山，右有豸屏山（真武山），村内有山名“珠峰”，而脚下即是一颗龙珠，东西两山之水环绕村后向南汇入衢江，两溪与“珠峰”形成“双龙戏珠”之势
27	龙泉市官埔垟村	官浦垟村位于丽水龙泉市兰巨乡境内，地处国家级自然保护区凤阳山北麓，距龙泉市区21公里，通景公路安豫线穿村而过，是国家AAAA级景区龙泉山的必经之地。

续表

序号	村名	简介
27	龙泉市 官埔垟村	村域面积14.93平方公里，其中山林面积19900亩，耕地面积555亩，平均海拔600米。由官浦垟、粗坑、夏边、沙田4个自然村组成，现有人口253户，779人。民居依山而建，傍水而居，错落有致。村内还保存有摩崖石刻、古栈道、古银矿洞、古寺庙等历史文化遗迹
28	遂昌县 独山村	独山村位于丽水遂昌县焦滩乡境内，地处遂昌西部山区九龙山麓乌溪江畔，现有独山、渡船头、蟠龙、抱鸡弄、板角、塘坑、塘坑头等10个自然村，现有人口262户，720人，姓氏共有28个姓，以叶姓为主。独山村前天马山孤峰独立而名独山，村庄以山而名。天马山南北两端寨墙拱卫，古道由寨门出入，形势险要，被称为“深山古寨”。几百年来，独山村仍保留着古朴的风貌，村中有叶氏宗祠、葆守祠、古井、寨门、牌坊等历史文化古迹，凸显出浙西山区村落建筑特色
29	缙云县 河阳村	河阳村位于丽水缙云县西北部的新建镇境内，西北与岩山下村毗邻，东南与韩畈村以黄碧山相隔，北与潘村搭界，东与玉溪村相连。属于丽水市缙云县仙都国家级名胜区内，距仙都核心景区16公里。距缙云县城15公里，距330国道外堰路口6公里，距金丽温高速公路缙云出口6公里。村域面积5.9平方公里，耕地1685亩，林地5378亩，鱼塘103亩。现有人口1200户，3655人，村民大都姓朱。主要农作物有水稻、马铃薯等；农副产品有麻鸭、香菇、茶叶、柑橘等。河阳村始建于五代末期，已有1100年左右历史。后唐明宗长兴三年（公元932年），原吴越国钱武肃王掌书记朱清源携弟朱清渊为避五季之乱，慕缙云山水之胜，在县西廿五里的中峰山下定居，繁衍生息，成为义阳朱氏聚居发源之地。因其祖籍河南信阳，为使朱氏后裔不忘祖宗根脉，故取名河阳。河阳村地处丘陵地区，东北背倚东溪山（金鸡山）、玉兔山，西南面朝中峰山，自古有“金鸡玉兔对翠云”的说法。村内至今保留宋、元时期“一溪两坑、一街五巷”的布局，现存街道格局较为完整，具有代表性的是河阳古街，现有长度150多米，宽3米左右不等，两侧多为店铺和民居，是河阳村于元代重建时定的中轴线，其左、右侧各有五条横巷与之错位相交，由而形成几块完整的居住街坊，各街坊中的古建筑集明、清、民国初期各个历史时期的风格为一体
30	缙云县 岩下村	岩下村位于丽水缙云县壶镇镇境内，地处括苍山山脉起源始峰，东邻仙居界，北接磐安县，距镇政府驻地15公里。村域面积4.5平方公里，现有人口229户，553人，以朱姓为主。岩下始祖朱国器在五代梁太祖年间，曾任山东淄州刺史，后因时局纷乱，被贬至温州永嘉任司户。次子朱时周游猎括苍南田，慕其山水秀丽，遂迁居南田。朱氏第第十八世孙朱谨之迁清口，明建文三年（1401年），朱姓第十九代朱庆从清口迁居岩下建村，距今已有600余年。因村落坐落于巍峨险峻的百丈岩下，故名为岩下。村落以石头垒筑而成，依山傍水，呈点状散列，被葱郁劲竹、山间林海所环绕。石头建筑疏密有间、错落有致，石屋、石桥、石道古朴粗犷，别具一格

参考文献

1. 史志文献

[1] 钱塘江志编纂委员会 . 钱塘江志 [M]. 北京：方志出版社，1998.

[2] 刘效伯，等 . 诸暨县志 [M]. 杭州：浙江人民出版社，1993.

[3] 侠父村志编纂委员会 . 侠父村志 [M]. 长春：吉林文史出版社，2020.

[4] 诸葛村志编纂委员会 . 诸葛村志 [M]. 杭州：西泠印社出版社，2013.

[5] 周增辉 . 藏绿周氏志 [M]. 杭州：浙江古籍出版社，2018.

[6] 余茂法 . 中国历史文化名村：冢斜村 [M]. 杭州：西泠印社出版社，2011.

[7] 雷国强，雷宁 . 千年古村山下鲍 [M]. 北京：中国书店，2017.

[8] 叶朝海 . 乡愁记忆：江山古村落 [M]. 北京：中国文史出版社，2016.

[9] 柴俊树 . 清湖码头传说 [M]. 杭州：浙江古籍出版社，2017.

[10] 义乌丛书编纂委员会 . 走进缸窑 [M]. 上海：上海人民出版社，2017.

[11] 刘鑫 . 文化芝堰 [M]. 北京：团结出版社，2014.

[12] 罗兆荣 . 独山古寨 [M]. 北京：中国戏剧出版社，2012.

[13] 唐桓臻 . 武义村庄故事 [M]. 北京：中国文史出版社，2016.

[14] 周泉渊 . 丰江周村志 [M]. 至一堂图文工作室，2013.

[15] 朱文凤 . 金竹探源 [M]. 缙云县金竹历史文化研究会，2017.

[16] 朱希光 . 茜溪文脉 [M]. 浙江省浦江茜溪人文学会，2013.

2. 专著

[1] 萨尔瓦多・穆尼奥斯・比尼亚思 . 当代保护理论 [M]. 张鹏，张怡昕，吴霄婧，译 . 上海：同济大学出版社，2012.

[2] 肯尼思・弗兰姆普敦 . 建构文化研究：论 19 世纪和 20 世纪建筑中的建造诗学 [M]. 王骏阳，译 . 北京：中国建筑工业出版社，2007.

[3] 诺伯舒兹 . 场所精神：迈向建筑现象学 [M]. 施植明，译 . 武汉：华中科技大学出版社，2010.

[4] 刘易斯・芒福德 . 城市发展史：起源、演变和前景 [M]. 宋俊岭，倪文彦，译 . 北京：中国建筑工业出版社，2005.

[5] 路易斯・亨利・摩尔根 . 古代社会 [M]. 杨东莼，马雍，马巨，译 . 北京：商务印书馆，2012.

[6] 埃比尼泽・霍华德 . 明日的田园城市 [M]. 金经元，译 . 北京：商务印书馆，2000.

[7] 凯文・林奇 . 城市意象 [M]. 方益萍，何晓军，译 . 北京：华夏出版社，2017.

[8] 芦原义信 . 外部空间设计 [M]. 尹培桐，译 . 北京：中国建筑工业出版社，1985.

[9] 芦原义信 . 街道的美学 [M]. 尹培桐，译 . 天津：百花文艺出版社，2006.

[10] 扬・盖尔 . 交往与空间 [M]. 何人可，译 . 北京：中国建筑工业出版社，2002.

[11] 彼得·阿特斯兰德．经验性社会研究方法 [M]. 李路路，林克雷，译．北京：中央献出版社，1995.
[12] 段义孚．空间与地方：经验的视角 [M]. 王志标，译．北京：中国人民大学出版社，2017.
[13] 陈寅恪．陈寅恪先生文集（第 2 卷）[M]. 上海：上海古籍出版社，1980.
[14] 王国维．静庵文集续编·宋代之金石学 [M]// 王国维．王国维遗书 5. 上海：上海古籍出版社，1983.
[15] 冯天瑜，何晓明，周积明．中华文化史（珍藏版）[M]. 上海：上海人民出版社，2015.
[16] 王建革．江南环境史研究 [M]. 北京：科学出版社，2016.
[17] 吕思勉．中国通史（上）[M]. 北京：中国文史出版社，2015.
[18] 葛剑雄．黄河与中华文明 [M]. 北京：中华书局，2020.
[19] 夏建中．文化人类学理论学派 [M]. 北京：中国人民大学出版社，1997.
[20] 陈华文．文化学概论新编（第四版）[M]. 北京：首都经济贸易大学出版社，2019.
[21] 罗昌智．浙江文化教程 [M]. 杭州：浙江工商大学出版社，2009.
[22] 张庆宁．世界大河流域的开发与治理 [M]. 北京：地质出版社，1993.
[23] 陈修颖，孙燕，许卫卫．钱塘江流域人口迁移与城镇发展史 [M]. 北京：中国社会科学出版社，2009.
[24] 符宁平，闫彦．浙江八大水系 [M]. 杭州：浙江大学出版社，2009.
[25] 周膺，吴晶．钱塘江物语 [M]. 杭州：浙江大学出版社，2019.
[26] 陆小赛 .16–18 世纪钱塘江流域建筑构件及其装饰艺术 [M]. 杭州：浙江大学出版社，2013.
[27] 陈国灿．南宋城镇史 [M]. 北京：人民出版社，2009.
[28] 裴安平．中国史前聚落群聚形态研究 [M]. 北京：中华书局，2014.
[29] 郑度．地理区划与规划词典 [M]. 北京：中国水利水电出版社，2012.
[30] 刘文英．中国古代时空观念的产生和发展 [M]. 上海：上海人民出版社，1980.
[31] 浙江省住房和城乡建设厅．留住乡愁：中国传统村落浙江图经 [M]. 杭州：浙江摄影出版社，2016.
[32] 费孝通．乡土社会 [M]. 北京：中华书局，2013.
[33] 费孝通．乡土中国 生育制度 [M]. 北京：北京大学出版社，1998.
[34] 费孝通．江村经济 [M]. 上海：上海世纪出版集团，2007.
[35] 吴良镛．中国人居史 [M]. 北京：中国建筑工业出版社，2015.
[36] 吴良镛．人居环境科学导论 [M]. 北京：中国建筑工业出版社，2001.
[37] 吴良镛，等．人居环境科学研究进展（2002–2010）[M]. 北京：中国建筑工业出版社，2011.
[38] 刘滨谊，等．人居环境研究方法论与应用 [M]. 北京：中国建筑工业出版社，2016.
[39] 曹锦清，张乐天，陈中亚．当代浙北乡村的社会文化变迁 [M]. 上海：上海人民出版社，2019.
[40] 徐杰舜，刘冰清．乡村人类学 [M]. 银川：宁夏人民出版社，2012.
[41] 国家文物局，等．国际文化遗产保护文件选编 [M]. 北京：文物出版社，2007.
[42] 雷家宏．中国古代的乡里生活 [M]. 商务印书馆，2017.
[43] 冯骥才．关于建议重要的古村镇抓紧建立小型博物馆的提案 [M]// 冯骥才．文化诘问，北京：文化艺术出版社，2013.
[44] 胡彬彬．中国村落史 [M]. 北京：中信出版社，2021.
[45] 丁俊清，杨新平．浙江民居 [M]. 北京：中国建筑工业出版社，2009.
[46] 杨新平，等．浙江古建筑 [M]. 北京：中国建筑工业出版社，2015.
[47] 陈桂秋，丁俊清，余建忠，程红波．宗族文化与浙江传统村落 [M]. 北京：中国建筑工业出版社，2019.
[48] 曹昌智，姜学东，吴春，等．黔东南州传统村落保护发展战略规划研究 [M]. 北京：中国建筑工业出版社，2017.

[49] 杨贵庆 . 乌岩古村——黄岩历史文化村落再生 [M]. 上海：同济大学出版社，2016.
[50] 李立 . 乡村聚落：形态、类型与演变 [M]. 南京：东南大学出版社，2007.
[51] 郭海鞍 . 文化与乡村营建 [M]. 北京：中国建筑工业出版社，2020.
[52] 刘磊 . 中原传统村落开发中的参数化空间肌理解析与重构技术 [M]. 南京：东南大学出版社，2019.
[53] 吴必虎，等 . 中国传统村落概论 [M]. 深圳：海天出版社，2020.
[54] 崔峰，王丽娴，张光明 . 吴越传统村落 [M]. 深圳：海天出版社，2020.
[55] 周乾松 . 中国历史村镇文化遗产保护利用研究 [M]. 北京：中国建筑工业出版社，2015.
[56] 张东 . 中原地区传统村落空间形态研究 [M]. 北京：中国建筑工业出版社，2017.
[57] 黄源成 . 历史赋能下的空间进化：多元文化交汇与村落形态演变 [M]. 厦门：厦门大学出版社，2020.
[58] 浦欣成 . 传统乡村聚落平面形态的量化方法研究 [M]. 南京：东南大学出版社，2013.
[59] 曹山明，苏静 . 中国传统村落与文化兴盛之路 [M]. 南京：江苏凤凰科学技术出版社，2021.
[60] 过伟敏，罗晶 . 南通近代“中西合璧”建筑 [M]. 南京：东南大学出版社，2015.
[61] 施俊天 . 诗性：当代江南乡村景观设计与文化理路 [M]. 杭州：中国美术学院出版社，2016.
[62] 段进，揭明浩 . 世界文化遗产宏村古村落空间解析 [M]. 南京：东南大学出版社，2009.
[63] 倪琪，王玉 . 中国徽州地区传统村落空间结构的演变 [M]. 北京：中国建筑工业出版社，2014.
[64] 彭一刚 . 传统村镇聚落景观分析 [M]. 北京：中国建筑工业出版社，1994.
[65] 刘沛林 . 家园的景观与基因：传统聚落景观基因图谱的深层解读 [M]. 北京：商务印书馆，2014.
[66] 孙炜玮 . 乡村景观营建的整体方法研究——以浙江为例 [M]. 南京：东南大学出版社，2016.
[67] 陈志华，李秋香 . 中国乡土建筑初探 [M]. 北京：清华大学出版社，2012.
[68] 王冬 . 族群、社群与乡村聚落营造——以云南少数民族村落为例 [M]. 北京：中国建筑工业出版社，2012.
[69] 赵之枫 . 传统村镇聚落空间解析 [M]. 北京：中国建筑工业出版社，2015.
[70] 周政旭 . 形成与演变：从文本与空间中探索聚落营建史 [M]. 北京：中国建筑工业出版社，2016.
[71] 伍国正 . 湘江流域传统民居及其文化审美研究 [M]. 北京：中国建筑工业出版社，2018.
[72] 汪欣 . 传统村落与非物质文化遗产保护研究：以徽州传统村落为个案 [M]. 北京：知识产权出版社，2014.
[73] 屠李 . 皖南传统村落的遗产价值及其保护机制 [M]. 南京：东南大学出版社，2019.
[74] 周建明 . 中国传统村落——保护与发展 [M]. 北京：中国建筑工业出版社，2014.
[75] 陈继军，等 . 传统村落保护与传承适宜技术与产品图例 [M]. 北京：中国建筑工业出版社，2019.
[76] 刘奔腾 . 历史文化村镇保护模式研究 [M]. 南京：东南大学出版社，2015.
[77] 郭崇慧 . 大数据与中国古村落保护 [M]. 广州：华南理工大学出版社，2017.
[78] 赵勇 . 中国历史文化名镇名村保护理论与方法 [M]. 北京：中国建筑工业出版社，2008.
[79] 李培林 . 村落的终结——羊城村的故事 [M]. 北京：商务印书馆，2004.
[80] 刘沛林 . 古村落：和谐的人聚空间 [M]. 上海：上海三联书店，1997.
[81] 葛荣玲 . 东南地区的村寨景观：历史、想象与实践 [M]. 厦门：厦门大学出版社，2016.
[82] 吴盈颖 . 乡村社区空间形态低碳适应性营建方法与实践研究 [M]. 南京：东南大学出版社，2017.
[83] 张沛，张中华，等 . 失落与再生：秦巴山区传统村落地方性知识图谱构建 [M]. 北京：社会科学文献出版社，2021.
[84] 周立军 . 东北传统村落及民居类型文化地理研究 [M]. 北京：中国城市出版社，2019.
[85] 宋建明 . 色彩设计在法国 [M]. 上海：上海人民美术出版社，1999.
[86] 柳冠中 . 事理学方法论（珍藏本）[M]. 上海：上海人民美术出版社，2019.

[87] 唐林涛 . 工业设计方法 [M]. 北京：中国建筑工业出版社，2006.
[88] 郑巨欣 . 浙江工艺美术史 [M]. 杭州：杭州出版社，2015.
[89] 李立新 . 设计艺术学研究方法（增订本）[M]. 南京：江苏凤凰美术出版社，2009.
[90] 杜栋，庞庆华，吴炎 . 现代综合评价方法与案例精选 [M]. 北京：清华大学出版社，2008.

3. 期刊论文

[1] 欧文・劳斯 . 考古学中的聚落形态 [J]. 潘艳，陈洪波，译 . 陈淳，校 . 南方文物，2007（3）：94-98+93.
[2] 吴良镛 . 人居环境科学的人文思考 [J]. 城市发展研究，2003（5）：4-7.
[3] 张乃和 . 发生学方法与历史研究 [J]. 史学集刊，2007（5）：43-50.
[4] 王明达 . 钱塘江流域的史前文化 [J]. 考古学研究，2012（4）：197-209.
[5] 徐建春 . 越国的自然环境变迁与人文事物演替 [J]. 学术月刊，2001（10）：87-90.
[6] 徐建春 . 浙江聚落：起源、发展与遗存 [J]. 浙江社会科学，2001（1）：7.
[7] 费国平 . 浙江余杭良渚文化遗址群考察报告 [J]. 东南文化，1995（2）：1-14.
[8] 陈明远，金岷彬 . 从甲骨文看史前的种植与耕作 [J]. 中国社会科学，2014（8）：31-51.
[9] 马新，齐涛 . 汉唐村落形态略论 [J]. 中国史研究，2016（2）：85-100.
[10] 王其全 . 钱塘江非物质文化遗产资源研究 [J]. 浙江工艺美术，2009（3）：83-95.
[11]《乡愁与记忆——江苏村落遗产的特色与价值》编写组 . 江苏省历史文化村落特色与价值研究 [J]. 中国名城，2018（10）：42-51.
[12] 冯淑华 . 基于共生理论的古村落共生演化模式探讨 [J]. 经济地理，2013（11）：155-162.
[13] 张倩 . 家国情怀的传统构建与当代传承——基于血缘、地缘、业缘、趣缘的文化考察 [J]. 学习与实践，2018（10）：129-134.
[14] 蔡骐 . 网络虚拟社区中的趣缘文化传播 [J]. 新闻与传播研究，2014，21（9）：5-23+126.
[15] 陈先达 . 当代中国文化研究的一个重大问题 [J]. 中国人民大学学报，2009（6）：2-6.
[16] 王竹，傅嘉言，钱振澜，徐丹华，郑媛 . 走近"乡建真实"从建造本体走向营建本体 [J]. 时代建筑，2019（1）：6-13.
[17] 王竹，钱振澜 . 乡村人居环境有机更新理念与策略 [J]. 西部人居环境学刊，2015（2）：15-19.
[18] 杨贵庆，开欣，宋代军，王祯 . 探索传统村落活态再生之道——浙江黄岩乌岩头古村实践为例 [J]. 南方建筑，2018（5）：49-55.
[19] 张松 . 作为人居形式的传统村落及其整体性保护 [J]. 城市规划学刊，2017（2）：44-49.
[20] 蔡凌 . 建筑—村落—建筑文化区：中国传统民居研究的层次与架构探讨 [J]. 新建筑，2005（4）：4-6.
[21] 杨小军，丁继军 . 传统村落保护利用的差异化路径——以浙江五个村落为例 [J]. 创意与设计，2020（3）：18-24.
[22] 李烨，何嘉丽，张蕊，王欣 . 钱塘江中游传统村落八景文化现象初探 [J]. 园林，2020（11）：56-61.
[23] 胡彬彬，邓昶 . 中国村落的起源与早期发展 [J]. 求索，2019（1）：151-160.
[24] 时琴，刘茂松，宋瑾琦，徐驰，陈虹 . 城市化过程中聚落占地率的动态分析 [J]. 生态学杂志，2008（11）：1979-1984.
[25] 罗德胤 . 中国传统村落谱系建立刍议 [J]. 世界建筑，2014（6）：104-107.
[26] 梁伟 . 浙江传统村落保护与发展研究 [M]// 中国城市规划学会 . 共享与品质——2018 中国城市规划年会论文集 . 北京：中国建筑工业出版社，2018：704-712.
[27] 于希贤，于洪，于涌 . 中国传统村落的风水地理特征 [J]. 旅游规划与设计，2015（3）：132-139.

[28] 朱启臻，芦晓春．论村落存在的价值 [J]. 南京农业大学学报（社会科学版），2011（11）：7-12.
[29] 刘声，李王鸣，方园．生态位视角下都市区村落养老价值评价体系研究 [J]. 浙江大学学报（理学版），2019，46（4）：503-510.
[30] 李智，张小林，李红波，范琳芸．基于村域尺度的乡村性评价及乡村发展模式研究——以江苏省金坛市为例 [J]. 地理科学，2017，37（8）：1194-1202.
[31] 卢松，陈思屹，潘蕙．古村落旅游可持续性评估的初步研究——以世界文化遗产地宏村为例 [J]. 旅游学刊，2010，25（1）：17-25.
[32] 邵甬，付娟娟．以价值为基础的历史文化村镇综合评价研究 [J]. 城市规划，2012，36（2）：82-88.
[33] 邵甬，付娟娟．历史文化村镇价值评价的意义与方法 [J]. 西安建筑科技大学学报（自然科学版），2012（10）：644-650+656.
[34] 李涛，陶卓民，李在军，魏鸿雁，琚胜利，王泽云．基于 GIS 技术的江苏省乡村旅游景点类型与时空特征研究 [J]. 经济地理，2014（34）：179-184.
[35] 唐黎，刘茜．基于 AHP 的乡村旅游资源评价——以福建长泰山重村为例 [J]. 中南林业科技大学学报，2014，34（11）：155-160.
[36] 李伯华，刘沛林，窦银娣，曾灿，陈驰．中国传统村落人居环境转型发展及其研究进展 [J]. 地理研究，2017（10）：1886-1900.
[37] 李伯华，曾灿，窦银娣，刘沛林，陈驰．基于“三生”空间的传统村落人居环境演变及驱动机制 [J]. 地理科学进展，2018（5）：677-687.
[38] 李伯华，郑始年，窦银娣，刘沛林，曾灿．“双修”视角下传统村落人居环境转型发展模式研究 [J]. 地理科学进展，2019（9）：1412-1423.
[39] 李伯华，罗琴，刘沛林，张家其．基于 Citespace 的中国传统村落研究知识图谱分析 [J]. 经济地理，2017（9）：207-214+232.
[40] 冯骥才．传统村落的困境与出路——兼谈传统村落是另一类文化遗产 [J]. 民间文化论坛，2013（1）：7-12.
[41] 蒲娇，姚佳昌．冯骥才传统村落保护实践与理论探索 [J]. 民间文化论坛，2018（5）：74-83.
[42] 史英静．从“出走”到“回归”——中国传统村落发展历程 [J]. 城乡建设，2019（22）：6-13.
[43] 康璟瑶，章锦和，胡欢，周珺，熊杰．中国传统村落空间分布特征分析 [J]. 地理科学进展，2016（7）：839-850.
[44] 向云驹．中国传统村落十年保护历程的观察与思考 [J]. 中原文化研究，2016（4）：94-98.
[45] 李建军．英国传统村落保护的核心理念及其实现机制 [J]. 中国农史，2017（3）：115-124+72.
[46] 胡最，刘沛林，邓运员，郑文武．传统聚落景观基因的识别与提取方法研究 [J]. 地理科学，2015（12）：1518-1524.
[47] 陈信，李王鸣．区域视角下传统村落组群风貌的空间特征——以丽水传统村落为例 [J]. 经济地理，2016（10）：185-192.
[48] 俞孔坚，奚雪松，李迪华，李海龙，刘柯．中国国家线性文化遗产网络构建 [J]. 人文地理，2009（3）：11-16.
[49] 俞孔坚．世界遗产概念挑战中国：第 28 届世界遗产大会有感 [J]. 中国园林，2004（11）：68-70.
[50] 潘鲁生，李文华．中国传统村落保护与发展探析——基于八省一区田野调查的实证研究 [J]. 装饰，2017（11）：14-19.
[51] 王小明．传统村落价值认定与整体性保护的实践和思考 [J]. 西南民族大学学报（人文社会科学版），2013，34（2）：156-160.
[52] 鲁可荣，胡凤娇．传统村落的综合多元性价值及其活态传承 [J]. 福建论坛（人文社会科学版），

2016（12）：115-122.

[53] 汪瑞霞．传统村落的文化生态及其价值重塑 [J]. 江苏社会科学，2019（4）：213-223.

[54] 业祖润．传统聚落环境空间结构探析 [J]. 建筑学报，2001（12）：21-25.

[55] 彭琳，赵立珍．参与式综合社区规划途径下的村庄规划办法探索——以漳州市长泰县高濑村为例 [J]. 小城镇建设，2016（12）：64-71.

[56] 渠岩．艺术乡建：许村家园重塑记 [J]. 新美术，2014（11）：76-87.

[57] 何思源．守护乡村记忆：传统村落建档研究 [J]. 档案学研究，2017（5）：49-53.

[58] 黄迪，韩灵雨．浙江省传统村落调研资料数据库的建立与应用研究 [J]. 中国管理信息化，2017（5）：213-215.

[59] 刘渌璐，肖大威，张肖．历史文化村落保护实施效果评估及应用 [J]. 城市规划，2016，40（6）：94-98+112.

[60] 王勇，周雪，李广斌．苏南不同类型传统村落乡村性评价及特征研究——基于苏州 12 个传统村落的调查 [J]. 地理研究，2019（6）：1311-1321.

[61] 曲凯音．我国传统村落的历史生成 [J]. 学术探索，2017（1）：74-80.

[62] 胡燕，陈晟，曹玮，曹昌智．传统村落的概念和文化内涵 [J]. 城市发展研究，2014（1）：10-13.

[63] 孙华．传统村落的性质与问题——我国乡村文化景观保护与利用刍议之一 [J]. 中国文化遗产，2015（4）：50-57.

[64] 徐小波，钟栎娜．旅游导向型乡村社区可持续再生：旧问题的新思路 [J]. 旅游与规划设计，2015（3）：24-39.

[65] 郑曙旸．中国环境设计研究 60 年 [J]. 装饰，2019（10）：12-19.

[66] 许斌．复兴：20 世纪 80 年代以来的中国村落社区研究 [J]. 北京科技大学学报（社会科学版），2009（1）：1-5.

[67] 李霄鹤，兰思仁．基于 K-modes 的福建传统村落景观类型及其保护策略 [J]. 中国农业资源与区划，2016（8）：142-149.

[68] 黎洋佟，田靓，赵亮，单彦名．基于 K-modes 的北京传统村落价值评估及其保护策略研究 [J]. 小城镇建设，2019（7）：22-29.

[69] 宋建明．当“文创设计”研究型教育遭遇“协同创新”语境——基于“艺术 + 科技 + 经济学科”研与教的思考 [J]. 新美术，2013，34（11）：10-20.

[70] 宋建明．人文关怀与美丽乡村营造 [J]. 新美术，2014，35（4）：9-19.

[71] 杨小军，宋建明，叶湄．基于情境需求的乡村养老空间环境包容性营造策略 [J]. 艺术教育，2019（3）：193-195.

[72] 张小燕，杨小军．基于景观价值评价的山地传统村落空间设计研究 [J]. 美术教育研究，2021（23）：108-110+113.

[73] 杨小军，顾宏圆，丁继军．浙江省历史文化村落保护利用建设绩效评价及运用 [J]. 创意与设计，2022（1）：43-55.

后　记

传统村落是人类聚居的一种类型，是中国农耕文明的重要遗产，承载着丰富的乡土物质文化和非物质文化要素，拥有多样的乡村生活、生产、生态风貌，具有重要的历史价值、艺术价值、文化价值和社会价值。流域作为连接自然生态系统与人类社会活动的关键地理单位，其重要性日益凸显。探索特定流域内聚落人居环境系统，不仅是对传统人居科学领域的深化，更是响应促进人与自然、社会和谐共生发展的时代需求。本书的选题以钱塘江流域为研究空间范围，以传统村落为研究对象，以村落人居环境变迁及活态传承策略为研究专题，在大量的田野调查、数据分析和现场访谈等工作基础上，详细考察了样本村的历史沿革、选址理念、自然环境、风貌格局、建筑景观、族群构成、文化资源、特色产业等信息，以设计学研究方法建构了传统村落人居环境演变与发展、人居环境系统及价值、人居环境活态传承策略的研究框架，揭示流域内传统村落人居环境的基本特征和变迁规律，阐释流域内传统村落人居环境原型、构成要素、谱系及价值特征，并在此基础上构建了研究模型，形成面向当代村落“生活态”营造及人居环境活态传承的策略、路径及其方法，为促进乡村全面振兴和传统村落保护利用提供理论基础和政策依据。

本书是在本人博士学位论文的基础上修改而成稿的。回想攻读博士学位的这几年，真是一段值得铭记的岁月，能让我真正静下心来，坐坐冷板凳，思考真问题，可以有机会研听美院有温度有情怀的课，有时间再次研读书架上矗立了多年的书，有机会深刻思索个人学术兴趣点，还有机会领略导师们的风采与教诲。走在中国美院富有诗意的南山和象山校园里，沐浴着美院的艺术和人文气息，着实为人生一大幸事。读博期间，坚持田野调查，深入乡村、体悟民情，和不同的人谈乡村、话乡情、聊家常，我以为这些都是探寻学术命题的源泉，也是保持学研志趣的动力，凡此种种想想都是令人感怀的事。回顾过往，收获颇丰、感触颇深，需要感谢的人很多。首先要感谢的是我的导师宋建明教授，是恩师的信任和厚爱将我招入宋门。导师身正为范、言传身教，用真知灼见点拨启悟，让我自主选择专攻我的学术兴趣命题，既是信任，也是包容，至此唯有感恩，希望后续继续努力，做真学问，不辱师门。还要感谢第二导师郑巨欣教授认真细致的问题指点，真是一语点中真问题。同时，还要感谢杭间教授、吴海燕教授、王雪青教授、章利国教授、任道斌教授、成朝晖教授等老师们对论文提出的宝贵意见。

本书的最终完成也离不开众多好友亲朋的支持与协助。感谢在田野调研中所接触到的基层同志们，虽然许多人的名字有些记不清了，但你们的帮助与支持是不可或缺和忘怀的。感谢我所在工作单位的团队研究生们，帮助我完成了调研资料整理、数据统计和图表制作等工作。感谢我的岳父母、母亲、妻子和儿子，是他们给予我学业、工作的支持与体谅，尤其是妻子在生活上的照顾和在繁忙工作之余的家庭事务操劳，没有他们，我想不可能走到今天。最后，要感谢中国建筑工业出版社吴绫主任、吴人杰编辑的辛勤付出，感谢中国建筑工业出版社提供的平台，使本书得以顺利出版。另外，本书受到了浙江理工大学学术著作出版资金（2024 年度）的资助，也一并表示感谢。

杨小军

2024 年 8 月于安吉砚溪湖